高职高专机电类专业规划教材

冲压工艺与模具设计

主　编　陆　茵
副主编　熊　毅
主　审　唐建生

U0311405

武汉理工大学出版社
·武　汉·

图书在版编目(CIP)数据

冲压工艺与模具设计/陆茵主编. —武汉:武汉理工大学出版社,2012.7
ISBN 978-7-5629-3724-1

Ⅰ.① 冲… Ⅱ.① 陆… Ⅲ.① 冲压-工艺-职业教育-教材 ② 冲模-设计-职业教育-教材
Ⅳ.①TG38

中国版本图书馆 CIP 数据核字(2012)第 158613 号

项目负责人:王利永　　　　　　　责任编辑:黄玲玲
责任校对:向玉露　　　　　　　　装帧设计:许伶俐
出版发行:武汉理工大学出版社
地　　　址:武汉市洪山区珞狮路 122 号
邮　　　编:430070
网　　　址:http://www.techbook.com.cn
经销者:各地新华书店
印刷者:京山德兴印刷有限公司
开　　　本:787×1092　1/16
印　　　张:17.5
字　　　数:448 千字
版　　　次:2012 年 9 月第 1 版
印　　　次:2012 年 9 月第 1 次印刷
印　　　数:1～3000 册
定　　　价:32.00 元

前　　言

本书突出特点是项目统领全书教学内容,以典型案例突出生产实际,让学生从岗位入手锻炼工作能力。

全书根据冲压模具岗位对职业能力的要求选取内容,共分 7 个项目。按照项目教学,以典型案例分析冲裁工艺设计、冲裁模结构设计、弯曲工艺和弯曲模具设计、拉深工艺和拉深模具设计、其他成型工艺及模具设计和多工位级进模设计。每个项目都有完整的设计工作过程,循序渐进,突出应用性,通俗易懂,着眼于解决现场实际问题,具有较强的实用性;融合相关专业知识,突出综合素质的培养,强调综合性;加强专业知识的广度,积极吸纳新技术,体现先进性。

本书由河南工业职业技术学院陆茵主编,河南工业职业技术学院唐建生教授主审,共分 7 个项目。项目 1 由河南工业职业技术学院王蕾编写;项目 2 由河南工业职业技术学院熊毅编写;项目 3 由河南工业职业技术学院苏君编写;项目 4 由河南工业职业技术学院孙玉竹编写;项目 5 由河南工业职业技术学院张玉华编写;项目 6 由河南工业职业技术学院黄建娜编写;项目 7 由河南工业职业技术学院陆茵编写。

由于编者水平有限,书中不足之处在所难免,恳请广大读者批评指正。

编　者

2012 年 4 月

目　　录

0 导　　论

一、课程的功能

本课程是模具设计与制造专业的专业核心课程,同时也是其他机械类专业的专业必修课程,主要讲授冷冲压的概念、特点以及冲裁、弯曲、拉深和其他成型等主要加工工艺的性质、特点及模具设计。学生学完本课程后应达到下列设计要求:

（1）掌握冲压工艺及模具设计所需要的基本理论、基本知识和应用范围,常用冲压工艺规程和模具设计的原则和方法,并具有设计中等复杂程度的冲压模具的能力;

（2）能够应用冲压工艺及模具设计的基本原理,分析和解决生产中常见冲压产品的质量和模具技术问题;

（3）了解冲压模具新工艺及发展方向。

二、课程的目标

通过任务引领的项目活动,本课程的目标在于使学生具备本专业高素质劳动者和高技能应用型人才所必需的冲压模具设计的基本知识和基本技能,同时培养学生爱岗敬业、团结协作的职业精神。按照实际生产中对模具设计师的要求,该课程的教学目标分为三个部分,即知识目标、职业能力目标和职业素质目标。

（1）知识目标

① 掌握常见几种冲压成型工艺;

② 熟悉常用的冲压成型机械;

③ 掌握几种典型冲压模具的结构及设计方法;

④ 了解多工位级进模设计的有关知识;

⑤ 了解冲压成型工艺与模具设计英文专业术语。

（2）职业能力目标

① 能识读冲压制件产品图;

② 会根据冲压件产品图对冲压制件工艺进行分析;

③ 能制订冲压模具工艺方案;

④ 了解冲压成型设备的功能参数,并会正确选用设备;

⑤ 能查阅模具图册,识读模具图,会选择模具类型和结构;

⑥ 了解金属塑性变形的基础知识,会灵活运用这些知识解决实际生产中出现的问题;

⑦ 掌握冲裁工艺基本知识;

⑧ 掌握冲裁模的典型结构分类方法、典型结构的特点及主要零部件的设计方法;

⑨ 掌握弯曲工艺及模具结构的设计方法;

⑩ 掌握拉深工艺及模具结构的设计方法;

⑪ 了解其他冲压成型工艺与模具结构以及多工位级进模设计的有关知识;

⑫ 掌握冲压模具图绘制的国家标准,并会绘制模具装配图和零件图;

⑬ 会编制模具设计说明书等文件。

(3) 职业素质目标

① 通过分组完成项目任务,培养学生团队协作精神,培养学生沟通交流、自学的能力;

② 通过讨论、答辩、汇报等教学手段,培养学生的表达与沟通能力;

③ 培养学生的创新思维能力和知识迁移能力;

④ 通过后续的课程设计中撰写设计说明书,提高学生书面表达能力和阅读能力;

⑤ 通过项目化教学,培养学生爱岗敬业的基本素质。

项目 1 冲压的认知

❖ **项目目标**

(1) 掌握及认识冲压行业、冲压的现状及未来发展方向。

(2) 掌握冲压模具的基本功能、种类。

(3) 能够识别常用的冲压设备。

(4) 对冲压原材料的基本性能有一定的认识。

1.1 项 目 分 析

冲压是在室温下,利用安装在压力机上的模具对材料施加压力,使其产生分离或塑性变形,从而获得所需零件的一种压力加工方法。冲压通常是在常温下对材料进行冷变形加工,且主要采用板料来加工成所需零件,所以也叫冷冲压或板料冲压。冲压是材料压力加工或塑性加工的主要方法之一,是一种材料成型工程技术。

在冲压加工中,将材料(金属或非金属)加工成零件(或半成品)的一种特殊工艺装备,称为冲压模具(俗称冲模)。冲模是冲压加工中必不可少的工艺装备,与冲压件是"一模一样"的关系,若没有符合要求的冲模,就不能生产出合格的冲压件;没有先进的冲模,先进的冲压成型工艺就无法实现。

与机械加工及塑性加工的其他方法相比,冲压加工无论在技术方面还是经济方面都具有许多独特的优点,主要表现在:

(1) 冲压加工的生产效率高,且操作方便,易于实现机械化与自动化。这是因为冲压是依靠冲模和冲压设备来完成加工的,普通压力机的行程次数为每分钟几十次,高速压力机每分钟可达数百次甚至千次以上,而且每次冲压行程都可得到一个或多个冲件。

(2) 冲压时由模具保证了冲压件的尺寸与形状精度,且一般不破坏冲压材料的表面质量,而模具的寿命一般较长,所以冲压件的质量稳定,互换性好,具有"一模一样"的特征。

(3) 冲压可加工出尺寸范围较大、形状较复杂的零件,如小到钟表的秒针,大到汽车纵梁、覆盖件等,加上冲压时材料的冷变形硬化效应,冲压件的强度和刚度均较高。

(4) 冲压一般没有切屑碎料生成,材料的消耗较少,且不需其他加热设备,因而是一种省料、节能的加工方法,冲压件的成本较低。

但是,冲压加工所使用的模具一般具有专用性,有时一个复杂零件需要数套模具才能加工成型,且模具制造的精度高,技术要求高,是技术密集型产品。所以,只有在冲压件生产批量较大的情况下,冲压加工的优点才能充分体现,从而获得较好的经济效益。

1.2　相关知识

1.2.1　冷冲压现状与发展方向

我国模具工业是 19 世纪末 20 世纪初随着军火工业和钟表业压力机的引进而发展起来的。从那时到 20 世纪 50 年代初,模具多采用作坊式生产,凭工人经验,用简单的加工手段进行制造。在以后的几十年中,随着国民经济的大规模发展,模具工业进步很快。当时我国大量引进前苏联的图纸、设备和先进经验,其水平不低于同时代工业发达的国家。此后直到 20 世纪 70 年代末,由于错过了世界经济发展的大浪潮,我国的模具业没有跟上世界发展的步伐。20 世纪 80 年代末,伴随家电、轻工、汽车生产线模具的大量进口和模具国产化的呼声日益高涨,我国先后引进了一批现代化的模具加工机床。在此基础上,参照已有的进口模具,我国成功地复制了一批替代品,如汽车覆盖件模具等。模具的国产化虽然使我国模具制造水平逐渐达到了国际先进水平,但在计算机应用方面与有些国家仍然存在很大差距。

我国模具 CAD/CAM 技术从 20 世纪 80 年代起步,长期处于低水平重复开发阶段,所用软件多为进口的图形软件、数据库软件、NC 软件等,自主开发的软件缺乏通用性,商品化价值不高,对许多引进的 CAD/CAM 系统缺乏二次开发,经济效益不显著。针对上述情况,国家有关部门在"九五"期间制定了相关政策和措施。到 90 年代后期,我国 CAD 软件产业从无到有,开发出一批具有自主知识产权的三维 CAD 软件,如清华英泰、北航 CAXA、武汉开目等,打破了国外产品一统天下的局面。目前,我国模具工业发展迅速,模具行业产业结构有了很大改善,模具商业化水平大幅度提高,中高档模具占模具总量的比例也明显提高,模具进出口比例逐步趋向合理。

随着科学技术的不断进步和工业生产的迅速发展,许多新技术、新工艺、新设备、新材料不断涌现,促进了冲压技术的不断革新和发展。其主要表现和发展方向如下:

（1）冲压成型理论及冲压工艺方面

冲压成型理论的研究是提高冲压技术的基础。目前,国内外对冲压成型理论的研究非常重视,在材料冲压性能研究、冲压成型过程应力应变分析、板料变形规律研究及坯料与模具之间的相互作用研究等方面均取得了较大的进展。

研究推广能提高劳动生产率及产品质量、降低成本和扩大冲压工艺应用范围的各种冲压新工艺,也是冲压技术的发展方向之一。目前,国内外相继涌现出了精密冲压工艺、软模成型工艺、高能高速成型工艺、超塑性成型工艺及无模多点成型工艺等精密、高效、经济的冲压新工艺。

（2）冲模设计与制造方面

冲模是实现冲压生产的基本条件。在冲模的设计和制造上,目前正朝着以下两方面发展:一方面,为了适应高速、自动、精密、安全等大批量现代生产的需要,冲模正向高效率、高精度、高寿命及多工位、多功能方向发展,与此相适应的新型模具材料及其热表处理技术,各种高效、精密、数控、自动化的模具加工机床和检测设备以及模具 CAD/CAM 技术也正在迅速发展;另一方面,为了适应产品更新换代和试制及小批量生产的需要,锌基合金冲模、聚氨酯橡胶冲模、薄板冲模、钢带冲模、组合冲模等各种简易冲模及其制造技术也得到了迅速发展。

（3）冲压设备与冲压生产自动化方面

近年来，市场竞争激烈，对产品质量的要求越来越高，且冲压设备更新换代的周期大为缩短。冲压生产为适应这一新的要求，开发了多种适合不同批量生产的工艺、设备和模具。其中，无需设计专用模具、性能先进的转塔数控多工位压力机、激光切割和成型机、CNC 万能折弯机等新设备已投入使用。特别是近几年来在国外已经发展起来、国内亦开始使用的冲压柔性制造单元（FMC）和冲压柔性制造系统（FMS）代表了冲压生产新的发展趋势。FMS 系统以数控冲压设备为主体，包括板料、模具、冲压件分类存放系统，自动上料与下料系统，生产过程完全由计算机控制，车间实现 24 h 无人控制生产。同时，根据不同的使用要求，FMS 系统可以完成各种冲压工序，甚至焊接、装配等工序，更换新产品方便迅速，冲压件精度也高。

（4）冲模标准化及专业化生产方面

模具的标准化及专业化生产，已得到模具行业的广泛重视。因为冲模属单件小批量生产，冲模零件既具有一定的复杂性和精密性，又具有一定的结构典型性。因此，只有实现了冲模的标准化，才能使冲模和冲模零件的生产实现专业化、商品化，从而降低模具成本，提高模具质量和缩短制造周期。目前，国外先进工业国家模具标准化生产程度已达 70%～80%，模具厂只需设计制造工作零件，大部分模具零件均从标准件厂购买，使生产效率大幅度提高。模具制造厂专业化程度越来越高，分工越来越细，如目前有模架厂、顶杆厂、热处理厂等，甚至某模具厂仅专业化制造某类产品的冲裁模或弯曲模，这样更有利于制造水平的提高和制造周期的缩短。我国冲模标准化与专业生产近年来也有较大进展，除反映在标准件专业化生产厂家有较多增加外，标准件品种也有扩展，精度亦有提高。但总体情况还满足不了模具工业发展的要求，主要体现在标准化程度还不高（一般在 40%以下），标准件的品种和规格较少，大多数标准件厂家未形成规模化生产，标准件质量也还存在较多问题。另外，标准件生产的销售、供货、服务等都还有待于进一步提高。

1.2.2 冲压分类

冲压加工因制件的形状、尺寸和精度的不同，所采用的工序也不同。根据材料的变形特点可将冲压工艺分为分离工序和成型工序两类。分离工序是指使坯料沿一定的轮廓线分离而获得一定形状、尺寸和断面质量的冲压件（俗称冲裁件）的工序；成型工序是指使坯料在不破裂的条件下产生塑性变形而获得一定形状和尺寸的冲压件的工序。分离工序主要有剪裁和冲裁等。成型工序主要有弯曲、拉深、翻边、旋压等，有关冲压工序的详细分类与特征见表 1.1。

1.2.3 冲压用板料

选择冲压用材料时，首先应满足冲压件的使用要求。一般来说，对于机器上的主要冲压件，要求材料具有较高的强度和刚度；电机电器上的某些冲压件，要求有较好的导电性和导磁性；汽车、飞机上的冲压件，要求有足够的强度，并尽可能减轻质量；化工容器要求耐腐蚀等。所以不同的使用要求就决定了应选用不同的材料。但从冲压工艺考虑，材料还应满足冲压工艺要求，以保证冲压过程顺利完成。

模具间隙是按材料厚度来确定的，所以材料厚度公差应符合国家规定的标准。否则，厚度公差太大，将影响工件质量，并可能导致损坏模具和设备。

表 1.1　冷冲压工序

工序分类	工序特征	工序名称	工序简图	特点
分离工序	冲裁	落料		冲裁后,落下的部分是制件,剩余的部分是废料
		冲孔		冲裁后,落下的部分是废料,剩余的部分是制件
		切断		使板料相互分离产生制件
		切边		将制件的边缘处形状不规整的部分冲裁下来
		剖切		将对称形状的半成品沿着对称面切开,成为制件
		切舌		切口不封闭,并使切口内板料沿着未切部分弯曲

工序 分类	工序 特征	工序 名称	工 序 简 图	特　　点
成 型 工 序	弯曲	压弯		将平板冲压成弯曲形状的 制件
		卷边		将板料一端弯曲成接近圆 筒形状
	拉深	拉深		将板料冲压成开口空心形 状的制件
	成型	翻边		将平板边缘弯曲成竖立的 曲边弯曲线形状,或将孔附近 的材料变形成有限高度的筒 形
		缩口		使管子形状的端部直径缩 小
		胀形		使空心件中间部位的形状 胀大

　　冲压用材料有各种规格的板料、带料和块料。板料的尺寸较大,一般用于大型零件的冲压,对于中小型零件,多数是将板料剪裁成条料后使用。带料(又称卷料)有各种规格的宽度,展开长度可达几千米,适用于大批量生产的自动送料,材料厚度很小时也做成带料供应。块料只用于少数钢号和价钱昂贵的有色金属的冲压。

　　关于各类材料的牌号、规格和性能,可查阅有关手册和标准。表1.2给出了常用冲压材料的力学性能,从表中数据,可以近似判断材料的冲压性能。

表 1.2　冲压常用金属材料的力学性能

材料名称	牌号	材料状态及代号	力　学　性　能			
			抗剪强度(MPa)	抗拉强度(MPa)	屈服点(MPa)	伸长率(%)
普通碳素钢	Q195	未经退火	255～314	315～390	195	28～33
	Q235		303～372	375～460	235	26～31
	Q275		392～490	490～610	275	15～20
碳素结构钢	08F	已退火	230～310	275～380	180	27～30
	08		260～360	215～410	200	27
	10F		220～340	275～410	190	27
	10		260～340	295～430	210	26
	15		270～380	335～470	230	25
	20		280～400	355～500	250	24
	35		440～520	490～630	320	19
	45		440～560	530～685	360	15
	50		440～580	540～715	380	13
不锈钢	1Cr13	已退火	320～380	440～470	120	20
	1Cr18Ni9Ti	经热处理	460～520	560～640	200	40
铝	1060、1050A、1200	已退火	80	70～110	50～80	20～28
		冷作硬化	100	130～140	—	3～4
硬铝	2A12	已退火	105～125	150～220	—	12～14
		淬硬并经自然时效	280～310	400～435	368	10～13
		淬硬后冷作硬化	280～320	400～465	340	8～10
纯铜	T1、T2、T3	软	160	210	70	29～48
		硬	240	300	—	25～40

材料名称	牌号	材料状态及代号	力学性能			
			抗剪强度(MPa)	抗拉强度(MPa)	屈服点(MPa)	伸长率(%)
黄铜	H62	软	260	294～300	—	3
		半硬	300	343～460	200	20
		硬	420	≥12	—	10
	H68	软	240	294～300	100	40
		半硬	280	340～441	—	25
		硬	400	392～400	250	13

1.2.4　压力设备

在冷冲压生产中,对于不同的冲压工艺,应采用相应的冲压设备,也叫做压力机。压力机的种类很多,按传动方式分类,主要有机械压力机和液压压力机。机械压力机在冷冲压生产中广泛应用。

冲压设备属锻压机械。常见冲压设备有机械压力机(以 J×× 表示其型号)和液压机(以 Y×× 表示其型号)。机械压力机按驱动滑块机构的种类可分为曲柄式和摩擦式,按滑块个数可分为单动和双动,按床身结构形式可分为开式(C 型床身)和闭式(Ⅱ型床身),按自动化程度可分为普通压力机和高速压力机等。而液压机按工作介质可分为油压机和水压机。常用冲压设备的工作原理和特点见表 1.3。

表 1.3　常用冲压设备的工作原理和特点

类型	设备名称	工作原理	特点
机械压力机	摩擦压力机	利用摩擦盘与飞轮之间相互接触并传递动力,借助螺杆与螺母相对运动原理而工作。其传动系统如图1.1所示	结构简单,当超负荷时,只会引起飞轮与摩擦盘之间的滑动,而不致损坏机件。但由于飞轮缘磨损大,生产率低,适用于中小型件的冲压加工,对于校正、压印和成型等冲压工序尤为适宜
	曲柄压力机	利用曲柄连杆机构进行工作,电动机通过带轮及齿轮带动曲轴传动,经连杆使滑块作直线往复运动。曲柄压力机分为偏心压力机和曲轴压力机,二者区别主要在主轴,前者主轴是偏心轴,后者主轴是曲轴。偏心压力机一般是开式压力机,而曲轴压力机有开式和闭式之分。偏心压力机和曲轴压力机的传动系统如图1.2和图1.3所示	生产率高,适用于各类冲压加工
	高速冲床	工作原理与曲柄压力机相同,但其刚度、精度、行程次数都比较高,一般带有自动送料装置、安全检测装置等辅助装置	生产率很高,适用于大批量生产,模具一般采用多工位级进模
液压机	油压机、水压机	利用帕斯卡原理,以水或油为工作介质,采用静压力传递进行工作,使滑块上下往复运动	压力大,而且是静压力,但生产率低。适用于拉深、挤压等成型工序

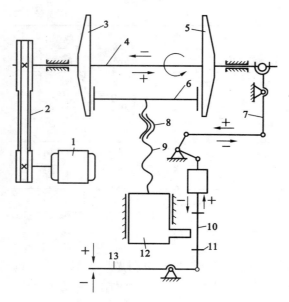

图 1.1　摩擦压力机传动系统

1—电动机;2—传送带;3、5—摩擦盘;4—轴;6—飞轮;

7、10—连杆;8—螺母;9—螺杆;

11—挡块;12—滑块;13—手柄

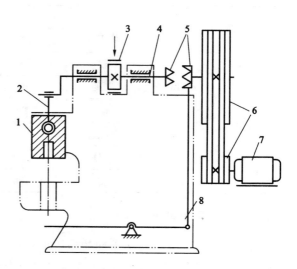

图 1.2　偏心压力机传动系统

1—滑块;2—连杆;3—制动装置;

4—偏心轴;5—离合器;6—带轮;

7—电动机;8—操纵机构

压力机应根据冲压工序的性质、生产批量的大小、模具的外形尺寸以及现有设备等情况进行选择。压力机的选用包括选择压力机类型和压力机规格两项内容。

（1）压力机类型的选择

① 中、小型冲压件选用开式机械压力机;

② 大、中型冲压件选用双柱闭式机械压力机;

③ 导板模或要求导套不离开导柱的模具,选用偏心压力机;

④ 大量生产的冲压件选用高速压力机或多工位自动压力机;

⑤ 校平、整形和温热挤压工序选用摩擦压力机;

⑥ 薄板冲裁、精密冲裁选用刚度高的精密压力机;

⑦ 大型、形状复杂的拉深件选用双动或三动压力机;

⑧ 小批量生产的大型厚板件的成型工序多采用液压压力机。

（2）压力机规格的选择

① 公称压力

压力机滑块下滑过程中的冲击力就是压力机的压力。压力的大小随滑块下滑的位置不同,也就是随曲柄旋转的角度不同而不同,如图 1.4 中曲线 1 所示。我国规定滑块

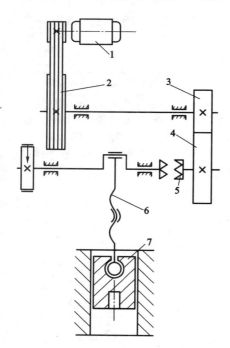

图 1.3　曲轴压力机传动系统

1—电动机;2—带轮;3、4—齿轮;

5—离合器;6—连杆;7—滑块

下滑到距下极点某一特定的距离 Sp(此距离称为公称压力行程,随压力机不同此距离也不同,如JC23—40规定为 7 mm,JA31—400 规定为 13 mm,一般为 0.05~0.07 倍滑块行程)或曲柄旋转到距下极点某一特定角度 α(此角度称为公称压力角,随压力机不同公称压力角也不相同)时,所产生的冲击力称为压力机的公称压力。公称压力的大小,表示压力机本身能够承受冲击的大小。压力机的强度和刚性就是按公称压力进行设计的。

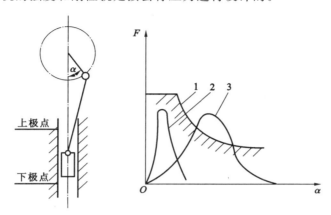

图 1.4 压力机的许用压力曲线

1—压力机许用压力曲线;2—冲裁工艺冲裁力实际变化曲线;3—拉深工艺拉深力实际变化曲线

冲压工序中冲压力的大小也是随凸模(或压力机滑块)的行程而变化的。在图 1.4 中曲线 2、3 分别表示冲裁、拉深的实际冲压力曲线。从图 1.4 中可以看出两种实际冲压力曲线不同步,与压力机许用压力曲线也不同步。在冲压过程中,凸模在任何位置所需的冲压力应小于压力机在该位置所发出的冲压力。图中,最大拉深力虽然小于压力机的最大公称压力,但大于曲柄旋转到最大拉深力位置时压力机所发出的冲压力,也就是拉深冲压力曲线不在压力机许用压力曲线范围内。故应选用比图中曲线 1 所示压力更大吨位的压力机。因此为保证冲压力足够,一般冲裁、弯曲时压力机的吨位应比计算的冲压力大 30% 左右,拉深时压力机吨位应比计算出的拉深力大 60%~100%。

② 滑块行程长度

滑块行程长度是指曲柄旋转一周时滑块所移动的距离,其值为曲柄半径的两倍。选择压力机时,滑块行程长度应保证毛坯能顺利地放入模具和冲压件能顺利地从模具中取出。特别是成型拉深件和弯曲件应使滑块行程长度大于制件高度的 2.5~3.0 倍。

③ 行程次数

行程次数即滑块每分钟冲击次数,应根据材料的变形要求和生产率来考虑。

④ 工作台面尺寸

工作台面长、宽尺寸应大于模具下模座尺寸,并每边留出 60~100 mm,以便于安装固定模具用的螺栓、垫板和压板。当制件或废料需下落时,工作台面孔尺寸必须大于下落件的尺寸。对有弹顶装置的模具,工作台面孔尺寸还应大于下弹顶装置的外形尺寸。

⑤ 滑块模柄孔尺寸

模柄孔直径要与模柄直径相符,模柄孔的深度应大于模柄的长度。

⑥ 闭合高度

压力机的闭合高度是指滑块在下止点时,滑块底面到工作台上平面(即垫板下平面)之间的距离。

　　压力机的闭合高度可通过调节连杆长度在一定范围内变化。当连杆调至最短(对偏心压力机的行程应调到最小),滑块底面到工作台上平面之间的距离为压力机的最大闭合高度;当连杆调至最长(对偏心压力机的行程应调到最大),滑块处于下止点,滑块底面到工作台上平面之间的距离为压力机的最小闭合高度。

　　压力机的装模高度指压力机的闭合高度减去垫板厚度的差值。没有垫板的压力机,其装模高度等于压力机的闭合高度。

　　模具的闭合高度是指冲模在最低工作位置时,上模座上平面至下模座下平面之间的距离。模具闭合高度与压力机装模高度的关系见图1.5。

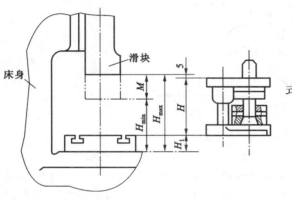

理论上为:
$$H_{min} - H_1 \leqslant H \leqslant H_{max} - H_1$$
亦可写成:
$$H_{max} - M - H_1 \leqslant H \leqslant H_{max} - H_1$$

式中　H——模具闭合高度;

　　　　H_{min}——压力机的最小闭合高度;

　　　　H_{max}——压力机的最大闭合高度;

　　　　H_1——垫板厚度;

　　　　M——连杆调节量;

　　　　$H_{min} - H_1$——压力机的最小装模高度;

图1.5　模具闭合高度与装模高度的关系　　　　$H_{max} - H_1$——压力机的最大装模高度。

　　由于缩短连杆对其刚度有利,同时在修模后,模具的闭合高度可能要减小,因此一般模具的闭合高度接近于压力机的最大装模高度。所以在实用上为:
$$H_{min} - H_1 + 10 \leqslant H \leqslant H_{max} - H_1 - 5$$

⑦ 电动机功率的选择

必须保证压力机的电动机功率大于冲压时所需要的功率。

常用压力机的技术参数可查阅有关手册。

1.3　项目实施

1.3.1　参观冲压工厂

　　通过教师和工程技术人员的当堂授课以及工人师傅的现场现身说法,全面而详细地了解相关工艺过程。在实习的过程中,学会从技术人员和工人那里获得直接和间接的生产实践经验,积累相关的生产知识。通过认识实习,学习本专业的生产实践知识,为专业课学习打下坚实的基础,同时也能够为毕业后走向工作岗位积累有用的经验。实习还能让我们早些了解自己专业方面的知识和专业以外的知识,认识到我们将面临的工作问题。图1.6为工厂冲压生产场景。

图 1.6 工厂冲压生产场景

1.3.2 冲模、冲床、原材料的感性认知

（1）冲模

在冲压加工中,将材料加工成零件(或半成品)的一种特殊工艺装备,称为冲压模具(俗称冲模)。图 1.7 为一套冷冲压级进模具。

图 1.7 冲压模具

（2）冲床

冲床属锻压机械。图 1.8 是通用式冲床。

（3）冲压用原材料

冲压用原材料有各种规格的板料、带料和块料。图 1.9 所示为冲压用卷料。

图 1.8 通用冲床

图 1.9 冲压材料

1.4 知 识 拓 展

1.4.1 冲压基础知识

冲压有时也称板材成型，但略有区别。所谓板材成型是指用板材、薄壁管、薄型材等作为原材料进行塑性加工，统称为板材成型。此时，厚板方向的变形一般不着重考虑。冲压行业是一个涉及领域极其广泛的行业，深入到制造业的方方面面，在国外将冲压称为板材成型。

冲压的大力发展应归功于汽车、飞机及日用品的发展。

1.4.2 冲压行业的生产管理和安全

冲压作业的管理是一项综合性的工作，它不仅要有技术措施，而且要有较严格、较健全的管理办法。冲压作业管理涉及：工艺、模具、设备（包括安全装置）管理，生产计划管理和安全技术教育管理等。

（1）工艺管理

工艺管理的重要内容是建立内容完整的工艺文件。工艺文件既是产品生产的依据，又是执行工艺纪律的重要依据。记载冲压加工工艺过程的典型文件是工艺规程，它应包括由原材料的准备到冲制出成品的全过程，有过程卡片、工序卡片、检验卡片等。

（2）冲压模具管理

冲压模具管理包括对冲模的设计、制造、检验、试冲、领用、保管和维修等内容的管理，模具管理不仅对产品质量和模具寿命有重大影响，而且对安全生产关系影响也很重大。模具在使用过程中，刃口的磨损变钝和崩裂，上下模的间隙调整不当，制件产生毛刺、变形，打料螺钉调整长度不足或打棒短等都会给工人操作增加许多危险因素。另外，如果模具本身设计、制造和使用不当，还会引起堵塞或漏料上升，出现重复冲和叠冲，引起凹模具胀裂，甚至造成模片和工件飞弹而击伤人体。

（3）冲压设备的安全防护装置的管理

冲压设备比一般机械设备的危险性大。目前使用的各种冲压设备在其操纵系统和电气系统等方面还存在一定的缺陷，特别容易出现的现象是：刚性离合器的转键、键柄和直键的断裂；操纵器的杆件、销钉和弹簧的折断；牵引电磁铁出现不释放现象；中间断电器粘连、行程开关失效、制动钢带断裂等，这些都会使压机滑块运动失控，引起人身伤害事故，为此需经常维修。另外，冲压设备的某些安全防护装置还不够完善，需要在使用过程中不断改进。

（4）冲压作业计划管理

生产作业计划的编制目的是指导、组织、管理生产。因此，应深入调查研究，掌握生产情况，按产品结构和生产规模合理制定一系列有关数量和期限的作业计划，防止生产脱节和停机过多，使冲压制件有节奏地生产。生产过程中还需加强生产调度工作，这种正常的计划调度十分有利于安全，如果生产作业计划和调度不当，就必然会造成无节奏、不均衡，出现前松后紧、突击加班等无计划状态，这不仅容易发生伤害事故，影响操作工人的健康，而且会降低产品质量，造成大量浪费，给企业带来许多不良后果，所以，加强冲压计划管理，做到均衡、顺利、有秩序地进行生产，不仅是提高企业经济效益的重要环节，也是实现冲压作业安全生产的重要保证。企业各级领导务必要注意这点。

（5）安全生产责任制

根据"管生产的必须管安全"的原则，应对企业的各级领导、职能部门、工程技术人员和生产工人应负的安全责任加以明确规定。

（6）制订冲压作业安全生产管理办法

制订企业冲压作业安全生产管理办法是加强企业冲压作业安全生产的重要措施。为保证企业冲压安全生产，必须明确规定有关部门和人员的任务和安全工作规范，将它作为指导工作的准则。冲压安全生产管理办法的制订范围应包括以下内容：

① 冲压作业有具体明确的操作规程和工艺文件，冲压工按规程和工艺要求进行作业，不安全的危险作业可拒绝接受。

② 应为维修人员制订保证冲压设备和安全装置正常使用和维修的有关规定和要求。

③ 模具管理部门和人员应有保证模具和安全工具等正常供应的具体管理办法。

④ 制订模具设计人员必须遵循的冲模设计安全规范。

⑤ 安全和技术人员负责制订和修订安全操作规程等。

⑥ 要明确各级领导和管理人员的冲压安全生产责任制。

思　考　题

1.1　什么是冷冲压？它与其他加工方法相比有何特点？

1.2　冲压工序可分为哪两大类？它们的主要特点和区别是什么？

1.3　如何选择冲压设备？

1.4　什么是冲模？它的材料的选用原则有哪些？

1.5　什么是冲压性能？冲压工艺对材料的要求有哪些？

项目 2　冲裁模具设计

❖　**项目目标**

（1）掌握冲裁工艺，能依据冲压件的结构、尺寸、生产批量，制定冲裁工艺方案，填写冲压工艺卡。

（2）熟悉单工序冲裁模、复合冲裁模、级进冲裁模的结构与设计要点，能根据冲裁工艺方案设计合理的模具结构。

（3）能正确设计工作零件、导向零件、支撑固定零件、卸料零件、定位零件等结构零部件，能正确地选择或设计模架。

（4）能正确地计算冲裁模具的刃口尺寸及其他零件的尺寸。

（5）了解精密冲裁模、简易冲裁模及其他冲裁模的结构。

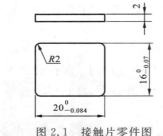

图 2.1　接触片零件图
材料 H62，$t=2$，中批量生产，毛刺不大于 0.12

2.1　项目导入

根据图 2.1 所示冲压零件及其技术要求，设计合理的冲压模具。

从图 2.1 零件图要求得知，该零件属 IT10 级精度，对冲件毛刺的要求较高。由于其形状比较简单，可以采用导板式简单冲裁模。

2.2　相关知识

2.2.1　冲裁过程

冲裁工序是使坯料的一部分与另一部分相互分离的工艺方法。主要的冲裁工序有落料、冲孔、切边、剖切、整修等，其中又以冲孔、落料应用最广。

落料和冲孔是使坯料沿封闭轮廓分离的工序。冲裁加工之后，材料分成两个部分。冲孔是指在板料或者工件上冲出所需形状的孔，冲去的为废料，即封闭轮廓外的部分是工件，封闭轮廓内的部分是废料。而落料是指从板料上冲下所需形状的零件或者毛坯，即封闭轮廓内的部分是工件，封闭轮廓外的部分是废料。落料工序和冲孔工序的材料变形过程和模具结构是相同的，习惯上统称为冲裁。冲裁既可以加工出成品零件，又可以为其他成型工序加工毛坯，称工序件。

图 2.2 所示垫圈，制取外形直径 $\phi20$ 的冲裁工序称为落料，制取内孔直径 $\phi10.5$ 的冲裁工序称为冲孔。

（1）冲裁过程的三个阶段

冲裁工序是利用凸模与凹模组成上、下刃口，将板料置于凹模上，凸模下行使板料变形，直至全部分离，图 2.3 为落料垫圈外形的简易冲模。因凸模与凹模之间存在间隙 Z，使凸、凹模作用于板料的力呈不均匀分布，主要集中于凸、凹模刃口。

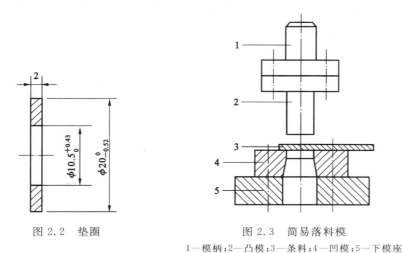

图 2.2　垫圈　　　　　　　　　　图 2.3　简易落料模

1—模柄；2—凸模；3—条料；4—凹模；5—下模座

冲裁变形过程见图 2.4。在具有尖锐刃口及间隙合理的凸、凹模作用下，板料的变形过程可分为弹性变形、塑性变形、断裂分离三个阶段。

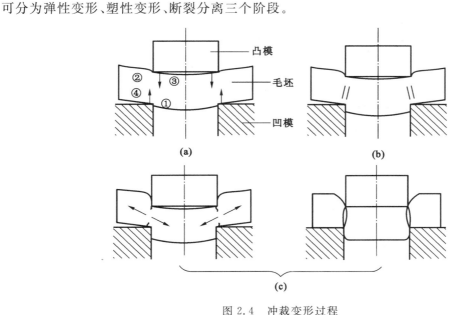

图 2.4　冲裁变形过程

（a）弹性变形阶段；（b）塑性变形阶段；（c）断裂分离阶段

① 弹性变形阶段

如图 2.4(a)所示，凸模与板料接触后，使板料产生拉伸和弯曲弹性变形，凸模下部略微挤入板料，凹模口部的材料略微挤入凹模口内。凹模上的板料上翘，凸模下的材料拱弯。材料越硬，间隙越大，上翘和拱弯越严重。此时，板料内应力没有超过材料的弹性极限，若卸去载荷，板料则恢复原状。

② 塑性变形阶段

如图 2.4(b)所示,当凸模继续下压,板料内的应力值达到屈服强度时开始产生塑性流动、滑移变形,在凸、凹模的压力作用下,板料表面受到压缩,由于凸、凹模之间有间隙存在,使板料同时受到弯曲和拉伸的作用,凸模下的材料产生弯曲,凹模上的材料则向上翘曲。①、②区出现弯曲和拉伸形成圆角,③、④区出现压痕。随着凸模挤入板料的深度增大,塑性变形程度逐渐增大,变形区材料硬化加剧,直到刃口附近的板料内应力达到材料强度极限,冲裁力达到最大值,板料出现裂纹,开始破坏,塑性变形阶段结束。

③ 断裂分离阶段

如图 2.4(c)所示,随着凸模继续压入板料,已经出现的上、下裂纹逐渐向金属内层扩展延伸,当上、下裂纹相遇重合时,板料即被剪断,完成分离过程。随后,凸模将分离的材料推入凹模孔口。

(2) 冲裁件断面的组成

如图 2.5 所示为冲裁件断面特征,从图中能够看到,冲裁件冲切断面可以明显地区分为四个部分:光亮带、断裂带、圆角和毛刺。

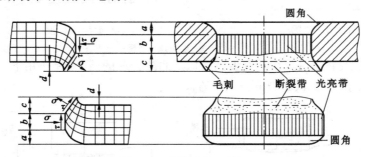

图 2.5　冲裁件断面特征

光亮带的形成,是在冲裁过程中模具刃口切入板料后,板料与模具刃口侧面挤压而产生塑性变形的结果。光亮带部分由于具有挤压特征,表面光洁垂直,是冲裁件切断面上精度最高、质量最好的部分。光亮带所占比例通常是冲裁件断面厚度的 1/3~1/2。

断裂带是在冲裁过程的最后阶段,板料剪断分离时形成的区域,是模具刃口附近裂纹在拉应力作用下不断扩展而形成的断裂面。断裂带表面粗糙并略带斜角,与板料平面不垂直。

圆角形成的原因,是当模具压入板料时刃口附近的材料被牵连变形的结果,材料塑性越好,则圆角越大。

冲切断面上的毛刺是在冲裁过程中出现微裂纹时形成的。随后已形成的毛刺被拉长,并残留在冲裁件上。

冲裁切断面上的圆角、光亮带、断裂带和毛刺四个部分在整个断面上所占的比例不是一成不变的。塑性差的材料,断裂倾向严重,断裂带增宽,而光亮带、圆角所占的比例较小,毛刺也较小。反之,塑性较好的材料,光亮带所占的比例较大,圆角和毛刺也较大,而断裂带则小一些。影响冲裁件冲裁断面质量的因素很多。冲切断面上的光亮带、断裂带、圆角、毛刺等四个部分各自所占断面厚度的比例也是随着制件材料、模具和设备等各种冲裁条件不同而变化的。

(3) 冲裁间隙

① 冲裁间隙的重要性

冲裁间隙是指冲裁模中凸、凹模刃口横向尺寸的差值。双面间隙用 Z 表示,单面间隙为

$Z/2$(见图 2.6)。其值可为正,也可为负,但在普通冲裁中,均为正
值。间隙值对冲裁件质量、冲裁力和模具寿命均有很大影响,是冲
裁工艺与冲裁模设计中的一个非常重要的工艺参数。

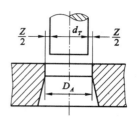

图 2.6　冲裁模间隙

　　a. 间隙对冲压力的影响

　　试验表明,间隙对冲压力有明显的影响,特别是对卸料力的影
响更为显著。随着间隙的增大,材料所受的拉应力增大,容易断裂
分离,因此冲裁力减小;但若继续增大间隙,因裂纹不重合,冲裁力
下降缓慢。

　　由于间隙增大使光亮带变窄,以及材料的弹性变形,使落料件尺寸小于凹模孔口尺寸,冲
孔尺寸大于凸模尺寸,因而使卸料力、推件力或顶件力随之减小。

　　b. 间隙对模具寿命的影响

　　模具寿命分为刃磨寿命和模具总寿命。刃磨寿命是用两次刃磨之间的合格冲件数表示。
总寿命是用到模具失效为止的总的合格冲件数表示。

　　冲裁过程中作用于凸、凹模上的力为被冲材料的反作用力,其方向与图 2.7 所示的方向相
反,凸、凹模刃口受着极大的垂直压力与侧压力的作用,高压使刃口与被冲材料接触面之间产
生局部附着现象,当接触面相对滑动时,附着部分就产生剪切而引起磨损。这种附着磨损,是
冲模磨损的主要形式。接触压力越大,相对滑动距离越大,模具材料越软,则磨损量越大。而
冲裁中的接触压力,即垂直力、侧压力、摩擦力均随间隙的减小而增大,且间隙小时,光亮带变
宽,摩擦距离增长,摩擦发热严重,所以小间隙将使磨损增加,甚至使模具与材料之间产生粘结
现象;而接触压力的增大,还会引起刃口的压缩疲劳破坏,使之崩刃。小间隙还会产生凹模胀
裂,小凸模折断,凸、凹模相互啃刃等异常损坏。当然,影响模具寿命的因素很多,有润滑条件、
模具制造材料和精度、表面粗糙度、被加工材料特性、冲裁件轮廓形状等,但间隙却是其中的一
个主要因素。

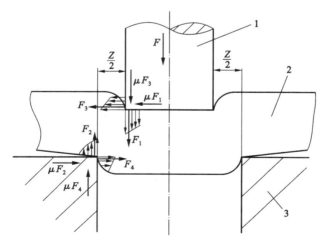

图 2.7　冲裁时作用于板料上的力

1—凸模;2—板料;3—凹模

　　为了提高模具寿命,一般需要选用较大间隙。若采用小间隙,就必须提高模具硬度、精度,
减小模具粗糙度值,提供良好润滑,以减小磨损。

② 冲裁间隙的确定

由前面的分析可见,凸、凹模间隙对冲件质量、冲裁力、模具寿命等都有很大的影响。因此,在设计模具时一定要确定一个合理间隙值,以提高冲件的质量、延长模具寿命和减小冲裁力。但是分别从这些方面确定的合理间隙并不相同,只是彼此接近。考虑到模具制造偏差及磨损规律,生产中通常是选择一个适当的范围作为合理间隙。在此范围内,可以获得合格的冲裁件。这个范围的最小值称为最小合理间隙(Z_{min}),最大值称为最大合理间隙(Z_{max})。考虑到在生产过程中的磨损使间隙变大,故设计与制造新模具时应采用最小合理间隙值 Z_{min}。

因此,要冲制出合乎质量要求的冲裁件,确定冲裁模具凸、凹模之间的合理间隙值是冲裁工艺与模具设计中的一个关键性问题。

一般来说,合理间隙是指能够使断面质量、尺寸精度、模具寿命和冲裁力等方面得到最佳效果的间隙。但在实际冲裁时,由于间隙大小对冲裁件断面质量、模具寿命等的影响规律并不相同,因此不可能存在一个绝对合理的间隙值,能够使各项指标都达到最佳效果,只能是给出一定的合理间隙范围,然后根据冲裁要求进行选取。

确定合理间隙值有两种方法:理论确定法和经验确定法。在实际的模具设计中,通常采用经验确定法。

a. 理论确定法

确定合理间隙的理论依据是使在凸、凹模刃口处产生的裂纹相重合。由图 2.8 可以得到计算合理间隙的公式如下:

$$Z = 2t\left(1 - \frac{h_0}{t}\right)\tan\beta \tag{2.1}$$

式中　Z——双边间隙;

　　　t——板料厚度;

　　　h_0——裂纹重合时,模具进入板料的深度;

　　　$\dfrac{h_0}{t}$——裂纹重合时,模具进入板料的相对深度;

　　　β——剪裂纹与垂线间的夹角。

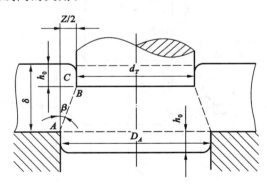

图 2.8　合理间隙的确定

从上式可看到,双面间隙 Z 与材料厚度 t、相对进入深度 h_0/t 及裂纹角 β 有关,而它们又与材料性质有关,见表 2.1。因此,影响间隙值的主要因素是材料性质和厚度。材料越硬、越厚,所需合理间隙值越大。

表 2.1　h_0/t 和 β 值

材　　料	h_0/t		β	
	退火	硬化	退火	硬化
软钢、纯铜、软黄铜	0.5	0.35	6°	5°
中硬钢、硬黄铜	0.3	0.2	5°	4°
硬钢、硬青铜	0.2	0.1	4°	4°

b. 经验确定法

在实际应用中,理论确定法计算不方便,由于间隙值的影响因素、影响规律比较复杂,理论计算结果也不理想,所以,通常采用经验确定法。

由试验方法制定的间隙值见表 2.2 和表 2.3,通过不同材料和厚度参数可以很简便地从表中直接查取合理的间隙值。当对冲裁件断面质量和尺寸精度要求较高时,则采用推荐的较小间隙值(表 2.2);当对冲裁件质量要求不高时,则以减小冲裁力、延长模具寿命为主要考虑因素,采用较大的间隙值(表 2.3)。

表 2.2　常用金属材料的冲裁模初始双边间隙值(一)　　　　　　　(单位:mm)

板料厚度	软铝		纯铜、黄铜、软钢 $W_c=0.08\%\sim0.2\%$		中等硬钢 $W_c=0.3\%\sim0.4\%$		硬钢 $W_c=0.5\%\sim0.6\%$	
	Z_{min}	Z_{max}	Z_{min}	Z_{max}	Z_{min}	Z_{max}	Z_{min}	Z_{max}
0.2	0.008	0.012	0.010	0.014	0.012	0.016	0.014	0.018
0.3	0.012	0.018	0.015	0.021	0.018	0.024	0.021	0.027
0.4	0.016	0.024	0.020	0.028	0.024	0.032	0.028	0.036
0.5	0.020	0.030	0.025	0.035	0.030	0.040	0.035	0.045
0.6	0.024	0.036	0.030	0.042	0.036	0.048	0.042	0.054
0.7	0.028	0.042	0.035	0.049	0.042	0.056	0.049	0.063
0.8	0.032	0.048	0.040	0.056	0.048	0.064	0.056	0.072
0.9	0.036	0.054	0.045	0.063	0.054	0.072	0.063	0.081
1.0	0.040	0.060	0.050	0.070	0.060	0.080	0.070	0.090
1.2	0.050	0.084	0.072	0.096	0.094	0.108	0.096	0.120
1.5	0.075	0.105	0.090	0.120	0.105	0.135	0.120	0.150
1.8	0.090	0.126	0.108	0.144	0.126	0.162	0.144	0.180
2.0	0.100	0.140	0.120	0.160	0.140	0.180	0.160	0.200
2.2	0.132	0.176	0.154	0.198	0.176	0.220	0.198	0.242
2.5	0.150	0.200	0.175	0.225	0.200	0.250	0.225	0.275
2.8	0.168	0.224	0.196	0.252	0.224	0.280	0.252	0.275
3.0	0.180	0.240	0.210	0.270	0.240	0.300	0.270	0.330

续表 2.2

板料厚度	软铝		纯铜、黄铜、软钢 $W_c=0.08\%\sim0.2\%$		中等硬钢 $W_c=0.3\%\sim0.4\%$		硬钢 $W_c=0.5\%\sim0.6\%$	
	Z_{min}	Z_{max}	Z_{min}	Z_{max}	Z_{min}	Z_{max}	Z_{min}	Z_{max}
3.5	0.245	0.315	0.280	0.350	0.315	0.385	0.350	0.420
4.0	0.280	0.360	0.320	0.400	0.360	0.440	0.400	0.460
4.5	0.315	0.405	0.360	0.450	0.405	0.490	0.450	0.540
5.0	0.350	0.450	0.400	0.500	0.450	0.550	0.500	0.600
6.0	0.480	0.600	0.540	0.660	0.600	0.720	0.660	0.780
7.0	0.560	0.700	0.630	0.770	0.700	0.840	0.770	0.910
8.0	0.720	0.880	0.800	0.960	0.880	1.040	0.960	1.120
9.0	0.870	0.990	0.900	1.080	0.990	1.170	1.080	1.260
10.0	0.900	1.100	1.000	1.200	1.100	1.300	1.200	1.400

注:① 初始间隙的最小值相当于间隙的公称数值;
　　② 初始间隙的最大值是考虑到凸模和凹模的制造公差所增加的数值;
　　③ 在使用过程中,由于模具工作部分的磨损,间隙将有所增加,因而间隙的使用最大数值要超过表列数值;
　　④ W_c 为含碳量。

表 2.3　常用金属材料的冲裁模初始双边间隙值(二)　　　　　　（单位:mm）

板料厚度	08、10、35 Q295、Q235		16Mn、Q345		40、50		65Mn	
	Z_{min}	Z_{max}	Z_{min}	Z_{max}	Z_{min}	Z_{max}	Z_{min}	Z_{max}
<0.5	极小间隙或无间隙							
0.5	0.040	0.060	0.040	0.060	0.040	0.060	0.040	0.060
0.6	0.048	0.072	0.048	0.072	0.048	0.072	0.048	0.072
0.7	0.064	0.092	0.064	0.092	0.064	0.092	0.064	0.092
0.8	0.072	0.104	0.072	0.104	0.072	0.104	0.064	0.092
0.9	0.090	0.126	0.090	0.126	0.090	0.126	0.090	0.126
1.0	0.100	0.140	0.100	0.140	0.100	0.140	0.090	0.126
1.2	0.126	0.180	0.132	0.180	0.132	0.180	—	—
1.5	0.132	0.240	0.170	0.240	0.170	0.240	—	—
1.75	0.220	0.320	0.220	0.320	0.220	0.320	—	—
2.0	0.246	0.360	0.260	0.380	0.260	0.380	—	—
2.1	0.260	0.380	0.280	0.400	0.280	0.400	—	—
2.5	0.360	0.500	0.380	0.540	0.380	0.540	—	—

板料厚度	08、10、35 Q295、Q235		16Mn、Q345		40、50		65Mn	
	Z_{min}	Z_{max}	Z_{min}	Z_{max}	Z_{min}	Z_{max}	Z_{min}	Z_{max}
2.75	0.400	0.560	0.420	0.600	0.420	0.600	—	—
3.0	0.460	0.640	0.480	0.660	0.480	0.660	—	—
3.5	0.540	0.740	0.580	0.780	0.580	0.780	—	—
4.0	0.640	0.880	0.680	0.920	0.680	0.920	—	—
4.5	0.720	1.000	0.680	0.960	0.780	1.040	—	—
5.5	0.940	1.280	0.780	1.100	0.980	1.320	—	—
6.0	1.080	1.440	0.840	1.200	1.140	1.500	—	—
6.5	—	—	0.940	1.300	—	—	—	—
8.0	—	—	1.200	1.680	—	—	—	—

注：冲裁皮革、石棉和纸板时，间隙取 08 钢的 25%。

③ 冲裁间隙对冲裁件质量的影响

冲裁件质量是指断面质量、尺寸精度和形状误差。断面状况尽可能垂直、光滑、毛刺小；尺寸精度应该保证在图样规定的公差范围之内；零件外形应该满足图样要求；表面尽可能平直，即拱弯小。影响零件质量的因素有：材料性能、间隙、刃口锋利程度、模具精度以及模具结构形式等。间隙是主要因素之一。

a. 间隙对断面质量的影响

冲裁时，断裂面上下裂纹是否重合，与凸、凹模间隙值的大小有关。当凸、凹间隙合适时，凸、凹模刃口附近沿最大切应力方向产生的裂纹在冲裁过程中能会合，此时尽管断面与材料表面不垂直，但还是比较平直、光滑、毛刺较小，制件的断面质量较好。当间隙过小时，上、下裂纹不重合，在两条裂纹之间的材料将被第二次剪切。当上裂纹压入凹模时，受到凹模壁的挤压，产生第二光亮带，同时部分材料被挤出，在端面有挤长的毛刺。当间隙过大时，因为弯矩大，拉应力成分高，材料在凸、凹模刃口附近产生的裂纹也不重合，分离后产生的断裂层斜度增大，形成又高又厚的毛刺。同时冲件的拱弯大、光亮带小，冲裁件质量下降。

综上所述，模具间隙应保持在一个合理的范围之内。另外，当模具装配间隙调整得不均匀时，会出现部分间隙过大和过小的现象。因此，模具设计、制造与安装时必须保证间隙均匀。

b. 间隙对尺寸精度的影响

冲裁件的尺寸精度，是指冲裁件的实际尺寸与图纸上基本尺寸之差。差值越小，精度越高。这个差值包括两方面的偏差，一是冲裁件相对于凸模或凹模尺寸的偏差，二是模具本身的制造偏差。

冲裁间隙适当时，在冲裁过程中，板料的变形区在剪切作用下被分离，使落料件的尺寸等于凹模尺寸，冲孔件尺寸等于凸模的尺寸。

间隙过大，板料在冲裁过程中除受剪切外还产生较大的拉伸与弯曲变形，冲裁后因材料弹性回复,将使冲裁件尺寸向相反方向收缩。对于落料件,其尺寸将会小于凹模尺寸;对于冲孔件,其尺寸将会大于凸模尺寸。但因拱弯的弹性回复方向与以上相反,故偏差值是二者的综合结果。

间隙过小,则板料在冲裁过程中除受剪切外还会受到较大的挤压作用。冲裁后,材料的弹性回复力使冲裁件尺寸向实体的反方向胀大。对于落料件,其尺寸将会大于凹模尺寸;对于冲孔件,其尺寸将会小于凸模尺寸。

c. 冲裁件形状误差及其影响因素

冲裁件的形状误差是指翘曲、扭曲、变形等缺陷。冲裁件呈曲面不平现象称之为翘曲。它是由于间隙过大、弯矩增大、拉伸和弯曲成分增多而造成的,另外材料的各向异性和条料或带料未矫正也会产生翘曲。冲裁件呈扭歪现象称为扭曲,它是由于材料的不平、间隙不均匀、凹模后角对材料摩擦不均匀等造成的。冲裁件的变形是由于坯料的边缘冲孔或孔距太小等原因,因胀形而产生的。

用普通冲裁方法所能得到的冲裁件,其尺寸精度与断面质量都不太高。金属冲裁件所能达到的经济精度为 IT14~IT11,要求高的可达到 IT11~IT8 级。厚料达到上述要求比薄料差。若要进一步提高冲裁件的质量要求,则要在冲裁后加整修工序或采用精密冲裁工艺等技术手段。

2.2.2　冲裁力和压力中心的计算

2.2.2.1　冲裁力

冲裁力是冲裁过程中凸模对板料施加的压力,它是随凸模进入材料的深度(凸模行程)而变化的。如图 2.9 所示,图中 AB 段是冲裁的弹性变形阶段,BC 段是塑性变形阶段,C 点为冲裁力的最大值,材料在此点开始剪裂,CD 段为断裂阶段,DE 段压力主要是用于克服摩擦力和将材料由凹模内推出。通常说的冲裁力是指冲裁力的最大值,它是选用压力机和设计模具的重要依据之一。

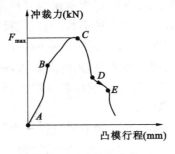

图 2.9　冲裁力曲线

用普通平刃口模具冲裁时,其冲裁力 F 一般按下式计算:

$$F = KS\tau_b = KLt\tau_b \qquad (2.2)$$

式中　　F——冲裁力;

　　　　S——冲裁断面面积;

　　　　L——冲裁周边长度;

　　　　t——材料厚度;

　　　　τ_b——材料抗剪强度;

　　　　K——系数。

系数 K 是考虑到实际生产中,模具间隙值的波动和不均匀、刃口的磨损、板料力学性能和厚度波动等因素的影响而给出的修正系数,一般取 $K=1.3$。

为计算方便,也可按下式估算冲裁力:

$$F = KL\sigma_b \qquad (2.3)$$

式中　　σ_b——材料的抗拉强度。

2.2.2.2　降低冲裁力的措施

冲压生产中,由于设备条件以及减少振动、噪声的需要,可以采用以下几种常用方法降低冲裁力。

（1）阶梯凸模冲裁

在多凸模的冲模中，将凸模设计成不同长度，使工作端面呈阶梯式布置，如图 2.10 所示，这样，各凸模冲裁力的最大峰值不同时出现，从而达到降低冲裁力的目的。

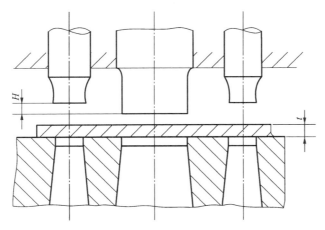

图 2.10　凸模的阶梯布置法

在几个凸模直径相差较大、相距又很近的情况下，为避免小直径凸模由于承受材料流动的侧压力而产生折断或倾斜现象，应该采用阶梯布置，即将小凸模做短一些。

凸模间的高度差 H 与板料厚度 t 有关，即：

$$t < 3 \qquad H = t$$
$$t > 3 \qquad H = 0.5t$$

阶梯凸模冲裁的冲裁力，一般只按产生最大冲裁力的那个阶梯进行计算。

（2）斜刃冲裁

用平刃口模具冲裁时，沿刃口整个周边同时冲切材料，故冲裁力较大。若将凸模（或凹模）刃口平面做成与其轴线倾斜一个角度的斜刃，则冲裁时刃口就不是全部同时切入，而是逐步地将材料切离，这样就相当于把冲裁件整个周边长分成若干小段进行剪切分离，因而能显著降低冲裁力。

斜刃冲裁时，会使板料产生弯曲。因而，斜刃配置的原则是：必须保证工件平整，只允许废料发生弯曲变形。因此，落料时凸模应为平刃，将凹模做成斜刃，如图 2.11（a）、图 2.11（b）所示。冲孔时则凹模应为平刃，凸模为斜刃，如图 2.11（c）、图 2.11（d）、图 2.11（e）所示；斜刃还应当对称布置，以免冲裁时模具承受单向侧压力而发生偏移，啃伤刃口。向一边斜的斜刃，只能用于切舌或切断，如图 2.11（f）所示。

斜刃冲裁虽有降低冲裁力使冲裁过程平稳的优点，但模具制造复杂，刃口易磨损，修磨困难，冲件不够平整，且不适于冲裁外形复杂的冲件，故只用于大型冲件或厚板的冲裁。

最后应当指出，采用斜刃冲裁或阶梯凸模冲裁时，虽然减低了冲裁力，但凸模进入凹模较深，冲裁行程增加，因此模具省力而不省功。

（3）加热冲裁（红冲）

金属在常温时其抗剪强度是一定的，但是，当金属材料加热到一定的温度之后，其抗剪强度显著降低，所以加热冲裁能降低冲裁力。但加热冲裁易破坏工件表面质量，同时会产生热变

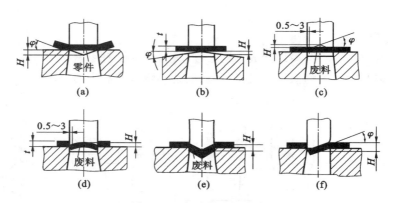

图 2.11　各种斜刃的形式

(a)、(b) 落料用；(c)、(d)、(e) 冲孔用；(f) 切舌用

形，精度低，因此应用比较少。表 2.4 为部分材料在加热状态时的抗剪强度。

表 2.4　钢在加热状态的抗剪强度 τ_0　　　　　　（单位：MPa）

材　料 \ 加热温度	200	500	600	700	800	900
Q195、Q215、10、15	360	320	200	110	60	30
Q235、Q255、20、25	450	450	240	130	90	60
Q275、30、35	530	520	330	160	90	70
40、45、50	600	580	380	190	90	70

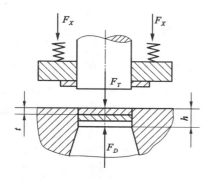

图 2.12　卸料力、推件力和顶件力

2.2.2.3　卸料力、推件力和顶件力

当冲裁工作完成后，从板料上冲裁下来的工件（或废料）由于径向发生弹性变形而扩张，会卡在凹模模腔内；同时，在板料上冲裁出的孔径则沿着径向发生弹性收缩，会紧箍在凸模上。将紧箍在凸模上的工件（或废料）卸下的力称为卸料力，用 F_X 表示；将卡在凹模中的工件（或废料）推出或顶出所需的力分别称为推件力与顶件力，分别用 F_T 与 F_D 表示，如图 2.12 所示。

卸料力、推件力和顶件力是由压力机和模具卸料装置或顶件装置传递的。所以在选择设备的公称压力或设计冲模时，应分别予以考虑。影响这些力的因素较多，主要有材料的力学性能、材料的厚度、模具间隙、凹模洞口的结构、搭边大小、润滑情况、制件的形状和尺寸等。所以要准确地计算这些力是很困难的，生产中常用经验公式计算，如下：

卸料力

$$F_X = K_X F \tag{2.4}$$

推件力

$$F_T = n K_T F \tag{2.5}$$

顶件力

$$F_D = K_D F \tag{2.6}$$

式中　F——冲裁力；

　　　K_X、K_T、K_D——卸料力、推件力、顶件力系数，见表 2.5；

　　　n——同时卡在凹模内的工件（或废料）的数量。

$$n = \frac{h}{t}$$

式中　h——凹模同口的直刃壁高度；

　　　t——板料厚度。

表 2.5　卸料力、推件力和顶件力系数

料厚 t(mm)		K_X	K_T	K_D
钢	<0.1	0.065～0.075	0.1	0.14
	0.1～0.5	0.045～0.055	0.063	0.08
	0.5～2.5	0.04～0.05	0.055	0.06
	2.5～6.5	0.03～0.04	0.045	0.05
	>6.5	0.02～0.03	0.025	0.03
铝、铝合金		0.025～0.08	0.03～0.07	
纯铜、黄铜		0.02～0.06	0.03～0.09	

注：卸料力系数 K_X 在冲多孔、大搭边和轮廓复杂制件时取上限值。

2.2.2.4　总冲压力的计算及冲压设备的选择

（1）总冲压力 F_Z

总冲压力是各种冲压工艺力的总和，用 F_Z 表示。F_Z 的计算应根据不同的模具结构分别进行计算，即：

采用弹性卸料装置和下出料方式的冲裁模时

$$F_Z = F + F_X + F_T \tag{2.7}$$

采用弹性卸料装置和上出料方式的冲裁模时

$$F_Z = F + F_X + F_D \tag{2.8}$$

采用刚性卸料装置和下出料方式的冲裁模时

$$F_Z = F + F_T \tag{2.9}$$

（2）冲压设备的选择

此处所指的冲压设备即压力机，压力机的公称参数即公称压力，其公称压力必须大于或等于总冲压力 F_Z。即：

$$F_g \geqslant F_Z$$

式中　F_g——压力机公称压力(kN)。

压力机相关的参数可以参考冲压手册或其他相关资料。

2.2.2.5　压力中心的计算

模具的压力中心就是冲压力合力的作用点。为了保证压力机和模具的正常工作，应使模具的压力中心与压力机滑块的中心线相重合。否则，冲压时滑块就会承受偏心载荷，导致滑块导轨和模具产生部分不正常的磨损，还会使合理间隙得不到保证，从而影响制件质量和缩短模具寿命甚至损坏模具。在实际生产中,可能会出现由于冲件的形状特殊或排样特殊,从模具结构设计与制造考虑不宜使压力中心与模柄中心线相重合,这时应注意使压力中心的偏离不致超出所选用压力机允许的范围。

(1) 简单凸模压力中心的计算

① 简单(规则形状)凸模的压力中心,位于凸模(冲件)轮廓图形的几何中心。

② 冲裁直线段时,其压力中心位于直线段的中心。

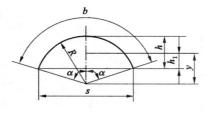

图 2.13　圆弧线段的压力中心

③ 冲裁圆弧线段时,其压力中心的位置如图 2.13 所示,按下式计算:

$$x = 0$$

$$y = \frac{180R\sin\alpha}{\pi\alpha} = \frac{Rs}{b} \qquad (2.10)$$

式中　x、y——压力中心坐标;

　　　　b——弧长;

其他符号意义见图。

【例 2.1】　如图 2.14 所示圆弧 $\overparen{AB}$,试求其压力中心位置。

【解】　无论圆弧处于何种位置,其中心将不变。

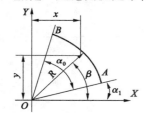

图 2.14　求圆弧的压力中心

若中心位置用极坐标 (ρ, θ) 表示,则根据式(2.10)得:

$$\rho = \frac{180R\sin\dfrac{\alpha}{2}}{\pi\dfrac{\alpha}{2}}$$

$$\theta = \alpha_1 + \frac{\alpha}{2}$$

故该圆弧压力中心坐标 (x, y) 为:

$$x = \rho\cos\beta = \frac{180R\sin\dfrac{\alpha_0}{2}}{\pi\dfrac{\alpha_0}{2}}\cos\left(\alpha_1 + \frac{\alpha_0}{2}\right)$$

$$y = \rho\sin\beta = \frac{180R\sin\dfrac{\alpha_0}{2}}{\pi\dfrac{\alpha_0}{2}}\sin\left(\alpha_1 + \frac{\alpha_0}{2}\right)$$

(2) 多凸模的压力中心的计算

确定多凸模模具的压力中心,采用解析法求解。计算方法是将各单个凸模的压力中心确定后,再计算模具的压力中心,其关系见图 2.15。计算其压力中心的步骤如下:

① 按比例画出每一个凸模刃口轮廓的位置。

② 在任意位置画出坐标轴 x、y。坐标轴位置选择适当可使计算简化。在选择坐标轴位置时,应尽量把坐标原点取在某一刃口轮廓的压力中心处,或使坐标轴线尽量多地通过凸模刃口轮廓的压力中心,坐标原点最好是几个凸模刃口轮廓压力中心的对称中心。

③ 分别计算凸模刃口轮廓的压力中心及坐标位置 x_1、x_2、x_3、$\cdots$、x_n 和 y_1、y_2、y_3、$\cdots$、y_n。

④ 分别计算凸模刃口轮廓的冲裁力 F_1、F_2、F_3、$\cdots$、F_n 或每一个凸模刃口轮廓的周长 L_1、

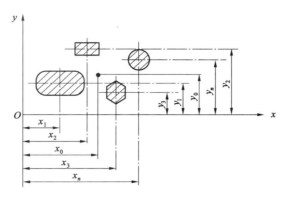

图 2.15　多凸模压力中心

L_2、L_3、$\cdots$、L_n。

⑤ 对于平行力系,冲裁力的合力等于各力的代数和。即:

$$F = F_1 + F_2 + F_3 + \cdots + F_X$$

⑥ 根据力学定理,合力对某轴的力矩等于各分力对同轴力矩的代数和,则可得压力中心坐标(x_0,y_0)计算公式。

$$x_0 = \frac{F_1 x_1 + F_2 x_2 + \cdots + F_n x_n}{F_1 + F_2 + \cdots + F_n} = \frac{\sum\limits_{i=1}^{n} F_i x_i}{\sum\limits_{i=1}^{n} F_i} \tag{2.11}$$

$$y_0 = \frac{F_1 y_1 + F_2 y_2 + \cdots + F_n y_n}{F_1 + F_2 + \cdots + F_n} = \frac{\sum\limits_{i=1}^{n} F_i y_i}{\sum\limits_{i=1}^{n} F_i} \tag{2.12}$$

因为冲裁力与周边长度成正比,所以式中各冲裁力 F_1、F_2、F_3、$\cdots$、F_n 可分别用冲裁周边长度 L_1、L_2、L_3、$\cdots$、L_n 代替。即:

$$x_0 = \frac{L_1 x_1 + L_2 x_2 + \cdots + L_n x_n}{L_1 + L_2 + \cdots + L_n} = \frac{\sum\limits_{i=1}^{n} L_i x_i}{\sum\limits_{i=1}^{n} L_i} \tag{2.13}$$

$$y_0 = \frac{L_1 y_1 + L_2 y_2 + \cdots + L_n y_n}{L_1 + L_2 + \cdots + L_n} = \frac{\sum\limits_{i=1}^{n} L_i y_i}{\sum\limits_{i=1}^{n} L_i} \tag{2.14}$$

【例 2.2】　如图 2.16 所示的工件是在矩形坯料上冲出 5 个不同形状的孔,并切去一个角,求冲裁时的压力中心。

【解】　① 图中Ⅰ、Ⅱ、Ⅲ、Ⅴ四个孔都是对称形状,故冲孔时,各孔冲裁力的作用点在其几何中心。孔Ⅳ属于不规则形状,故需先算出冲这个孔时冲裁力的作用点,将该孔单独画出,如图 2.16(b)所示,取 x、y 坐标轴如图。把整个轮廓分成 6 条线段,各条线段长度及其重心位置

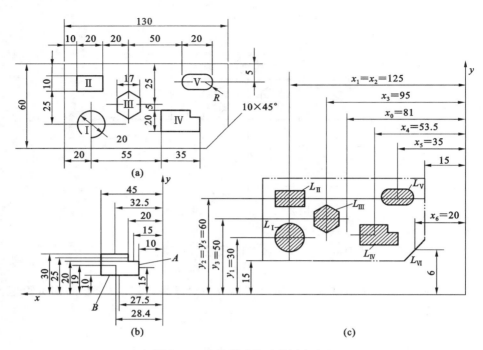

图 2.16 多凸模冲裁时的压力中心

如图所示,将各数值代入式(2.13)、式(2.14),则得:

$$x_0 = \frac{25 \times 32.5 + 10 \times 20 + 10 \times 15 + 10 \times 10 + 35 \times 27.5 + 20 \times 45}{25 + 10 + 10 + 10 + 35 + 20} = \frac{3125}{110} = 28.4$$

$$y_0 = \frac{25 \times 30 + 10 \times 25 + 10 \times 20 + 10 \times 15 + 35 \times 10 + 20 \times 20}{25 + 10 + 10 + 10 + 35 + 20} = \frac{2100}{110} = 19$$

将 x_0、y_0 值移算到孔 IV 图形里,则得压力中心距 A 边的距离为:

$$28.4 - 10 = 18.4$$

距 B 边的距离为:

$$19 - 10 = 9$$

② 计算出各个凸模的冲裁周边长度:

$$L_{\mathrm{I}} = \pi \times 20 = 62.8$$

$$L_{\mathrm{II}} = 2 \times 10 + 2 \times 20 = 60$$

$$L_{\mathrm{III}} = 6 \times \frac{17}{2 \times \cos 30°} = 59$$

$$L_{\mathrm{IV}} = 35 + 20 + 25 + 10 + 10 + 10 = 110$$

$$L_{\mathrm{V}} = 2 \times 10 + \pi \times 10 = 51.4$$

$$L_{\mathrm{VI}} = \frac{10}{\cos 45°} = \frac{10}{0.707} = 14.1$$

③ 对整个工件选定 x、y 坐标轴,如图 2.15(c)所示,将各数值代入式(2.13)、式(2.14),则得:

$$x_0 = \frac{62.8 \times 125 + 60 \times 125 + 59 \times 95 + 110 \times 53.5 + 51.4 \times 35 + 14.1 \times 20}{62.8 + 60 + 59 + 110 + 51.4 + 14.1} = \frac{28921}{357.3} = 81$$

$$y_0 = \frac{62.8 \times 30 + 60 \times 60 + 59 \times 50 + 110 \times 34 + 51.4 \times 60 + 14.1 \times 20}{62.8 + 60 + 59 + 110 + 51.4 + 14.1} = \frac{15540}{357.3} = 43.5$$

实际上压力中心在工件中的位置是距左边为 $81 - 15 = 66$；距下边为 $43.5 - 15 = 28.5$。

（3）复杂形状零件模具压力中心的确定

复杂形状零件模具压力中心的计算原理与多凸模冲裁压力中心的计算原理相同，如图 2.17 所示。其具体步骤如下：

① 选定坐标轴 x 和 y。

② 将组成图形的轮廓线划分为若干条简单的线段，并求出各线段长度 L_1、L_2、L_3、$\cdots$、L_n。

③ 确定各线段的重心位置 x_1、x_2、x_3、$\cdots$、x_n 和 y_1、y_2、y_3、$\cdots$、y_n。

④ 按式（2.13）、式（2.14）算出压力中心的坐标 (x_0, y_0)。

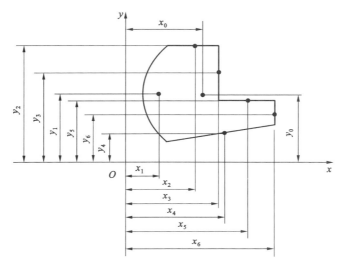

图 2.17　复杂冲裁件的压力中心

冲裁模压力中心的确定，除用上述的解析法外，还可以用作图法和悬挂法。但因作图法精确度不高，方法也不简单，因此在应用中受到一定的限制。

悬挂法的理论根据是：用匀质金属丝代替均布于冲裁件轮廓的冲裁力，该模拟件的重心就是冲裁的压力中心。具体做法是：用匀质细金属丝沿冲裁轮廓弯制成模拟件，然后用缝纫线将模拟件悬吊起来，并从吊点作铅垂线；再取模拟件的另一点，以同样的方法作另一铅垂线，两垂线的交点即为压力中心。悬挂法多用于确定复杂零件的模具压力中心。

2.2.3　冲裁排样设计

排样是指冲裁零件在条料、带料或板料上的布置方法。

合理有效的排样在于保证在最低的材料消耗和高生产率的条件下，得到符合设计技术要求的工件。在冲压生产过程中，保证很低的废料百分率是现代冲压生产最重要的技术指标之一。在冲压工作中，冲压件材料消耗费用可达总成本的 $60\% \sim 75\%$，每降低 1% 的冲压废料，将会使成本降低 $0.4\% \sim 0.5\%$。合理利用材料是降低成本的有效措施，尤其在成批和大量生产中，冲压零件的年产量达数十万件，甚至数百万件，材料合理利用的经济效益更为突出。

2.2.3.1　排样的原则、方法

（1）排样的原则

① 冲裁小工件或某种工件需要窄带料时，应沿板料顺长方向进行排样，符合材料规格及工艺要求。

② 冲裁弯曲件毛坯时，应考虑板料的轧制方向。

③ 冲件在条（带）料上的排样，应考虑冲压生产率、冲模耐用度、冲模结构是否简单和操作是否方便与安全等。

④ 条料宽度的选择与在板料上的排样应考虑选用条料宽度较大而步距较小的方案，可经济地将板料切为条料，并能减少冲制时间。

（2）排样的方法

根据材料的合理利用情况，条料排样方法可分为三种，如图 2.18 所示。

① 有废料排样

如图 2.18（a）所示。沿冲件全部外形冲裁，冲件与冲件之间、冲件与条料之间都存在搭边废料。冲件尺寸完全由冲模来保证，因此精度高，模具寿命也长，但材料利用率低。

② 少废料排样

如图 2.18（b）所示。沿冲件部分外形切断或冲裁，只在冲件与冲件之间或冲件与条料侧边之间留有搭边。因受剪裁条料质量和定位误差的影响，其冲件质量稍差，同时边缘毛刺被凸模带入间隙也影响模具寿命，但材料利用率稍高，冲模结构简单。

③ 无废料排样

如图 2.18（c）所示。冲件与冲件之间或冲件与条料侧边之间均无搭边，沿直线或曲线切断条料而获得冲件。冲件的质量更差，模具寿命更短，但材料利用率最高。另外，如图 2.18（d）所示，当送进步距为两倍零件宽度时，一次切断便能获得两个冲件，有利于提高劳动生产率。

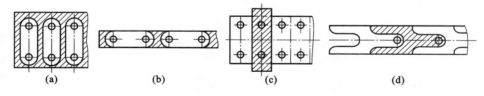

（a）　　　　　　　（b）　　　　　　　（c）　　　　　　　（d）

图 2.18　排样方法的分类

采用少、无废料的排样可以简化冲裁模结构，减小冲裁力，提高材料利用率。但是，因条料本身的公差以及条料导向与定位所产生的误差影响，冲裁件公差等级低。同时，由于模具单边受力（单边切断时），不但会加剧模具磨损，缩短模具寿命，而且也直接影响冲裁件的断面质量。因此，排样时必须要考虑各方面因素。

对有废料排样、少废料排样、无废料排样，还可以进一步按冲裁件在条料上的布置方法加以分类，其主要形式列于表 2.6。

在冲压生产实践中，由于零件的形状、尺寸、精度要求、批量大小和原材料供应等方面的不同，不可能提供一种固定不变的合理排样方案。但在决定排样方案时应遵循的原则是：保证在最低的材料消耗和最高的劳动生产率的条件下得到符合技术条件要求的零件，同时要考虑方便生产操作、冲模结构简单、模具寿命长以及车间生产条件和原材料供应情况等。总之要从各方面权衡利弊，以选择较为合理的排样方案。

表 2.6　常用排样形式分类

排样形式	有废料排样		少、无废料排样	
	简　图	应　用	简　图	应　用
直排		用于简单几何形状(方形、圆形、矩形)的冲件		用于矩形或方形冲件
斜排		用于T形、L形、S形、十字形、椭圆形冲件		用于L形或其他形状的冲件,在外形上允许有不大的缺陷
单对排		用于三角形等冲件		用于三角形等冲件
直对排		用于T形、Π形、山形、梯形、三角形、半圆形的冲件		用于T形、Π形、山形、梯形、三角形的冲件,外形允许有少量缺陷
斜对排		用于材料利用率比直对排高时的情况		多用于T形冲件
混合排		用于材料和厚度都相同的两种以上的冲件		用于两个外形互相嵌入的不同冲件

续表 2.6

排样形式	有废料排样		少、无废料排样	
	简　图	应　用	简　图	应　用
多排		用于大批生产中尺寸不大的圆形、六角形、方形、矩形冲件		用于大批量生产中尺寸不大的方形、矩形及六角形冲件
冲裁搭边		大批生产中用于小的窄冲件或带料的连续拉深		用于宽度均匀的条状或带状冲裁件

2.2.3.2　搭边

排样时冲裁件之间以及冲裁件与条料侧边之间留下的工艺废料叫搭边。搭边的作用一是补偿定位误差和剪板误差,确保冲出合格零件;二是增加条料刚度,方便条料送进,提高劳动生产率;同时,搭边还可以避免冲裁时条料边缘的毛刺被拉入模具间隙,从而延长模具寿命。

搭边值对冲裁过程及冲裁件质量有很大的影响,因此一定要合理确定搭边数值。搭边过大时,材料利用率低;搭边过小时,搭边的强度和刚度不够,冲裁时容易翘曲或被拉断,不仅会增大冲裁件毛刺,有时甚至会单边拉入模具间隙,造成冲裁力不均,损坏模具刃口。根据生产的统计,正常搭边比无搭边冲裁时的模具寿命长 50% 以上。

(1)影响搭边值的因素

① 材料的力学性能:硬材料的搭边值可小一些;软材料、脆材料的搭边值要大一些。

② 材料厚度:材料越厚,搭边值也越大。

③ 冲裁件的形状与尺寸:零件外形越复杂,圆角半径越小,搭边值取大些。

④ 送料及挡料方式:用手工送料,有侧压装置的搭边值可以小一些;用侧刃定距比用挡料销定距的搭边小一些。

⑤ 卸料方式:弹性卸料比刚性卸料的搭边小一些。

(2)搭边值的确定

排样设计时,搭边值是由查表确定的。表 2.7 为搭边值简易选取表,表 2.8 为最小搭边值的经验数据,供设计时参考。

表 2.7　排样搭边值简易选取表　　　　　　　　　　　　　　　（单位:mm）

材料厚度 t	≤1.2	1.2～3	>3
搭边值 a_1	1.2	t	0.8t
侧搭边 a	2	1.4t	1.2t

表 2.8　最小搭边值　　　　　　　　　　　　　　（单位：mm）

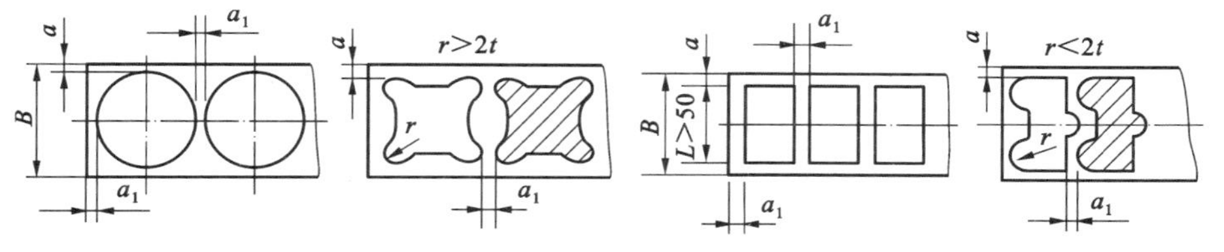

材料厚度 t	圆形件或圆角 r>2t 冲件		矩形件边长 L≤50		矩形件边长 L>50 或圆角 r<2t	
	工件间 a_1	侧面 a	工件间 a_1	侧面 a	工件间 a_1	侧面 a
<0.25	1.8	2.0	2.2	2.5	2.8	3.0
0.25~0.5	1.2	1.5	1.8	2.0	2.2	2.5
0.5~0.8	1.0	1.2	1.5	1.8	1.8	2.0
0.8~1.2	0.8	1.0	1.2	1.5	1.5	1.8
1.2~1.6	1.0	1.2	1.5	1.8	1.8	2.0
1.6~2	1.2	1.5	1.8	2.0	2.0	2.2
2~2.5	1.5	1.8	2.0	2.2	2.2	2.5
2.5~3	1.8	2.2	2.2	2.5	2.5	2.8
3~3.5	2.2	2.5	2.5	2.8	2.8	3.2
3.5~4	2.5	2.8	2.8	3.2	3.2	3.5
4~5	3	3.5	3.5	4	4	4.5
5~12	0.6t	0.7t	0.7t	0.8t	0.8t	0.9t

2.2.3.3　送料步距、条料宽度及导料板间距的计算

（1）送料步距

送料步距是指两次冲裁间板料在送料方向移动的距离，用 S 表示，在排样图上为相邻两冲裁件对应点之间的距离。其值等于冲裁件相应部分宽度加上工件间搭边值 a_1。

（2）条料宽度及导料板间距的计算

在排样方案和搭边值确定之后，就可以确定条料的宽度，进而确定导料板（或导尺）间的距离。因为表 2.8 所列侧面搭边值 a 已经考虑了剪料公差所引起的减小值，所以条料宽度的计算一般采用下列的简化公式。

① 有侧压装置时条料的宽度与导料板间距离，如图 2.19 所示。

有侧压装置的模具，能使条料始终沿着导料板送进，故按下式计算：

条料宽度

$$B_{-\Delta}^0 = (D_{max} + 2a)_{-\Delta}^0 \tag{2.15}$$

导料板间距离

$$A = B + C = D_{max} + 2a + C \tag{2.16}$$

② 无侧压装置时条料的宽度与导料板间距离,如图 2.20 所示。

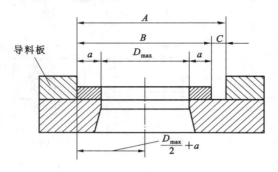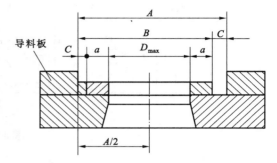

图 2.19　有侧压装置的冲裁　　　　　图 2.20　无侧压装置的冲裁

无侧压装置的模具,应考虑在送料过程中因条料的摆动而使侧面搭边减少。为了补偿侧面搭边的减少,条料宽度应增加一个条料可能的摆动量,故按下式计算:

条料宽度

$$B_{-\Delta}^{0}=(D_{max}+2a+C)_{-\Delta}^{0} \tag{2.17}$$

导料板间距离

$$A=B+C=D_{max}+2a+2C \tag{2.18}$$

式中　D_{max}——条料宽度方向冲裁件的最大尺寸;

　　　a——侧搭边值,可参考表 2.7;

　　　Δ——条料宽度的单向(负向)偏差,见表 2.9 和表 2.10;

　　　C——导料板与最宽条料之间的间隙,其最小值见表 2.10。

表 2.9　条料宽度偏差 Δ(一)　　　　　　　　　　　　(单位:mm)

条料宽度 B	材料厚度 t			
	<1	$1\sim2$	$2\sim3$	$3\sim5$
<50	0.4	0.5	0.7	0.9
$50\sim100$	0.5	0.6	0.8	1.0
$100\sim150$	0.6	0.7	0.9	1.1
$150\sim220$	0.7	0.8	1.0	1.2
$220\sim300$	0.8	0.9	1.1	1.3

表 2.10　条料宽度偏差 Δ(二)　　　　　　　　　　　　(单位:mm)

条料宽度 B	材料厚度 t		
	<0.5	$0.5\sim1$	$1\sim2$
<20	0.05	0.08	0.10
$20\sim30$	0.08	0.10	0.15
$30\sim50$	0.10	0.15	0.20

③ 用侧刃定距时条料的宽度与导料板间距离,如图 2.21 所示。

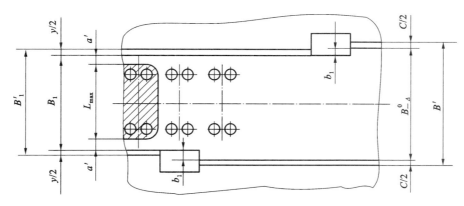

图 2.21　有侧刃装置的冲裁

当条料的送进步距用侧刃定位时,条料宽度必须增加侧刃切去的部分,故按下式计算:

条料宽度

$$B^0_{-\Delta} = (L_{\max} + 2a' + nb_1)^0_{-\Delta} = (L_{\max} + 1.5a + nb_1)^0_{-\Delta} \tag{2.19}$$

导料板间距离

$$B' = B + C = L_{\max} + 1.5a + nb_1 + C \tag{2.20}$$

$$B'_1 = L_{\max} + 1.5a + y \tag{2.21}$$

式中　$L_{\max}$——条料宽度方向冲裁件的最大尺寸;

　　　　a——侧搭边值,可参考表 2.7;

　　　　n——侧刃数;

　　　　b_1——侧刃冲切的料边宽度,见表 2.12;

　　　　C——导料板与最宽条料之间的间隙,其最小值见表 2.11;

　　　　y——冲切后的条料宽度与导料板间的间隙,见表 2.12。

表 2.11　导料板与条料之间的最小间隙 $C_{\min}$　　　　　　　　　（单位:mm）

材料厚度 t	无侧压装置			有侧压装置	
	条料宽度 B			条料宽度 B	
	<100	100~200	200~300	<100	≥100
<0.5	0.5	0.5	1	5	8
0.5~1	0.5	0.5	1	5	8
1~2	0.5	1	1	5	8
2~3	0.5	1	1	5	8
3~4	0.5	1	1	5	8
4~5	0.5	1	1	5	8

表 2.12　b_1、y 的值　　　　　　　　　　（单位：mm）

材料厚度 t	b_1		y
	金属材料	非金属材料	
<1.5	1.5	2	0.10
1.5～2.5	2.0	3	0.15
2.5～3	2.5	4	0.20

2.2.3.4　排样图

确定条料宽度后,还要选择板料规格,并确定裁板方法(纵向剪裁或横向剪裁)。值得注意的是,在选择板料规格和确定裁板方法时,还应综合考虑材料利用率、纤维方向(对弯曲件)、操作方便和材料供应情况等。当条料长度确定后,就可以绘出排样图。如图 2.22 所示,在排样图中,冲压位置要以剖面线表示。同时,一张完整的排样图应包含以下要素:条料长度 L、板料厚度 t、端距 l、步距 S、工件间搭边 a_1 和侧搭边 a。排样图应绘制在冲压工艺规程卡片和冲裁模总装图的右上角。

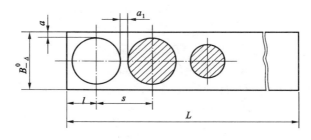

图 2.22　排样图

2.2.3.5　材料利用率的计算方法

材料的经济利用,直接决定于冲压件的制造方法和排样方式。冲压工艺设计中,评价材料经济利用程度的指标是材料利用率。

材料利用率 η 表示冲压件在坯料上排样的合理程度,也就是材料利用的经济程度。

$$\eta = \frac{\text{实用材料面积}}{\text{消耗材料面积}} \times 100\% \tag{2.22}$$

实用材料面积即冲压件有效面积,它与消耗材料面积之差即为废料。

废料分为设计废料(结构废料)和工艺废料两部分。

设计废料是由于零件结构形状的特点所形成的废料,如零件上的孔、槽以及外缘部分的凹槽、缺口等。一般情况下设计废料是难以避免的。

工艺废料是指工件之间和工件与板料侧边之间的搭边,以及冲裁过程中出现的料头和料尾。合理的排样方法可以降低工艺废料的比例。

一张板料上总的材料利用率 $\eta_{总}$ 为:

$$\eta_{总} = \frac{n_{总} \times A}{LB} \times 100\% \tag{2.23}$$

式中　A——冲裁件面积(mm^2);

　　　$n_{总}$——一张板料上所冲工件总数目;

LB——板料长×宽(mm²)。

材料利用率 $\eta < 1$。

2.2.4　凸、凹模刃口尺寸计算

（1）冲裁件凸、凹模刃口尺寸计算原则

在冲裁件尺寸的测量和使用中，都是以光亮带的尺寸为基准的。落料件的光亮带处于大端尺寸，冲孔件的光亮带处于小端尺寸。落料件的光亮带是因凹模刃口挤切材料产生的，而冲孔件的光亮带是凸模刃口挤切材料产生的。且落料件的大端（光面）尺寸等于凹模尺寸，冲孔件的小端（光面）尺寸等于凸模尺寸。冲裁时，凸、凹模要与冲裁零件或废料发生摩擦，凸模轮廓越磨越小，凹模轮廓越磨越大，结果使间隙越来越大。

在确定冲模凸模和凹模工作部分尺寸时，必须遵循以下几项原则：

① 落料件的尺寸取决于凹模尺寸，因此落料模应先决定凹模尺寸，用减小凸模尺寸来保证合理间隙；冲孔件的尺寸取决于凸模尺寸，故冲孔模应先决定凸模尺寸，用增大凹模尺寸来保证合理间隙。

② 根据刃口的磨损规律，刃口磨损后尺寸变大，其刃口的基本尺寸应取接近或等于工件的最小极限尺寸；刃口磨损后尺寸减小，应取接近或等于工件的最大极限尺寸。

③ 考虑工件精度与模具精度间的关系，在选择模具刃口制造公差时，既要保证工件的精度要求，又要保证有合理的间隙数值。一般冲模精度较工件精度高 2～3 级。

由于冲模加工方法不同，刃口尺寸的计算方法也不同，基本上可分为两类，即分别加工法和配作法，下面分别叙述。

（2）用分别加工法的刃口尺寸计算方法

这种方法主要适用于圆形或简单规则形状的工件，因为冲裁此类工件的凸、凹模制造相对简单，精度容易保证，所以采用分别加工。设计时，需在图纸上分别标注凸模和凹模刃口尺寸及制造公差。

冲模刃口与工件尺寸及公差分布情况如图 2.23 所示。其计算公式如下：

① 落料

设工件的尺寸为 $D_{-\Delta}^{0}$（若尺寸为其他形式，应先化为这种形式），根据计算原则，落料时以凹模为设计基准。首先确定凹模尺寸，使凹模的基本尺寸接近或等于工件轮廓的最小极限尺寸；将凹模尺寸减去最小合理间隙值即得到凸模尺寸。

$$D_A = (D_{\max} - x\Delta)_0^{+\delta_A} \tag{2.24}$$

$$D_T = (D_A - Z_{\min})_{-\delta_T}^{0} = (D_{\max} - x\Delta - Z_{\min})_{-\delta_T}^{0} \tag{2.25}$$

式中　D_A、D_T——落料凹、凸模尺寸；

　　　$D_{\max}$——落料件的最大极限尺寸；

　　　Δ——工件公差；

　　　$Z_{\min}$——凸、凹模最小合理间隙；

　　　x——磨损系数，其值在 0.5～1 之间，与工件精度有关，可查表 2.13 或按下面关系选取：

　　　　　工件精度 IT10 以上　　　　　　$x = 1$

　　　　　工件精度 IT11～IT13　　　　　　$x = 0.75$

　　　　　工件精度 IT14　　　　　　　　　$x = 0.5$

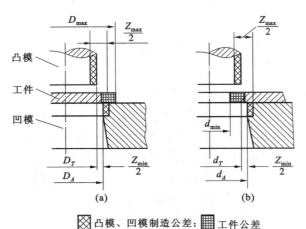

图 2.23　落料、冲孔时各部分尺寸与公差分布情况

（a）落料；（b）冲孔

δ_T、δ_A——凸、凹模的制造公差，可按 IT7～IT8 级来选取，也可查表 2.14 选取，或取 $\delta_T \leqslant 0.4(Z_{max}-Z_{min})$、$\delta_A \leqslant 0.6(Z_{max}-Z_{min})$。

② 冲孔

设冲孔尺寸为 $d_0^{+\Delta}$（若尺寸为其他形式，应先化为这种形式），根据计算原则，冲孔时以凸模为设计基准。首先确定凸模尺寸，使凸模的基本尺寸接近或等于工件孔的最大极限尺寸；将凸模尺寸加上最小合理间隙值即得到凹模尺寸。

$$d_T = (d_{min}+x\Delta)^0_{-\delta_T} \tag{2.26}$$

$$d_A = (d_T+Z_{min})_0^{+\delta_A} = (d_{min}+x\Delta+Z_{min})_0^{+\delta_A} \tag{2.27}$$

式中　d_T、d_A——冲孔凸、凹模尺寸；

d_{min}——冲孔件孔的最小极限尺寸。

③ 中心距

孔心距属于磨损后基本不变的尺寸。在同一工步中，在工件上冲出孔距为 $L\pm\Delta/2$ 两个孔时，其凹模孔中心距 L_d 可按下式确定：

$$L_d = L \pm \frac{1}{8}\Delta \tag{2.28}$$

式中　L、L_d——工件孔心距和凹模孔心距的公称尺寸。

采用凸、凹模分开加工时，因要分别标注凸、凹模刃口尺寸与制造公差，所以无论冲孔或落料，为了保证间隙值，必须验算下列条件：

$$|\delta_T| + |\delta_A| \leqslant Z_{max} - Z_{min} \tag{2.29}$$

若不合格，出现 $|\delta_T| + |\delta_A| > Z_{max} - Z_{min}$ 的情况，当大得不多时，可适当调整 δ_T、δ_A 使其满足上式，此时可用 $\delta_T \leqslant 0.4(Z_{max}-Z_{min})$、$\delta_A \leqslant 0.6(Z_{max}-Z_{min})$ 确定 δ_T、δ_A。如果出现 $|\delta_T| + |\delta_A| \gg Z_{max} - Z_{min}$ 时，则应采用第三部分将要介绍的凸、凹模配作法计算刃口。

综上所述可见，凸、凹模分别加工法的优点是：凸、凹模具有互换性，制造周期短，便于成批制造。其缺点是：模具制造公差小，制造困难，成本较高，特别是单件生产时，这种方法不经济。

表 2.13　磨损系数 x

材料厚度 $t(\text{mm})$	非圆形			圆形	
	1	0.75	0.5	0.75	0.5
	工件公差 Δ				
<1	<0.16	0.17～0.35	≥0.36	<0.16	≥0.36
1～2	<0.20	0.21～0.41	≥0.42	<0.20	≥0.42
2～4	<0.24	0.25～0.49	≥0.50	<0.24	≥0.50
>4	<0.30	0.31～0.59	≥0.60	<0.30	≥0.60

表 2.14　规则形状（圆形、方形）冲裁时凸模、凹模的制造偏差　　　　　（单位：mm）

基本尺寸	凸模偏差 δ_T	凹模偏差 δ_A	基本尺寸	凸模偏差 δ_T	凹模偏差 δ_A
<18		0.020	120～180	0.030	0.040
18～30	0.020	0.025	180～260		0.045
30～80		0.030			
80～120	0.025	0.035	260～360	0.035	0.050
			360～500	0.040	0.060
			>500	0.050	0.070

【例 2.3】　冲制图 2.2 所示垫圈，材料为 Q235，厚度为 2。计算冲裁凸、凹模刃口尺寸及公差。

【解】　外形 $\phi 20_{-0.52}^{0}$ 属于落料，内形 $\phi 10.5_{0}^{+0.43}$ 属于冲孔，需分别计算其凸、凹模刃口尺寸。

落料 $\phi 20_{-0.52}^{0}$：

$$D_A = (D_{\max} - x\Delta)_{0}^{+\delta_A}$$
$$D_T = (D_A - Z_{\min})_{-\delta_T}^{0}$$

查表 2.3、表 2.13 和表 2.14 得：

$$Z_{\min} = 0.246;\ Z_{\max} = 0.360;\ \delta_T = 0.020;\ \delta_A = 0.025;\ x = 0.5$$

校核间隙：

因为 $Z_{\max} - Z_{\min} = 0.360 - 0.246 = 0.114$

$$|\delta_T| + |\delta_A| = 0.020 + 0.025 = 0.045 < 0.114$$

所以满足 $|\delta_T| + |\delta_A| < Z_{\max} - Z_{\min}$ 的条件，制造公差合适。

将题目中和查表的数据代入前面公式，得：

$$D_A = (20 - 0.5 \times 0.52)_{0}^{+0.025} = 19.74_{0}^{+0.025}$$
$$D_T = (19.74 - 0.246)_{-0.020}^{0} = 19.49_{-0.020}^{0}$$

冲孔 $\phi 10.5_{0}^{+0.43}$：

$$d_T = (d_{\min} + x\Delta)_{-\delta_T}^{0}$$
$$d_A = (d_T + Z_{\min})_{0}^{+\delta_A}$$

查表 2.3、表 2.13 和表 2.14 得：

$$Z_{\min} = 0.246;\ Z_{\max} = 0.360;\ \delta_T = 0.020;\ \delta_A = 0.020;\ x = 0.5$$

校核间隙：

因为 $Z_{max} - Z_{min} = 0.360 - 0.246 = 0.114$

$$|\delta_T| + |\delta_A| = 0.020 + 0.020 = 0.040 < 0.114$$

所以满足 $|\delta_T| + |\delta_A| < Z_{max} - Z_{min}$ 的条件,制造公差合适。

将已知和查表的数据代入前面公式,得:

$$d_T = (10.5 + 0.5 \times 0.43)^{0}_{-0.020} = 10.72^{0}_{-0.020}$$

$$d_A = (10.72 + 0.246)^{+0.020}_{0} = 10.97^{+0.020}_{0}$$

（3）用配作加工法的刃口尺寸计算方法

采用凸、凹模分开加工法时,为了保证凸、凹模间一定的间隙值,必须严格限制冲模制造公差,因此,造成冲模制造困难。对于冲制薄板件(因 Z_{max} 与 Z_{min} 的差值很小)的冲模、复杂形状工件的冲模或单件生产的冲模,常采用凸模与凹模配作的加工方法。

配作法就是先按设计尺寸制出一个基准件(凸模或凹模),然后根据基准件的实际尺寸再按最小合理间隙配制另一件。这种加工方法的特点是模具的间隙由配制保证,工艺比较简单,不必校核间隙,并且还可放大基准件的制造公差,制造容易。设计时,基准件的刃口尺寸及制造公差应详细标注,而配作件上只标注公称尺寸,不注公差,但在图纸上注明:"凸(凹)模刃口按凹(凸)模实际刃口尺寸配制,保证最小双面合理间隙值 Z_{min}"。

采用配作法计算凸模或凹模刃口尺寸,首先是根据凸模或凹模磨损后轮廓的变化情况,正确判断出模具刃口各个尺寸在磨损过程中是变大、变小还是不变这三种情况,然后分别按不同的公式计算,如图 2.24 和图 2.25 所示。

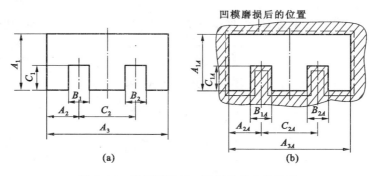

图 2.24　落料凹模刃口磨损后的变化情况

(a) 落料件；(b) 落料凹模刃口轮廓

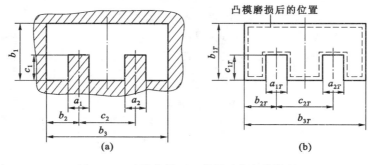

图 2.25　冲孔凸模刃口磨损后的变化情况

(a) 冲裁件孔；(b) 冲孔凸模刃口轮廓

① 凹模（或凸模）磨损后增大的尺寸——第一类尺寸 A（或 a）

落料凹模或冲孔凸模磨损后将会增大的尺寸，相当于形状简单的落料凹模尺寸，所以它的基本尺寸及制造公差的确定方法与公式（2.24）相同。

第一类尺寸：

$$A = (A_{max} - x\Delta)_0^{+\frac{1}{4}\Delta} \qquad (2.30)$$

② 凹模（或凸模）磨损后减小的尺寸——第二类尺寸 B（或 b）

冲孔凸模或落料凹模磨损后将会减小的尺寸，相当于形状简单的冲孔凸模尺寸，所以它的基本尺寸及制造公差的确定方法与式（2.26）相同。

第二类尺寸：

$$B = (B_{min} + x\Delta)_{-\frac{1}{4}\Delta}^0 \qquad (2.31)$$

③ 凸模或凹模磨损后会基本不变的尺寸——第三类尺寸 C（或 c）

凸模或凹模在磨损后基本不变的尺寸，不必考虑磨损的影响，相当于形状简单的孔心距尺寸，所以它的基本尺寸及制造公差的确定方法与公式（2.28）相同。

第三类尺寸：

$$C = (C_{min} + \frac{1}{2}\Delta) \pm \frac{1}{8}\Delta \qquad (2.32)$$

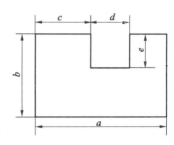

图 2.26　落料件

上三式中　A、B、C——模具基准件尺寸；

　　　　A_{max}、B_{min}、C_{min}——工件极限尺寸；

　　　　Δ——工件公差。

【例 2.4】　如图 2.26 所示的落料件，其中 $a = 80_{-0.42}^0$，$b = 40_{-0.34}^0$，$c = 35_{-0.34}^0$，$d = 22 \pm 0.14$，$e = 15_{-0.12}^0$，板料厚度 $t = 1$，材料为 10 钢。试计算冲裁件的凸、凹模刃口尺寸及制造公差。

【解】　该冲裁件属落料件，选凹模为设计基准件，只需要计算落料凹模刃口尺寸及制造公差，凸模刃口尺寸由凹模实际尺寸按间隙要求配作。

由表 2.3 查得：$Z_{min} = 0.10$，$Z_{max} = 0.14$。由公差表查得工件各尺寸的公差等级，然后确定 x，对于尺寸 80，选 $x = 0.5$；尺寸 15，选 $x = 1$；其余尺寸均选 $x = 0.75$。

落料凹模的基本尺寸计算如下。

第一类尺寸：磨损后增大的尺寸

$$a_A = (80 - 0.5 \times 0.42)_0^{+\frac{1}{4} \times 0.42} = 79.79_0^{+0.105}$$

$$b_A = (40 - 0.75 \times 0.34)_0^{+\frac{1}{4} \times 0.34} = 39.75_0^{+0.085}$$

$$c_A = (35 - 0.75 \times 0.34)_0^{+\frac{1}{4} \times 0.34} = 34.75_0^{+0.085}$$

第二类尺寸：磨损后减小的尺寸

$$d_A = (22 - 0.14 + 0.75 \times 0.28)_{-\frac{1}{4} \times 0.28}^0 = 22.07_{-0.070}^0$$

第三类尺寸：磨损后基本不变的尺寸

$$d_A = (15 - 0.5 \times 0.12) \pm \frac{1}{8} \times 0.12 = 14.94 \pm 0.015$$

落料凸模的基本尺寸与凹模相同，分别是 79.79、39.75、34.75、22.07、14.94，不必标注公差，但要在技术条件中注明：凸模实际刃口尺寸与落料凹模配制，保证最小双面合理间隙值

$Z_{min} = 0.10$。落料凹模、凸模的尺寸如图 2.27 所示。

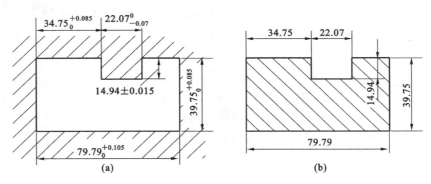

图 2.27　落料凹、凸模尺寸

(a) 落料凹模尺寸；(b) 落料凸模尺寸

2.2.5　冲裁工艺设计

冲裁的工艺设计包含冲裁件的工艺性分析和冲裁工艺方案的确定两方面内容。良好的工艺性和合理的工艺方案，可以使用最少的材料、最少的工序数量和工时，并使模具结构简单且模具寿命长，能稳定地获得合格的工件，因而可以减少劳动量和冲裁件的工艺成本。劳动量和工艺成本是衡量冲裁工艺设计的主要指标。

冲裁件的工艺性，是指冲裁件对冲裁工艺的适应性，即冲裁件的形状结构、尺寸大小及偏差等是否符合冲裁加工的工艺要求。冲裁件的工艺性是否合理，对冲裁件的质量、模具寿命和生产率有很大影响。

（1）冲裁件的结构工艺性

① 冲裁件的形状应力求简单、对称，材料利用率高。如图 2.28(a) 所示的冲裁件，采用的

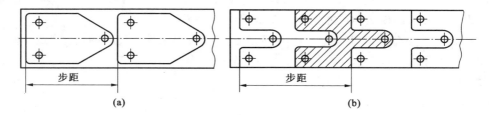

图 2.28　冲裁件的形状对工艺性的影响

是有废料排样。如果工件上只是三个供装配用的孔要求有准确的位置，而外形无关紧要，则可设计成如图 2.28(b) 所示形状，此时便能采用无废料排样，可使材料利用率提高 40%，而且一次能冲出两个工件，生产率提高一倍，降低了工件成本。因此，改进后的冲裁件的工艺性比原工件的工艺性好。

② 冲裁件内形及外形的转角处要尽量避免尖角，应以圆弧过渡，如图 2.29 所示，以便于模具加工，减少热处理开裂，减少冲裁时尖角处的崩刃和过快磨损。圆角半径 R 的最小值，参照表 2.15 选取。

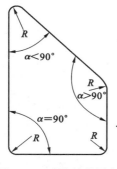

图 2.29　冲裁件的圆角

③ 尽量避免冲裁件上过长的凸出悬臂和凹槽,悬臂和凹槽宽度也不宜过小,其许可值如图 2.30(a)所示。

④ 为避免工件变形和保证模具强度,孔边距和孔间距不能过小。其最小许可值如图 2.30(a)所示。

⑤ 在弯曲件或拉深件等成型件边缘冲孔时,孔边与直壁之间应保持一定距离,以免冲孔时凸模受水平推力而折断,如图 2.30(b)所示。

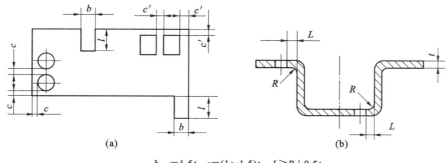

$$b_{min}=1.5t \quad c=(1\sim1.5)t \quad L \geqslant R+0.5t$$
$$l_{max}=5b \quad c'=(1.5\sim2)t$$

图 2.30 冲裁件的结构工艺性

⑥ 冲孔时,因受凸模强度的限制,孔的尺寸不应太小,否则凸模易折断或压弯。用无导向凸模和有导向的凸模所能冲制的最小尺寸,分别见表 2.16 和表 2.17。

表 2.15 冲裁最小圆角半径 R

零件种类		黄铜、铝	合金钢	软钢	最小尺寸(mm)
落料	交角≥90°	0.18t	0.35t	0.25t	>0.25
	交角<90°	0.35t	0.70t	0.5t	>0.5
冲孔	交角≥90°	0.2t	0.45t	0.3t	>0.3
	交角<90°	0.4t	0.9t	0.6t	>0.6

注:表中 t 为板料厚度。

表 2.16 无导向凸模冲孔的最小尺寸

材料				
钢 τ>685 MPa	$d\geqslant1.5t$	$d\geqslant1.35t$	$d\geqslant1.2t$	$d\geqslant1.1t$
钢 $\tau\approx390\sim685$ MPa	$d\geqslant1.3t$	$d\geqslant1.2t$	$d\geqslant1.0t$	$d\geqslant0.9t$
钢 $\tau\approx390$ MPa	$d\geqslant1.0t$	$d\geqslant0.9t$	$d\geqslant0.8t$	$d\geqslant0.7t$
黄铜	$d\geqslant0.9t$	$d\geqslant0.8t$	$d\geqslant0.7t$	$d\geqslant0.6t$
铝、锌	$d\geqslant0.8t$	$d\geqslant0.7t$	$d\geqslant0.6t$	$d\geqslant0.5t$

注:表中 t 为板料厚度,τ 为抗剪强度。

表 2.17　有导向凸模冲孔时的最小尺寸

材　料	圆形(直径 d)	矩形(孔宽 b)
硬钢	$0.5t$	$0.4t$
软钢及黄铜	$0.35t$	$0.3t$
铝、锌	$0.3t$	$0.28t$

注:表中 t 为板料厚度。

⑦ 冲裁件的尺寸精度和断面粗糙度

a. 冲裁件的经济公差等级不高于 IT11 级,一般要求落料件公差等级最好低于 IT10 级,冲孔件公差最好低于 IT9 级。

b. 冲裁件的断面粗糙度与材料塑性、材料厚度、冲裁模间隙、刃口锐钝以及冲模结构有关。一般不作要求,若有特殊要求,则冲裁后需整修或采用精密冲裁。

(2) 冲裁件的尺寸标注

冲裁件尺寸的基准应尽可能与制模时的定位基准重合,并选择在冲裁过程中不参加变形的面或线上。如图 2.31(a)所示的尺寸标注是不合理的,因为模具的磨损,尺寸 B 和 C 都必须有较宽的公差,结果造成孔的中心距不稳定。改用图 2.31(b)所示的标注方法就比较合理,这样孔心距不受模具磨损的影响。

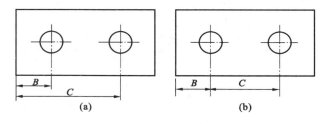

图 2.31　冲裁件尺寸的标注

2.2.6　冲裁工艺方案的确定

在冲裁工艺性分析的基础上,根据冲裁件的特点确定冲裁工艺方案。确定冲裁工艺方案主要包括冲裁工序数的确定、冲裁工序的组合以及冲裁工序顺序的安排。其中后两个内容是重点,亦是难点。工序数的确定较简单,此处不予叙述。

2.2.6.1　冲裁工序的组合

冲裁工序可分为单工序冲裁、复合冲裁和级进冲裁。

复合冲裁是指在压机一次行程中,在模具的同一位置同时完成两个或两个以上冲压工序;级进冲裁是指在压机一次行程中,在模具的不同位置上同时完成数道冲压工序,除最初几次冲程外,以后每次冲程都可以完成一个冲裁件,又称连续冲裁。组合的冲裁工序比单工序冲裁生产效率高,冲裁精度高。

冲裁组合方式的确定根据下列因素决定。

(1) 生产批量

一般来说,小批量与试制采用单工序冲裁,中批量和大批量生产采用复合冲裁或级进冲裁。生产批量与模具类型的关系见表 2.18。

表 2.18　生产批量与模具类型的关系　　　　　　　　　　（单位:件）

项目	生产批量				
	单件	小批	中批	大批	大量
大型件		2	2～20	20～300	＞300
中型件	1	2～5	5～50	50～100	＞1000
小型件		2～10	10～100	100～500	＞5000
模具类型	单工序模 复合模 简易模	单工序模 复合模 简易模	单工序模 级进模、复合模 半自动模	单工序模 级进模、复合模 自动模	硬质合金级进 模、复合模、 自动模

（2）工件尺寸公差等级

复合冲裁所得到的工件尺寸公差等级高,因为它避免了多次冲压的定位误差。级进冲裁所得到的工件尺寸公差等级较复合冲裁低。

（3）对工件尺寸、形状的适应性

工件的尺寸较小时,考虑到单工序上料不方便和生产率低,常采用复合冲裁或级进冲裁。对于尺寸中等的工件,由于制造多副单工序模的费用比复合模昂贵,也宜采用复合冲裁。但工件上孔与孔之间或孔与边缘之间的距离过小时,不宜采用复合冲裁和单工序冲裁,宜采用连续冲裁。所以,级进冲裁可以加工形状复杂、宽度很小的异形工件,见图 2.32,且可冲裁的板料厚度比复合冲裁时要大,但级进冲裁受压机台面尺寸与工序数的限制,冲裁工件尺寸不宜太大。

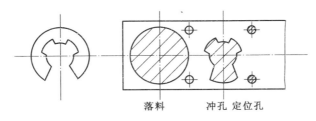

落料　　　冲孔 定位孔

图 2.32　级进冲裁

（4）模具制造成本

对于复杂形状的工件,适宜采用复合冲裁,因模具制造、安装调整较容易,成本较低。

（5）操作方便与安全

复合冲裁出件或清除废料较困难,工作安全性较差。级进冲裁较安全。

综合上述分析,对于一个工件,可以有多种冲裁工艺方案。必须进行比较,在满足工件质量与生产率的要求下,选取模具制造成本低、寿命长、操作方便又安全的工艺方案。

2.2.6.2　冲裁顺序的安排

（1）级进冲裁的顺序安排

① 先冲孔或切口,最后落料或切断,将工件与条料分离。先冲出的孔可作后续工序的定位用。在定位要求较高时,则可冲出专供定位用的工艺孔(一般为两个,见图 2.32)。

② 采用定距侧刃时,定距侧刃切边工序与首次冲孔同时进行,以便控制送料进距。采用

两个定距侧刃时,也可以安排成一前一后。

(2) 多工序工件用单工序冲裁时的顺序安排

① 先落料使毛坯与条料分离,再冲孔或冲缺口。后继各冲裁工序的定位基准要一致,以避免定位误差和尺寸链换算。

② 冲裁大小不同、相距较近的孔时,为减少孔的变形,应先冲大孔,后冲小孔。

工艺方案确定后,需进行必要的工艺计算和粗选设备,为模具设计提供必要的依据。

【例 2.5】　图 2.2 所示垫圈,材料为 Q235,厚度为 2 mm,年产量 50 万件,冲压设备初选为 250 kN 开式压力机,要求制定冲压工艺方案。

【解】　(1) 分析零件的冲压工艺性

① 材料 Q235 是普通碳素钢,具有良好的冲压性能。

② 该零件形状简单,孔边距远大于凸、凹模允许的最小壁厚,故可以考虑采用复合冲压工序。

③ 零件上两个尺寸都是 IT14 级,一般冲裁均能满足。但内外两圆柱的同轴度有一定要求,冲裁时要予以保证。

④ 结论是可以冲裁。

(2) 确定冲压工艺方案

该零件包括落料、冲孔两个基本工序,可有以下三种工艺方案。

方案一:先落料,后冲孔。采用单工序模生产。

方案二:落料—冲孔复合冲裁,采用复合模生产。

方案三:冲孔—落料连续冲裁,采用级进模生产。

方案一模具结构简单,但需两道工序、两副模具,生产率较低,难以满足该零件的年产量要求。方案二只需一副模具,冲压件的形位精度容易保证,且生产率也高。尽管模具结构较方案一复杂,但由于零件的几何形状简单、对称,模具制造并不困难。方案三也只需要一副模具,生产率也很高,但零件的冲压精度稍差。欲保证冲压件的形位精度,需要在模具上设置导正销导正,故模具制造、安装较复合模复杂。通过对上述三种方案的分析比较,该件的冲压生产采用方案二为佳。

2.2.7　冲模的设计要求

2.2.7.1　冲裁模的分类

冲裁模是冲裁所用的工艺装备,冲裁模结构形式很多,一般按不同的结构特征分类。

① 按工序性质:可分为落料模、冲孔模、切断模、切边模、切舌模、剖切模、整修模、精冲模等。

② 按工序组合程度:可分为单工序模、复合模、级进模。

③ 按卸料方式不同:可分为刚性卸料式和弹性卸料式等模具。

④ 按送料、出件及排除废料的自动化程度:可分为手动模、半自动模和自动模。

⑤ 按送料步距定位方法不同:可分为挡料销式、导正销式、侧刃式等模具。

⑥ 按冲模有无导向装置和导向方法:可分为无导向的开式模和有导向的导板模、导柱模。

⑦ 按凸、凹模材料不同:可分为硬质合金模、锌基合金模、聚氨酯冲模、橡胶冲模等。

2.2.7.2　冲裁模的设计要求

在进行冲模设计时,应力求做到使所设计的模具能满足下列基本要求:

① 保证冲裁出符合图纸技术要求的工件。

② 模具结构简单,制造成本低,安装牢固,经久耐用,使用寿命长。

③ 工作安全,操作方便。

④ 设计时必须在了解工件图纸及其技术条件、生产批量、现有冲床的技术规格以及本单位模具制造能力的前提下进行。

模具设计程序因设计人员本身的熟练程度和习惯而异,一般可概述如下:

(1) 冲裁件工艺分析

分析冲裁件的结构形状、尺寸精度、所用材料等是否符合冲裁的工艺要求,从而确定冲裁的可能性。

(2) 确定冲裁工艺方案

① 在工艺分析的基础上,确定冲裁件的工序性质、数量、工序组合,以及先后顺序、模具的形式。在几种可能的冲裁方案中,通过分析比较,选取其中比较符合生产实际并且成本最低的一种方案。

② 合理排样:确定条料的宽度,尽可能提高材料的利用率。

③ 计算凸、凹模的刃口尺寸与公差。

④ 确定合理间隙值。

(3) 模具结构的设计

根据确定的冲裁工艺方案,设计各工序的冲裁模。在设计时,必须确定合理的排样和进行必要的工艺计算。在考虑结构时还应尽量选取标准的典型组合、模架、定位装置、卸料装置等。

(4) 压力中心、闭合高度、总冲裁力的工艺计算

① 一般情况下模具的压力中心应与压力机滑块的轴线重合。

② 模具的闭合高度应与冲床的闭合高度相适应,既要便于安装,也要便于试模及在生产中进行调节。

③ 根据计算出的总冲裁力选择合适的压力机。

(5) 绘制冲模结构总装图

一般在右上角布置零件工序图或排样图,右下角为标题栏和明细栏,在中间绘制装配图,在左下角标注技术要求。尽可能采用 1:1 的比例绘图,这样可以真实反映模具零件的装配关系,暴露设计中可能存在的错误。

(6) 绘制模具零件图

绘制非标准零件图,零件图上应包括有零件材料、尺寸、精度、粗糙度以及其他技术要求。对于标准件也要在明细栏中注明标准号及规格、数量。

(7) 整理并完成模具设计说明书

为了提高模具设计效率,有的单位采用了所谓快速设计法,即在工人和技术人员都十分熟悉标准的情况下,不画总装图,而是只画成型零件和主要定位零件的相对位置图、排样图和完整的零件明细表,但必须注明典型组合、模架的标准代号。

2.2.8 冲模的主要零部件

2.2.8.1 模具零件的分类

尽管各类冲裁模的结构形式和复杂程度不同,但每一副冲裁模都是由一些能协同完成冲压工作的基本零部件构成的。这些零部件按其在冲裁模中所起的作用不同,可分为工艺零件和结构零件两大类。

工艺零件:直接参与完成工艺过程并与板料或冲裁件直接发生作用的零件,包括工作零件、定位零件、卸料及压料零件等。

结构零件:将工艺零件固定连接起来构成模具整体,是对冲模完成工艺过程起保证和完善作用的零件,包括支承与固定零件、导向零件、紧固件及其他零件等。

冲裁模零部件的详细分类如图 2.33 所示。

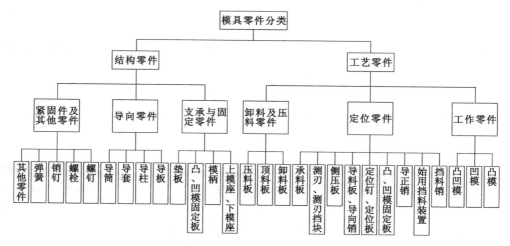

图 2.33 模具零件分类

2.2.8.2 工作零件

(1) 凸模

① 凸模的结构形式及其固定方法

由于冲件的形状和尺寸不同,冲模的加工以及装配工艺等实际条件也不同,所以在实际生产中使用的凸模结构形式很多。其截面形状有圆形和非圆形;刃口形状有平刃和斜刃等;结构有整体式、镶拼式、阶梯式、直通式和带护套式等。凸模的固定方法有台肩固定、铆接、螺钉和销钉固定、粘结剂浇注法固定等。

a.圆形凸模

按 GB 2863.1~3—81 规定,圆形凸模有 3 种形式,如图 2.34 所示。

为了保证凸模强度和刚性及装配修磨方便,圆形凸模常做成圆滑过渡的台阶式,其工作部分的尺寸由计算而得;与凸模固定板配合部分按过渡配合(H7/m6 或 H7/n6)制造;最大直径的作用是形成台肩,以便固定,保证工作时凸模不被拉出。图 2.34(a)所示用于较大直径的凸模,图 2.34(b)所示用于较小直径的凸模,它们适用于冲裁力和卸料力大的场合。图 2.34(c)所示是快换式的小凸模,维修、更换方便。

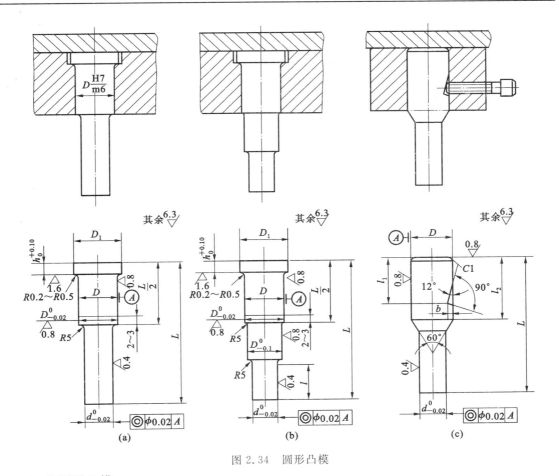

图 2.34　圆形凸模

b. 非圆形凸模

在实际生产中广泛应用的非圆形凸模,如图 2.35 所示。图 2.35(a)和图 2.35(b)是台阶式的。凡是截面为非圆形的凸模,如果采用台阶式的结构,其固定部分应尽量简化成形状简单的几何截面(圆形或矩形的)。

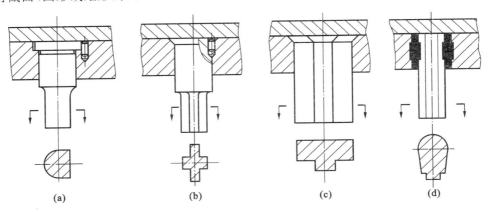

图 2.35　非圆形凸模

图 2.35(a)是台肩固定,图 2.35(b)是铆接固定。这两种固定方法应用较广泛,但不论哪

一种固定方法,只要工作部分截面是非圆形的,而固定部分是圆形的,都必须在固定端接缝处加防转销。以铆接法固定时,安装孔的上端沿周边要制成(1.5～2.5)×45°的斜角,铆接部位的硬度较工作部分低。

图 2.35(c)和图 2.35(d)是直通式凸模。直通式凸模用线切割加工或成型铣、成型磨削加工。截面形状复杂的凸模,广泛应用这种结构。

图 2.35(d)用低熔点合金浇注固定。用低熔点合金等粘结剂固定凸模方法的优点在于,当多凸模冲裁时(如电机定、转子冲槽孔),可以简化凸模固定板加工工艺,便于在装配时保证凸模与凹模的正确配合。此时,凸模固定板上安装凸模的孔的尺寸较凸模大,留有一定的间隙,以便充填粘结剂。为了粘结牢靠,在凸模的固定端或固定板相应的孔上应开设一定的槽形。常用的粘结剂有低熔点合金、环氧树脂、无机粘结剂等。

用粘结剂、浇注法的固定方法,也可用于凹模、导柱、导套的固定。

c. 大、中型凸模

大、中型的冲裁凸模,有整体式和镶拼式两种。图 2.36(a)是大、中型整体式凸模,直接用螺钉、销钉固定。图 2.36(b)为镶拼式的,它不但节约贵重的模具钢,而且减少锻造、热处理和机械加工的困难,因而大型凸模宜采用这种结构。

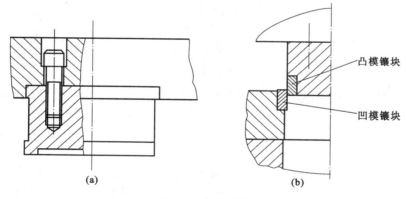

图 2.36　大、中型凸模

d. 冲小孔凸模

所谓小孔,一般是指孔径 d 小于被冲板料的厚度或直径 $d<1$ 的圆孔和面积 $A<1\ \mathrm{mm}^2$ 的异形孔。它大大超过了对一般冲孔零件的结构工艺性要求。

冲小孔的凸模强度和刚度差,容易弯曲和折断,所以必须采取措施提高它的强度和刚度,从而延长其使用寿命。方法有以下几种:

(a)冲孔凸模加保护与导向(图 2.37)。冲小孔凸模加保护与导向结构有两种,即局部保护与导向和全长保护与导向。图 2.37(a)、(b)所示是局部导向结构,它利用导板模或弹压卸料板对凸模进行保护与导向。图 2.37(c)、(d)所示是以简单的凸模护套来保护凸模,并以卸料板导向,其效果较好。图 2.37(e)、(f)、(g)所示基本上是全长保护与导向,其护套装在卸料板或导板上,在工作过程中始终不离上模导板、等分扇形块或上护套。模具处于闭合状态,护套上端也不碰到凸模固定板。当上模下压时,护套相对上滑,凸模从护套中相对伸出进行冲孔。这种结构避免了小凸模可能受到侧压力,防止小凸模弯曲和折断。尤其如图 2.37(f)所示,具有三个等分扇形槽的护套,可在固定的三个等分扇形块中滑动,使凸模始终处于三向保护与导向之中,效果较图 2.37(e)好,但结构较复杂,制造困难。而图 2.37(g)所示结构较简单,导向效果也较好。

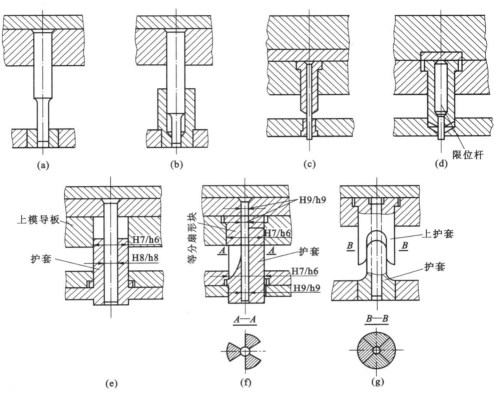

图 2.37　冲孔凸模加保护与导向

(b) 采用短凸模的冲孔模。

(c) 在冲模的其他结构设计与制造上采取保护小凸模措施。如提高模架刚度和精度;采用较大的冲裁间隙;采用斜刃壁凹模以减小冲裁力;取较大卸料力(一般取冲裁力的 10%);保证凸、凹模间隙的均匀性并减小工作表面粗糙度等。

在实际生产中,不仅是孔的尺寸小于结构工艺性许可值,或经过校核后凸模的强度和刚度小于特定条件下的许可值时,才采取必要措施以增强凸模的强度和刚度。即使尺寸稍大于许可值的凸模,由于考虑到模具制造和使用等各种因素的影响,也要根据具体情况采取一些必要的保护措施,以增加冲模使用的可靠性。

② 凸模长度计算

凸模长度主要根据模具结构,并考虑修磨、操作安全、装配等的需要来确定。当按冲模的典型组合标准选用时,则可取标准长度,否则应该进行计算。

采用固定卸料板和导料板冲模(图 2.38),其凸模长度按下式计算:

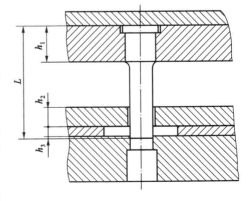

图 2.38　凸模长度计算

$$L = h_1 + h_2 + h_3 + h \tag{2.33}$$

式中　h_1——凸模固定板厚度；

　　　h_2——固定卸料板厚度；

　　　h_3——导料板厚度；

　　　h——增加长度。它包括凸模的修磨量、凸模进入凹模的深度（0.5～1），凸模固定板与卸料板之间的安全距离等，一般取 10～20。

当采用弹压卸料装置时，则没有导料板厚度 h_3 这一项，而应考虑固定板至卸料板之间弹性元件的高度。

计算出凸模长度后，可将尺寸圆整为整数，得出凸模实际长度。

③ 凸模的强度与刚度校核

在一般情况下，凸模的强度和刚度是足够的，没有必要进行校核。但是当凸模的截面尺寸很小而冲裁的板料厚度较大或根据结构需要确定的凸模特别细长时，则应进行承压能力和抗纵弯曲能力的校核，以防止凸模纵向失稳和折断。

a. 承压能力的校核

凸模承端面最小尺寸按下式计算：

非圆形凸模

$$A_{min} \geqslant \frac{F_z'}{[\sigma_{bx}]} \tag{2.34}$$

圆形凸模

$$d_{min} \geqslant \frac{4t\tau_b}{[\sigma_{bx}]} \tag{2.35}$$

上两式中　F_z'——凸模纵向所承受的压力，它包括冲裁力和推件力（或顶件力）；

　　　　　A_{min}——凸模最小截面面积；

　　　　　$[\sigma_{bx}]$——凸模材料的许用抗压强度；

　　　　　d_{min}——凸模工作部分最小直径；

　　　　　t——材料厚度；

　　　　　τ_b——冲裁材料的抗剪强度。

凸模材料的许用抗压强度大小取决于凸模材料及热处理，选用时一般可参考下列数值：对于 T8A、Tl0A、Cr12MoV、GCr15 等工具钢，淬火硬度为 58～62HRC 时可取 $[\sigma_{bx}] = (1.0\sim1.6)\times10^3$ MPa；如果凸模有特殊导向时，可取 $[\sigma_{bx}] = (2\sim3)\times10^3$ MPa。

设计时可按式（2.34）或式（2.35）校核，也可查表 2.19。表 2.19 是当 $[\sigma_{bx}] = (1.0\sim1.6)\times10^3$ MPa 时计算得到的最小相对直径 $(d/t)_{min}$。

表 2.19　凸模允许的最小相对直径 $(d/t)_{min}$

冲压材料	抗剪强度 τ_b(MPa)	$(d/t)_{min}$	冲压材料	抗剪强度 τ_b(MPa)	$(d/t)_{min}$
低碳钢	300	0.75～1.20	不锈钢	500	1.25～2.00
中碳钢	450	1.13～1.80	硅钢片	190	0.48～0.76
黄铜	260	0.65～1.04	中等硬钢	450	1.13～1.80

注：表中数值为按理论冲裁力的计算结果，若考虑实际冲裁力应增加 30% 时，则用 1.3 乘以表中数值。

b. 失稳弯曲应力的校核

根据凸模在冲裁过程中的受力情况,可以把凸模看做压杆(图 2.39)。所以,凸模不发生失稳纵弯曲的最大冲裁力可以用欧拉极限公式确定。

一般截面形状的凸模不发生失稳弯曲的最大允许长度为:

有导向的凸模

$$l_{\max} \leqslant 1200 \sqrt{\frac{I_{\min}}{F_z'}} \tag{2.36}$$

无导向的凸模

$$l_{\max} \leqslant 425 \sqrt{\frac{I_{\min}}{F_z'}} \tag{2.37}$$

圆形截面的凸模不发生失稳弯曲的极限长度为:

有导向的凸模

$$l_{\max} \leqslant 270 \frac{d^2}{\sqrt{F_z'}} \tag{2.38}$$

无导向的凸模

$$l_{\max} \leqslant 95 \frac{d^2}{\sqrt{F_z'}} \tag{2.39}$$

上四式中　　F_z'——凸模所受的总压力;

$I_{\min}$——凸模最小截面(即刃口横截面)的惯性矩,对于圆形凸模,$I_{\min} = \frac{\pi d^4}{64}$;

d——凸模工作刃口直径;

$l_{\max}$——凸模最大允许长度。

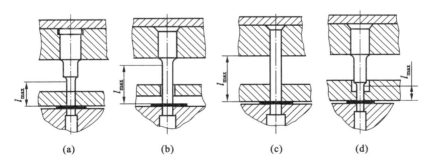

图 2.39　有导向凸模与无导向凸模
(a)、(b) 无导向凸模;(c)、(d) 有导向凸模

由式(2.36)、式(2.39)可以看出,凸模不致产生失稳弯曲的极限长度与凸模本身的力学性能、截面尺寸和冲裁力有关,而冲裁力又与冲裁板料厚度及其力学性能等有关。因此,对于小凸模冲裁较厚的板料或较硬的材料,必须注意选择凸模材料及其热处理规范,以提高凸模的力学性能。

(2)凹模

凹模类型很多,凹模的外形有圆形和板形;结构有整体式和镶拼式;刃口也有平刃和斜刃。

① 凹模外形结构及其固定方法

图 2.40(a)、图 2.40(b)所示为 GB 2863.4—81 和 GB 2863.5—81 中的两种圆凹模及其

固定方法。这两种圆形凹模尺寸都不大,直接装在凹模固定板中,主要用于冲孔。

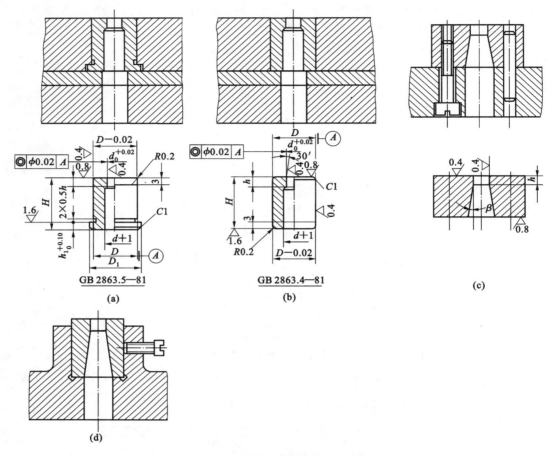

图 2.40　凹模外形结构及其固定

在实际生产中,由于冲裁件的形状和尺寸千变万化,因而大量使用外形为圆形或矩形的凹模板,在其上面开设所需要的凹模孔口,用螺钉和销钉直接固定在支承件上,如图 2.39(c)所示。这种凹模板已经有国家标准(GB 2858.1—81 和 GB 2858.4—81)。它与标准固定板、垫板和模座等配套使用。

图 2.40(d)所示为快换式冲孔凹模固定方法。

凹模采用螺钉和销钉定位固定时,要保证螺孔(或沉孔)间、螺孔与销孔间及螺孔、销孔与凹模刃壁间的距离不能太近,否则会影响模具寿命。孔距的最小值可参考表 2.20。

② 凹模孔口的结构形式

凹模孔口形式如图 2.41 所示,其中图 2.41(a)、(b)、(c)是直刃壁凹模。其特点是刃口强度高,修磨后刃口尺寸不变,制造较方便。但是在废料或冲件向下推出的模具结构中,废料或冲件会积存在孔口内,凹模胀力大,增加冲裁力和刃壁的磨损,磨损后每次修磨量较大。该结构形式主要用于冲裁形状复杂或精度要求较高的冲件。复合模或其他向上顶出冲件的冲裁模用图 2.41(a)、(c)的形式;下出件的用图 2.41(a)、(b)的形式。为了便于冲件通过,排料孔斜度 β 常取 $2° \sim 3°$。直刃壁高度 h 根据冲裁的板料厚度和模具寿命要求而定:当板厚 $t < 0.5$ 时,$h = 3 \sim 5$;$t = 0.5 \sim 5$ 时,$h = 5 \sim 10$;$t = 5 \sim 10$ 时,$h = 10 \sim 15$。

表 2.20　螺孔(或沉孔)、销孔之间及至刃壁的最小距离　　　　　　　　　(单位:mm)

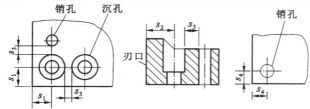

螺钉孔		M4	M6	M8	M10	M12	M16	M20	M24
s_1	淬火	8	10	12	14	16	20	25	30
	不淬火	6.5	8	10	11	13	16	20	25
s_2	淬火	7	12	14	17	19	24	．28	35
s_3	淬火				5				
	不淬火				3				
销钉孔 d		$\phi2$	$\phi4$	$\phi5$	$\phi6$	$\phi8$	$\phi10$	$\phi12$	$\phi16$	$\phi20$	$\phi25$
s_4	淬火	5	7	8	9	11	12	15	16	20	25
	不淬火	3	4	5	6	7	8	10	13	16	20

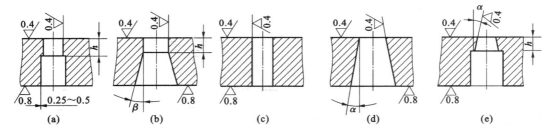

图 2.41　凹模孔口的结构形式

图 2.41(d)、(e)所示是斜刃壁孔口凹模。这种凹模孔口内不易积存废料,磨损后修磨量较小,刃口强度较低,修磨后孔口尺寸会增大,但是由于角度口不大(一般为 15′~30′),所以增大量不多,如 α=30′时,刃磨 0.1,其尺寸才增大 0.0017。这种刃口一般用于形状简单、精度要求不高冲件的冲裁,并一般用于下出件的模具,常用于薄的凹模。

③ 整体式凹模轮廓尺寸的确定

冲裁时凹模承受冲裁力和侧向挤压力的作用。由于凹模结构形式和固定方法不同,受力情况又比较复杂,目前尚不用理论计算方法确定凹模轮廓尺寸。在生产中,通常根据冲裁的板料厚度和冲件的轮廓尺寸,或凹模孔口刃壁间距离,按经验公式来确定(表 2.21)。

凹模厚(高)度 H

$$H = ks(不小于 8) \tag{2.40}$$

垂直于送料方向的凹模宽度 B

$$B = s + (2.5 \sim 4.0)H \tag{2.41}$$

送料方向的凹模长度

$$L = s_1 + 2s_2 \tag{2.42}$$

上三式中　s——垂直送料方向的凹模刃壁间最大距离；

　　　　　s_1——送料方向的凹模刃壁间最大距离；

　　　　　s_2——送料方向的凹模刃壁至凹模边缘的最小距离，其值查表2.21；

　　　　　k——系数，考虑板料厚度的影响，其值查表2.22。

表 2.21　凹模孔壁至边缘的距离 s_2　　　　　　　（单位：mm）

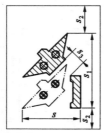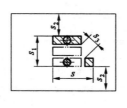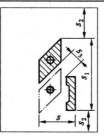

材料宽度 B	材料厚度 t			
	≤0.8	0.8～1.5	1.5～3.0	3.0～5.0
≤40	20	22	28	32
40～50	22	25	30	35
50～70	28	30	36	40
70～90	34	36	42	46
90～120	38	42	48	52
120～150	40	45	52	55

注：1. s_2 的公差视凹模型孔复杂程度而定，一般不超过±8。

　　2. s_3 一般不小于5，但冲裁板料厚度 $t<0.5$ 的小孔，壁厚可以适当减小。

表 2.22　凹模厚度系数 k

s（mm）	材料厚度		
	≤1（mm）	1～3（mm）	3～6（mm）
≤50	0.30～0.40	0.35～0.50	0.45～0.60
50～100	0.20～0.30	0.22～0.35	0.30～0.45
100～200	0.15～0.20	0.18～0.22	0.22～0.30
>200	0.10～0.15	0.12～0.18	0.15～0.22

　　凹模厚度还可以根据冲裁力来计算。

　　计算后应尽量选取接近计算值的标准凹模轮廓尺寸。

　　（3）凸凹模

　　在复合冲裁模中，凸凹模的内外缘均为刃口。由于内外缘之间的壁厚决定于冲裁件的孔边距，所以当冲裁件孔边距较小时必须考虑凸凹模强度。为保证凸凹模强度，其壁厚不应小于允许的最小值。如果小于允许的最小值，则凸凹模强度不够，就不宜采用复合模进行冲裁。复合模的凸凹模壁厚最小值与冲模的结构有关：正装式复合模的凸凹模壁厚可小些；倒装式复合模的凸凹模壁厚应大些。

　　积存废料的凸凹模，壁厚最小值可查表2.23。不积存废料的凸凹模的壁厚最小值，对于黑色金属等硬材料,约为冲裁件板厚的 1.5 倍,但不小于 0.7;对于有色金属等软材料约等于板料厚度,但不小于 0.5。

表 2.23　倒装复合模的最小壁厚 δ　　　　　　　　　　（单位:mm）

材料厚度 t	0.1	0.15	0.2	0.4	0.5	0.6	0.7	0.8	0.9	1	1.2	1.4	1.5	1.6
最小壁厚 δ	0.8	1	1.2	1.4	1.6	1.8	2.0	2.3	2.5	2.7	3.2	3.6	3.8	4
材料厚度 t	1.8	2	2.2	2.4	2.6	2.8	3	3.2	3.4	3.6	4	4.5	5	5.5
最小壁厚 δ	4.4	4.9	5.2	5.6	6	6.4	6.7	7.1	7.4	7.7	8.5	9.3	10	12

2.2.8.3　定位零件

冲模的定位零件是用来保证条料的正确送进及在模具中的正确位置,以保证出合格的工件。

条料在模具送料平面中必须有两个方向的限位:一是在与条料方向垂直的方向上的限位,保证条料沿正确的方向送进,称为送进导向;二是在送料方向上的限位,控制条料一次送进的距离(步距),称为送料定距。对于块料或工序件的定位,基本也是在两个方向上的限位,只是定位零件的结构形式与条料的有所不同而已。

属于送进导向的定位零件有导料销、导料板、侧压板等;属于送料定距的定位零件有挡料销、导正销、侧刃等;属于块料或工序件的定位零件有定位销、定位板等。

选择定位方式及定位零件时应根据坯料形式、模具结构、冲件精度和生产率的要求等。

（1）导料销、导料板

导料销或导料板是对条料或带料的侧向进行导向,以免送偏的定位零件。

导料销一般设两个,并位于条料的同侧,从右向左送料时,导料销装在后侧;从前向后送料时,导料销装在左侧。导料销可设在凹模面上,也可以设在弹压卸料板上。

固定式和活动式的导料销可选用标准结构。导料销导向定位多用于单工序模和复合模中。

导料板一般设在条料两侧,其结构有两种:一种是标准结构,如图 2.42(a)所示,它与卸料板(或导板)分开制造;另一种是与卸料板制成整体的结构,如图 2.42(b)所示。为使条料顺利通过,两导料板间距离应等于条料宽度加上一个间隙值(见排样及条料宽度计算)。导料板的厚度 H 取决于导料方式和板料厚度。采用固定挡料销时,导料板厚度见表 2.24。

如果只在条料一侧设置导料板,其位置与导料销相同。

（2）侧压装置

如果条料的公差较大,为避免条料在导料板中偏摆,使最小搭边得到保证,应在送料方向的一侧装侧压装置,迫使条料始终紧靠另一侧导料板送进。

表 2.24　导料板厚度　　　　　　　　　　　　　　　　　（单位：mm）

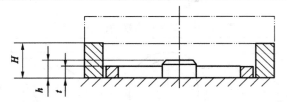

材料厚度 t	挡料销高度 h	导料板厚度 H	
		固定挡料销	自动挡料销
0.3~2.0	3	6~8	4~8
2.0~3.0	4	8~10	6~8
3.0~4.0	4	10~12	6~10
4.0~6.0	5	12~15	8~10
6.0~10.0	8	15~25	10~15

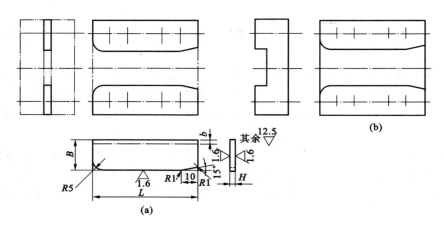

图 2.42　导料板结构

　　侧压装置的结构形式如图 2.43 所示。标准的侧压装置有两种：图 2.43(a)所示为弹簧式侧压装置，其侧压力较大，宜用于较厚板料的冲裁模；图 2.43(b)所示为簧片式侧压装置，侧压力较小，宜用于板料厚度为 0.3~1 的薄板冲裁模。在实际生产中还有两种侧压装置：图 2.43(c)所示是簧片压块式侧压装置，其应用场合与图 2.43(b)相似；图 2.43(d)所示是板式侧压装置，侧压力大且均匀，一般装在模具进料一端，适用于侧刃定距的级进模中。在一副模具中，侧压装置的数量和位置视实际需要而定。

　　应该注意的是，板料厚度在 0.3 以下的薄板不宜采用侧压装置。另外，由于有侧压装置的模具送料阻力较大，因而备有辊轴自动送料装置的模具也不宜设置侧压装置。

　　(3) 挡料销

　　挡料销起定位作用，用它挡住搭边或冲件轮廓，以限定条料送进距离。它可分为固定挡料销、活动挡料销和始用挡料销。

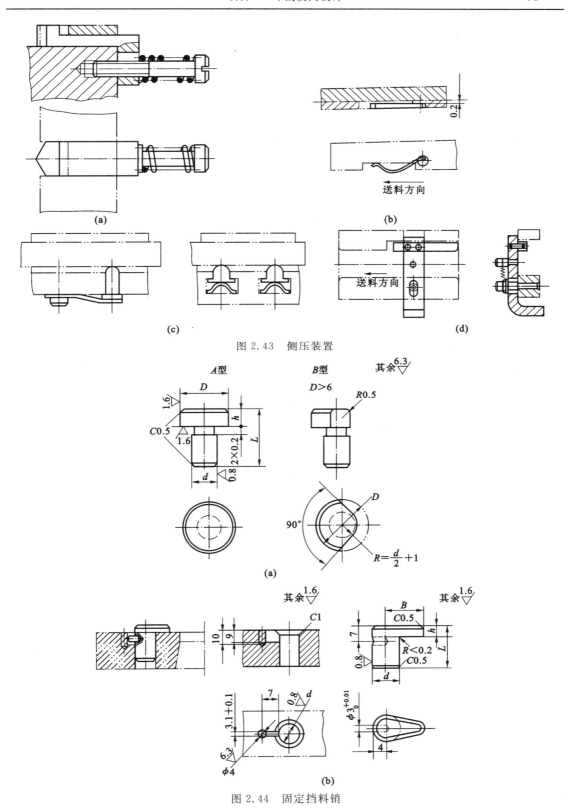

图 2.43　侧压装置

图 2.44　固定挡料销

① 固定挡料销　标准结构的固定挡料销如图 2.44(a)所示,其结构简单,制造容易,广泛用于冲制中、小型冲裁件的挡料定距;其缺点是销孔离凹模刃壁较近,削弱了凹模的强度。在部颁标准中还有一种钩形挡料销,如图 2.44(b)所示,这种挡料销的销孔距离凹模刃壁较远,不会削弱凹模强度。但为了防止钩头在使用过程发生转动,需考虑防转。

② 活动挡料销　标准结构的活动挡料销如图 2.45 所示。图 2.45(a)所示为弹簧弹顶挡料装置;图 2.45(b)所示是扭簧弹顶挡料装置;图 2.45(c)所示为橡胶弹顶挡料装置;图 2.45(d)所示为回带式挡料装置。回带式挡料装置的挡料销对着送料方向带有斜面,送料时搭边碰撞斜面使挡料销跳起并越过搭边,然后将条料后拉,挡料销便挡住搭边而定位。即每次送料都要先推后拉,做方向相反的两个动作,操作比较麻烦。采用何种结构形式的挡料销,需根据卸料方式、卸料装置的具体结构及操作等因素决定。回带式挡料装置常用于具有固定卸料板的模具上;其他形式的常用于具有弹压卸料板的模具上。

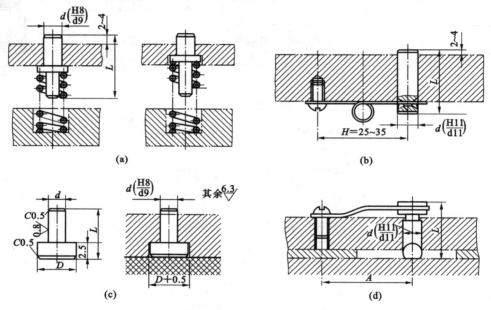

图 2.45　活动挡料销

③ 始用挡料装置　图 2.46 所示为标准结构的始用挡料装置,采用始用挡料销,其目的是提高材料利用率。始用挡料销一般用于以导料板送料导向的级进模和单工序模中。一副模具用几个始用挡料销,取决于冲裁排样方法及工位数。

（4）侧刃

在级进模中,为了限定条料送进距离,在条料侧边冲切出一定尺寸缺口的凸模,称为侧刃。它定距精度高、可靠,一般用于薄料、定距精度和生产效率要求高的情况。

标准的侧刃结构如图 2.47 所示。按侧刃的工作端面形状分为Ⅰ型和Ⅱ型两类。Ⅱ型的多用于厚度为 1 mm 以上较厚板料的冲裁。冲裁前凸出部分先进入凹模导向,以免由于侧压力导致侧刃损坏(工作时侧刃是单边冲切)。按侧刃的截面形状分为长方形侧刃和成型侧刃两类。图 2.47 所示ⅠA 型和ⅡA 型为长方形侧刃,其结构简单,制造容易。但当刃口尖角磨损后,在条料侧边形成的毛刺会影响顺利送进和定位的准确性,如图 2.48(a)所示。而采用成型侧刃,如果条料侧边形成毛刺,毛刺离开了导料板和侧刃挡板的定位面,所以送进顺利,定位准

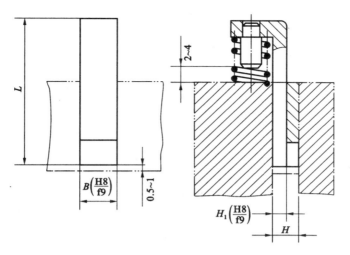

图 2.46　始用挡料装置

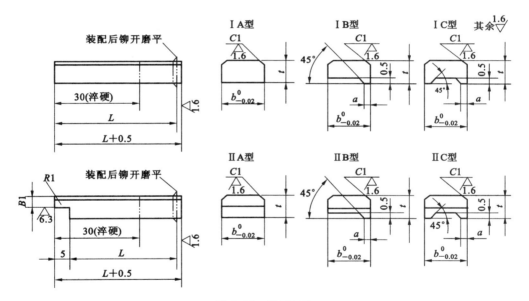

图 2.47　侧刃结构

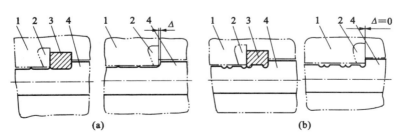

图 2.48　侧刃定位误差比较

1—导料板；2—侧刃挡块；3—侧刃；4—条料

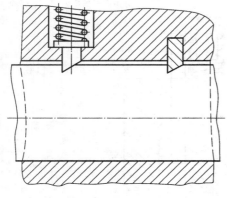

图 2.49 尖角形侧刃

确。如图 2.48(b)所示。但这种侧刃使切边宽度增加，材料消耗增多，侧刃较复杂，制造较困难。长方形侧刃一般用于板料厚度小于 1.5，冲裁件精度要求不高的送料定距；成型侧刃用于板料厚度小于 0.5，冲裁件精度要求较高的送料定距。

图 2.49 所示是尖角形侧刃，它与弹簧挡销配合使用。其工作过程如下：侧刃先在料边冲一缺口，条料送进时，当缺口直边滑过挡销后，再向后拉条料，至挡销直边挡住缺口为止。使用这种侧刃定距，材料消耗少，但操作不便，生产率低，此侧刃可用于冲裁贵重金属。

在实际生产中，往往遇到两侧边或一侧边有一定形状的冲裁件，如图 2.50 所示。对这种零件，如果用侧刃定距，则可以设计与侧边形状相应的特殊侧刃(图 2.50 中 1 和 2)，这种侧刃既可定距，又可冲裁零件的部分轮廓。

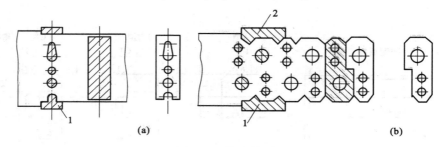

图 2.50 特殊侧刃

侧刃断面的关键尺寸是宽度 b，其他尺寸按标准规定。宽度 b 原则上等于送料步距，但在侧刃与导正销兼用的级进模中，其宽度为：

$$b = [s + (0.05 \sim 0.1)]_{-\delta_c}^{0} \qquad (2.43)$$

式中　b——侧刃宽度；

s——送进步距；

δ_c——侧刃制造偏差，一般按基轴制 h6，精密级进模按 h4。

侧刃凹模按侧刃实际尺寸配制，留单边间隙。侧刃数量可以是一个，也可以是两个。两个侧刃可以在条料两侧并列布置，也可以对角布置，对角布置能够保证料尾的充分利用。

(5)导正销

使用导正销的目的是消除送进导向和送料定距或定位板等粗定位的误差。冲裁中，导正销先进入已冲孔中，导正条料位置，保证孔与外形相对位置公差的要求。导正销主要用于级进模，也可用于单工序模，其特点和适用范围见表 2.25。导正销通常与挡料销配合使用，也可以与侧刃配合使用。

为了使导正销工作可靠，避免折断，导正销的直径一般应大于 2 mm。孔径小于 2 mm 的孔不宜用导正销导正，但可另冲直径大于 2 mm 的工艺孔进行导正。

表 2.25 导正销的结构形式

导正销	简 图	特点和适用范围
A 型		用于导正 $d=2\sim12$ 的孔
B 型		1. 用于导正 $d\leqslant10$ 的孔。 2. 采用弹簧压紧结构,如果送料不正确时,可以避免导正销的损坏,这种导正销还可以用于级进模上对条料工艺孔的导正
C 型		用于导正 $d=4\sim12$ 的孔。 这种导正销拆装方便,模具刃磨后导正销长度可以调节

续表 2.25

导正销	简　　图	特点和适用范围
D 型	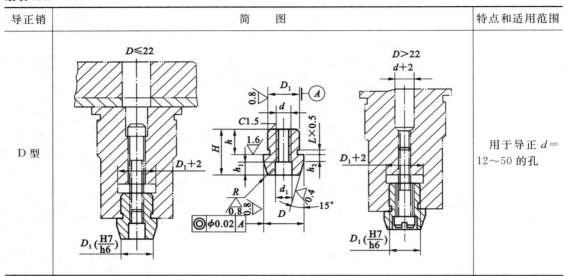	用于导正 $d=12\sim50$ 的孔

导正销的头部由圆锥形的导入部分和圆柱形的导正部分组成。导正部分的直径和高度尺寸及公差很重要。导正销的基本尺寸可按下式计算:

$$d=d_T-a \qquad\qquad (2.44)$$

式中　d——导正销的基本尺寸;

　　　d_T——冲孔凸模直径;

　　　a——导正销与冲孔凸模直径的差值,见表 2.26。

表 2.26　导正销直径与冲孔凸模直径的差值 a　　　　　　(单位:mm)

材料厚度 t	冲孔凸模直径 d_T						
	$1.5\sim6$	$6\sim10$	$10\sim16$	$16\sim24$	$24\sim32$	$32\sim42$	$42\sim60$
<1.5	0.04	0.06	0.06	0.08	0.09	0.10	0.12
$1.5\sim3$	0.05	0.07	0.08	0.10	0.12	0.14	0.16
$3\sim5$	0.06	0.08	0.10	0.12	0.16	0.18	0.20

级进模常采用导正销与挡料销配合使用进行定位,挡料销只起粗定位作用,导正销进行精定位。因此导料销的位置必须保证导正销在导正过程中条料有少许活动的可能。它们的位置关系如图 2.51 所示。

导正销的高度尺寸一般取 $(0.5\sim0.8)t$,或按表 2.27 选取。

表 2.27　导正销高度或定位销高度　　　　　　(单位:mm)

材料厚度 t	冲裁件孔尺寸 d		
	$1.5\sim10$	$10\sim25$	$25\sim50$
<1.5	1	1.2	1.5
$1.5\sim3$	$0.6t$	$0.8t$	t
$3\sim5$	$0.5t$	$0.6t$	$0.8t$

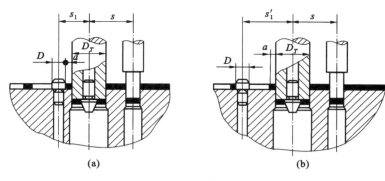

图 2.51　导正销与挡料销位置关系

按图 2.51(a)所示方式定位,挡料销与导正销的中心距为:

$$s_1 = s - \frac{D_T}{2} + \frac{D}{2} + 0.1 \qquad (2.45)$$

按图 2.51(b)所示方式定位,挡料销与导正销的中心距为:

$$s_1' = s + \frac{D_T}{2} - \frac{D}{2} + 0.1 \qquad (2.46)$$

上两式中　　s——送料步距;

D_T——落料凸模直径;

D——导料销头部直径;

s_1、s_1'——导料销与落料凸模的中心距。

(6) 定位板和定位销

定位板和定位销用于单个坯料或工序件的定位。其定位方式有两种:外缘定位和内孔定位,如图 2.52 所示。

定位方式根据坯料或工序件的形状复杂性、尺寸大小和冲压工序性质等具体情况决定。外形比较简单的冲件一般可采用外缘定位,如图 2.52(a)所示;外轮廓较复杂的一般可采用内孔定位,如图 2.52(b)所示。定位板厚度或定位销高度见表 2.28。

表 2.28　定位板厚度或定位销高度　　　　　　　　　　　　　　（单位:mm)

材料厚度 t	<1	1~3	3~5
高度(厚度)h	$t+2$	$t+1$	t

2.2.8.4　卸料装置与推件装置

(1) 卸料装置

卸料装置分固定卸料装置、弹压卸料装置和废料切刀三种。卸料板用于卸掉卡箍在凸模上或凸凹模上的冲裁件或废料。废料切刀是在冲压过程中将废料切断成数块,避免卡箍在凸模上。

① 固定卸料板　如图 2.53 所示,其中图 2.53(a)、(b)所示用于平板的冲裁卸料。图 2.53(a)所示卸料板与导料板为一整体;图 2.53(b)所示卸料板与导料板是分开的。图 2.53(c)、(d)所示一般用于成型后的工序件的冲裁卸料。

当卸料板仅起卸料作用时,凸模与卸料板的双边间隙取决于板料厚度,一般在 0.2~0.5

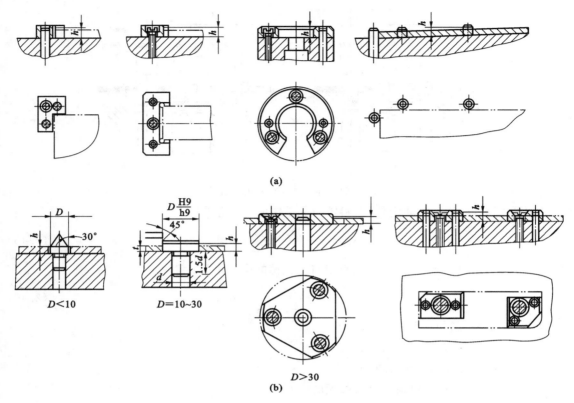

图 2.52　定位板和定位销

之间,板料薄时取小值,板料厚时取大值。当固定卸料板兼起导板作用时,一般按 H7/h6 配合制造,但应保证导板与凸模之间间隙小于凸、凹模之间的冲裁间隙,以保证凸、凹模的正确配合。

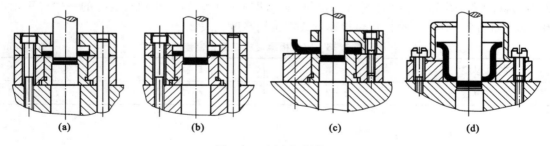

图 2.53　固定卸料装置

固定卸料板的卸料力大,卸料可靠,因此,当冲裁板料较厚(大于 0.5)、卸料力较大、平直度要求不很高的冲裁件时,一般采用固定卸料装置。

② 弹压卸料装置　如图 2.54 所示。弹压卸料装置是由卸料板、弹性元件(弹簧或橡胶)、卸料螺钉等零件组成。

弹压卸料既起卸料作用又起压料作用,所得冲裁零件质量较好,平直度较高。因此,质量要求较高的冲裁件或薄板冲裁宜用弹压卸料装置。

图 2.54(a)所示的弹压卸料方法,用于简单冲裁模;图 2.54(b)所示是以导料板为送进导

向的冲模中使用的弹压卸料装置。卸料板凸台部分的高度为：

$$h = H - (0.1 \sim 0.3)t \tag{2.47}$$

式中　h——卸料板凸台高度；

　　　H——导料板高度；

　　　t——板料厚度。

图 2.54(c)、(e)所示属倒装式模具的弹压卸料装置，但后者的弹性元件装在下模座之下，卸料力大小容易调节。

图 2.54(d)所示是以弹压卸料板作为细长小凸模的导向，卸料板本身又以两个以上的小导柱导向，以免弹压卸料板产生水平摆动，从而保护小凸模不被折断。

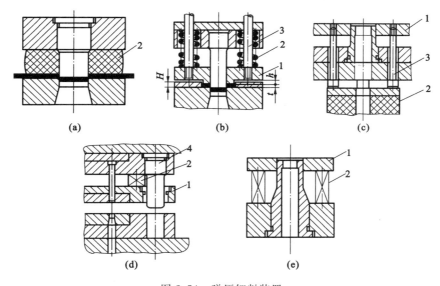

图 2.54　弹压卸料装置
1—卸料板；2—弹性元件；3—卸料螺钉；4—小导柱

弹压卸料板与凸模的单边间隙可根据冲裁板料厚度，按表 2.29 选用。在级进模中，特别小的冲孔凸模与卸料板的单边间隙可将表列数值适当加大。当卸料板起导向作用时，卸料板与凸模按 H7/h6 配合制造，但其间隙应比凸、凹模间隙小。此时，凸模与固定板以 H7/h6 或 H8/h7 配合。此外，在模具开启状态时，卸料板应高出模具工作零件刃口 0.3～0.5 mm，以便顺利卸料。

表 2.29　弹压卸料板与凸模间隙值　　　　　　　　　　　　　　　　（单位：mm）

材料厚度 t	<0.5	0.5～1	>1
单边间隙 Z	0.05	0.1	0.15

③ 废料切刀　对于落料或成型件的切边，如果冲件尺寸大，卸料力大，往往采用废料切刀代替卸料板，将废料切开而卸料。如图 2.55 所示，当凹模向下切边时，同时把已切下的废料压向废料切刀上，从而将其切开。对于冲裁形状简单的冲裁模，一般设两个废料切刀；冲件形状复杂的冲裁模，可以用弹压卸料加废料切刀进行卸料。

图 2.56 所示为国家标准中的废料切刀的结构。图 2.56(a)所示为圆废料切刀，用于小型

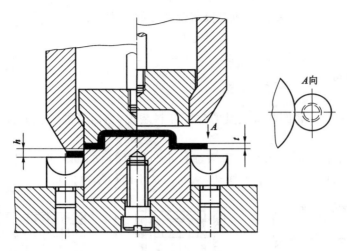

图 2.55　废料切刀工作原理

模具和切薄板废料；图 2.56(b)所示为方形废料切刀，用于大型模具和切厚板废料。废料切刀的刃口长度应比废料宽度大些，刃口比凸模刃口低，其值 h 为板料厚度的 2.5～4 倍，并且不小于 2 mm，见图 2.55。

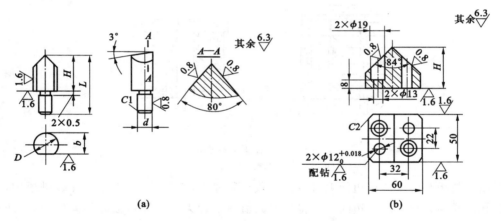

(a)　　　　　　　　　　　　　　(b)

图 2.56　废料切刀的结构

（2）推件（顶件）装置

推件和顶件的目的都是从凹模中卸下冲件或废料。向下推出的机构称为推件，一般装在上模内；向上顶出的机构称为顶件，一般装在下模内。

① 推件装置　主要有刚性推件装置和弹性推件装置两种。一般刚性的用得较多，它由打杆、推板、连接推杆和推件块组成，如图 2.57(a)所示。有的刚性推件装置不需要推板和连接推杆组成中间传递结构，而由打杆直接推动推件块，甚至直接由打杆推件，如图 2.57(b)所示。其工作原理是：在冲压结束后上模回程时，利用压力机滑块上的打料杆，撞击上模内的打杆与推件板（块），将凹模内的工件推出，其推件力大，工作可靠。

连接推杆需要 2～4 根，且分布均匀、长短一致。推板要有足够的刚度，其平面形状尺寸只要能够覆盖到连接推杆，不必设计得太大，以使安装推板的孔不至太大。图 2.58 所示为标准推板的结构，设计时可根据实际需要选用。

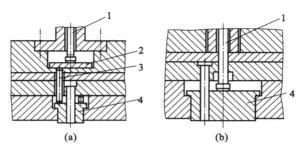

图 2.57 刚性推件装置

1—打杆;2—推板;3—连接推杆;4—推件块

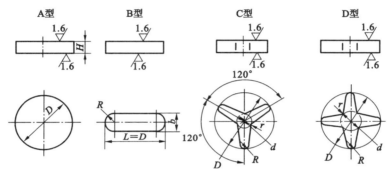

图 2.58 推板

弹性推件装置其弹力来源于弹性元件,它同时兼起压料和卸料作用,如图 2.59 所示。尽管出件力不大,但出件平稳无撞击,冲件质量较高,多用于冲压大型薄板以及工件精度要求较高的模具。

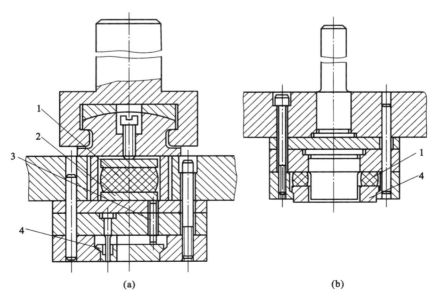

图 2.59 弹性推件装置

1—橡胶;2—推板;3—连接推杆;4—推件块

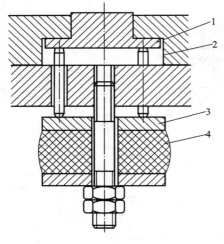

图 2.60　弹性顶件装置

1—顶件块；2—顶杆；3—托板；4—橡胶

② 顶件装置　一般是弹性的。其基本组成有顶杆、顶件块和装在下模底下的弹顶器。弹顶器可以做成通用的，其弹性元件是弹簧或橡胶，如图 2.60 所示。这种结构的顶件力容易调节，工作可靠，冲件平直度较高。

推件块或顶件块在冲裁过程中是在凹模中运动的零件，对它有如下要求：模具处于闭合状态时，其背后有一定空间，以备修磨和调整的需要；模具处于开启状态时，必须顺利复位，工作面高出凹模平面，以便继续冲裁；它与凹模和凸模的配合应保证彼此能顺利滑动，不发生干涉。为此，推件块和顶件块与凹模为间隙配合。其外形尺寸一般按公差与配合国家标准 h8 制造，也可以根据板料厚度取适当间隙。推件块和顶件块与凸模的配合一般呈较松的间隙配合，也可以根据板料厚度取适当间隙。

（3）弹簧和橡皮的选用

弹簧和橡皮是模具中广泛应用的弹性元件，主要为弹性卸料、压料及顶件装置提供作用力和行程。

① 弹簧的选用　弹簧属标准件，在模具中应用最多的是圆柱螺旋压缩弹簧和碟形弹簧。

a. 弹簧选择原则

（a）所选弹簧必须满足预压力的要求：

$$F_0 \geqslant \frac{F_x}{n} \tag{2.48}$$

式中　F_0——弹簧预压状态的压力（N）；

F_x——卸料力（N）；

n——弹簧数量。

（b）所选弹簧必须满足最大许可压缩量的要求：

$$\Delta H_2 \geqslant \Delta H \tag{2.49}$$

$$\Delta H = \Delta H_0 + \Delta H' + \Delta H'' \tag{2.50}$$

式中　ΔH_2——弹簧最大许可压缩量；

ΔH——弹簧实际总压缩量；

ΔH_0——弹簧预压缩量；

$\Delta H'$——卸料板的工作行程，一般取 $\Delta H' = t + 1$，t 为板料厚度；

$\Delta H''$——凸模刃磨量和调整量，一般取 5～10。

（c）所选弹簧必须满足模具结构空间的要求，即弹簧的尺寸及数量应能在模具上安装得下。

b. 弹簧选择步骤

（a）根据卸料力和模具安装弹簧的空间大小，初定弹簧数量 n，计算出每个弹簧应有的预压力 F_0 并满足公式（2.49）。

（b）根据预压力 F_0 和模具结构预选弹簧规格，选择时应使弹簧的最大工作负荷 $F_2 > F_0$。

（c）计算预选的弹簧在预压力 F_0 作用下的预压缩量 ΔH_0。

$$\Delta H_0 = \frac{F_0}{F_2}\Delta H_2 \qquad (2.51)$$

也可以直接在弹簧压缩特性曲线上根据 F_0 查出 ΔH_0，见图 2.61。

（d）校核弹簧最大允许压缩量是否大于实际工作总压缩量，即 $\Delta H_2 > \Delta H_0 + \Delta H' + \Delta H''$。如果不满足上述关系，则必须重新选择弹簧规格，直到满足为止。

【例 2.6】　如果采用图 2.54(e) 所示的卸料装置，冲裁板厚为 1 mm 的低碳钢垫圈，设冲裁卸料力为 1000 N，试选用所需要的卸料弹簧。

【解】　根据模具安装位置拟选 4 个弹簧，每个弹簧的预压力为：

$$F_0 \geqslant \frac{F_x}{n} = \frac{1000}{4}\text{ N} = 250\text{ N}$$

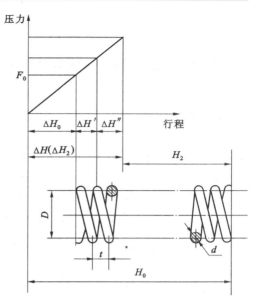

图 2.61　弹簧特性曲线

查有关弹簧规格，初选弹簧规格为：$25 \times 4 \times 55$。其具体参数是：$D=25, d=4, t=6.4, F_2=533$ N，$\Delta H_2=14.7, H_0=55, n=7.7, f=1.92$。

计算 ΔH_0：$\Delta H_0 = \frac{F_0}{F_2}\Delta H_2 = \frac{250}{533} \times 14.7 = 6.9$

校核：设 $\Delta H'=2, \Delta H''=5$

$$\Delta H = \Delta H_0 + \Delta H' + \Delta H'' = 6.9 + 2 + 5 = 13.9$$

由于 $14.7 > 13.9$，即 $\Delta H_2 > \Delta H$。

所以，所选弹簧是合适的。其特性曲线如图 2.62 所示。

② 橡胶的选用　橡胶允许承受的负荷较大，安装调整灵活方便，是冲裁模中常用的弹性元件。

a. 橡胶的选择原则

（a）为保证橡胶正常工作，所选橡胶应满足预压力要求：

$$F_0 \geqslant F_x \qquad (2.52)$$

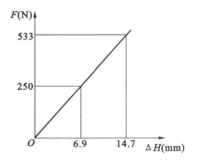

图 2.62　例 2.6 弹簧特性曲线

式中　F_0——橡胶在预压缩状态下的压力（N）；

　　　F_x——卸料力（N）。

（b）为保证橡胶不过早失效，其允许最大压缩量不应超过其自由高度的 45%，一般取

$$\Delta H_2 = (0.35 \sim 0.45)H_0 \qquad (2.53)$$

式中　ΔH_2——橡胶允许的总压缩量；

　　　H_0——橡胶的自由高度。

橡胶预压缩量一般取自由高度的 10%～15%，即

$$\Delta H_0 = (0.10 \sim 0.15)H_0 \qquad (2.54)$$

式中　ΔH_0——橡胶预压缩量。

故　　　　　$$\Delta H_1 = \Delta H_2 - \Delta H_0 = (0.25 \sim 0.35)H_0 \qquad (2.55)$$

而　　　　　$$\Delta H_1 = \Delta H' + \Delta H'' \qquad (2.56)$$

式中　$\Delta H'$——卸料板的工作行程，$\Delta H'=t+1$，t 为板料厚度；

　　　$\Delta H''$——凸模刃口修磨量。

（c）橡胶高度与直径之比应按下式校核：

$$0.5 \leqslant \frac{H_0}{D} \leqslant 1.5 \tag{2.57}$$

式中　D——橡胶外径。

b. 橡胶选择步骤

（a）根据工艺性质和模具结构确定橡胶性能、形状和数量。冲裁卸料用较硬橡胶；拉深压料用较软橡胶。

（b）根据卸料力求橡胶横截面尺寸。

橡胶产生的压力按下式计算：

$$F_{xy} = Ap \tag{2.58}$$

所以，橡胶横截面积为

$$A = \frac{F_{xy}}{p} \tag{2.59}$$

上两式中　F_{xy}——橡胶所产生的压力，设计时取大于或等于卸料力 F_x（即 F_0）；

　　　　　p——橡胶所产生的单位面积压力，与压缩量有关，其值可按图 2.63 确定，设计时取预压量下的单位压力；

　　　　　A——橡胶横截面积。

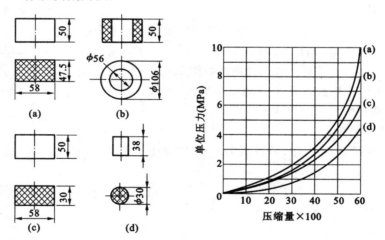

图 2.63　橡胶特性曲线

(a)、(c) 矩形；(b) 圆筒形；(d) 圆柱形

设计时也可按表 2.30 计算出橡胶横截面尺寸。

（c）求橡胶高度尺寸。

$$H_0 = \frac{\Delta H_1}{0.25 \sim 0.30} \tag{2.60}$$

（d）校核橡胶高度与直径之比。如果超过 1.5，则应把橡胶分成若干块，在其间垫以钢垫圈；如果小于 0.5，则应重新确定其尺寸。

表 2.30　橡胶元件的截面尺寸

橡胶元件形式					
计算项目	d	D	D	a	a	b
计算公式	按结构选用	$\sqrt{d^2+1.27\dfrac{F_{xy}}{p}}$	$\sqrt{1.27\dfrac{F_{xy}}{p}}$	$\sqrt{\dfrac{F_{xy}}{p}}$	$\dfrac{F_{xy}}{bp}$	$\dfrac{F_{xy}}{ap}$

还应校核最大相对压缩变形量是否在许可的范围内。如果橡胶高度是按允许相对压缩量求出的,则不必校核。

聚氨酯橡胶具有高强度、高弹性、高耐磨性和易于机械加工的特性,在冲模中的应用越来越多。图 2.64 所示是国家标准的聚氨酯弹性体。使用时可根据模具空间尺寸和卸料力大小,并参照聚氨酯橡胶块的压缩量与压力的关系,适当选择聚氨酯弹性体的形状和尺寸。如果需要用非标准形状的聚氨酯橡胶时,则应进行必要的计算。聚氨酯橡胶的压缩量一般在 10% ～ 35% 范围内。

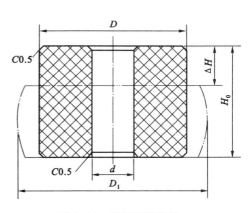

图 2.64　聚氨酯弹性体

2.2.8.5　模架及组成零件

（1）模架

根据标准规定,模架主要有两大类:一类是由上模座、下模座、导柱、导套组成的导柱模模架;另一类是由弹压导板、下模座、导柱、导套组成的导板模模架。模架及其组成零件已经标准化,并对其规定了一定的技术条件。

① 导柱模模架　按导向结构形式分为滑动导向和滚动导向两种。滑动导向模架的精度等级分为 I 级和 II 级,滚动导向模架的精度等级分为 0 I 级和 0 II 级。各级对导柱、导套的配合精度,上模座上平面对下模座下平面的平行度、导柱轴心线对下模座下平面的垂直度等都规定了一定的公差等级。这些技术条件保证了整个模架具有一定的精度,也是保证冲裁间隙均匀性的前提。有了这一前提,加上工作零件的制造精度和装配精度达到一定的要求,整个模具达到一定的精度就有了基本的保证。

滑动导向模架的结构形式有 6 种,如图 2.65 所示。滚动导向模架有 4 种,如图 2.66 所示。

对角导柱模架、中间导柱模架、四角导柱模架的共同特点是:导向装置都是安装在模具的对称线上,滑动平稳,导向准确可靠。所以要求导向精确可靠的都采用这三种结构形式。

对角导柱模架上、下模座,其工作平面的横向尺寸一般大于纵向尺寸 B,常用于横向送料

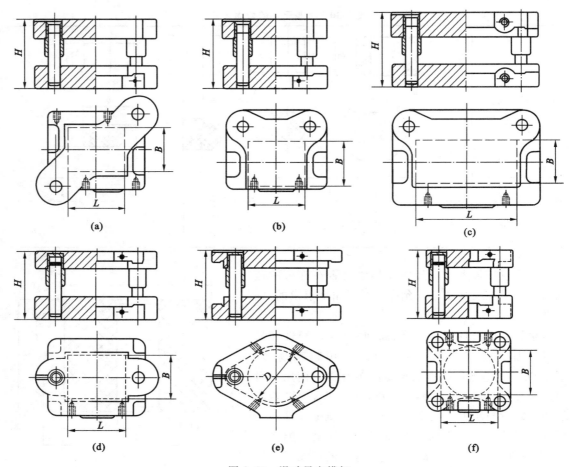

图 2.65　滑动导向模架

（a）对角导柱模架；（b）后侧导柱模架；（c）后侧导柱窄形模架；

（d）中间导柱模架；（e）中间导柱圆形模架；（f）四角导柱模架

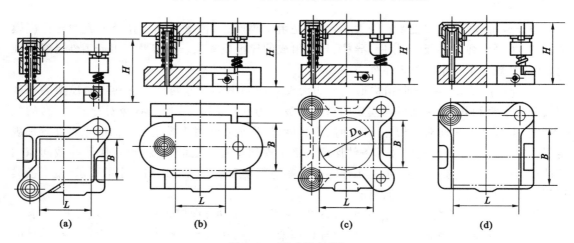

图 2.66　滚动导向模架

（a）对角导柱模架；（b）中间导柱模架；（c）四角导柱模架；（d）后侧导柱模架

的级进模、纵向送料的单工序模或复合模。中间导柱模架只能纵向送料,一般用于单工序模或复合模。四角导柱模架常用于精度要求较高或尺寸较大冲件的生产及大批量生产用的自动模。

后侧导柱模架的特点是:导向装置在后侧,横向和纵向送料都比较方便。但如果有偏心载荷,压力机导向又不精确,就会造成上模歪斜,导向装置和凸、凹模都容易磨损,从而影响模具寿命。此模架一般用于较小的冲模。

滚动导向模架在导柱和导套间装有保持架和钢球。由于导柱、导套间的导向通过钢球的滚动摩擦实现,导向精度高,使用寿命长,主要用于高精度、高寿命的硬质合金模、薄材料的冲裁模以及高速精密级进模。

② 导板模模架　有两种结构形式,如图 2.67 所示。

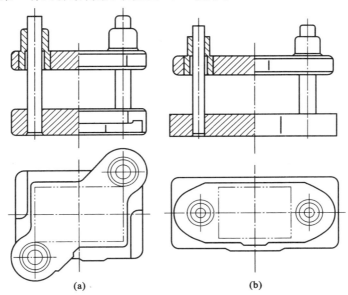

图 2.67　导板模模架
(a) 对角导柱弹压模架;(b) 中间导柱弹压模架

导板模模架的特点是:作为凸模导向用的弹压导板,与下模座以导柱导套为导向构成整体结构。凸模与固定板是间隙配合而不是过渡配合,因而凸模在固定板中有一定的浮动量。这种结构形式可以起到保护凸模的作用,一般用于带有细凸模的级进模。

(2)模架组成零件

模架主要由模座、导向件及螺钉等零件组成,可参考相关手册。

2.2.8.6　模具标准件

模具的连接与固定零件有模柄、固定板、垫板、螺钉、销钉等。这些零件大多有标准,设计时可按标准选用。

2.2.8.7　冲模的组合

为了便于模具的专业化生产,国家规定了冲模的标准组合结构(GB 2871.1—81 ～ GB 2874.4—81)。图 2.68 是冲模典型组合标准结构。各种典型组合标准结构还细分为不同的形式,以适应冲压加工的实际需要。

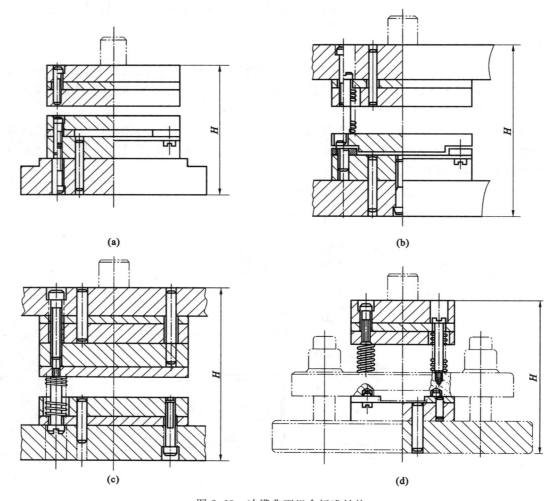

图 2.68　冲模典型组合标准结构

2.3　项 目 实 施

2.3.1　接触片落料模冲裁工艺分析与工艺方案确定

从图 2.1 零件图要求得知,该零件属 IT10 级精度,对冲件毛刺的要求较高。由于其形状比较简单,可以采用导板式简单冲裁模,模具的制造精度为 IT7 级。

导板模比无导向的简单模精度高、寿命长、安装容易、操作安全,一般适用于板料厚度 $t>$ 0.5 mm 的单工序冲裁。导板兼起卸料的作用。导板与凸模之间的配合为 H7/h6。由于导板导向的精度直接影响着导板模的精度和寿命,所以导板模在工作时,凸模应始终都不脱离导板。

2.3.2 主要工艺参数的计算

（1）冲裁力的计算

查《有色金属材料的力学性能》，硬质 H62 的抗剪强度 $\tau_b = 360$ MPa。

冲裁力 $F = KLt\tau_b = 1.3Lt\tau_b = 1.3 \times 360 \times 68.56 \times 2 \approx 64200$ N

推件力 $F_T = nK_T F$

查表 2.5，取 $K_T = 0.06$，故 $F_T = 5 \times 0.06 \times 64200 \approx 19300$ N

总冲压力 $F_Z = F + F_T = 64200 + 19300 = 83500$ N $= 83.5$ kN。

（2）压力机的选择

所选压力机的标称压力应大于冲压力的总和。由于拟采用导板式冲模，为此应选择小行程的压力机，初步选择压力机为 J23-10 开式机械压力机（100 kN 开式压力机）。查相关手册，得压力机相关参数：

最大闭合高度 180；

滑块行程 30；

冲床工作台面尺寸 360×240；

冲床工作台孔尺寸 180×90，台孔直径 ϕ130；

模柄孔尺寸 ϕ30×50。

（3）冲裁间隙的确定

接触片的材料为 H62，查表 2.2 得：$Z_{min} = 0.12$，$Z_{max} = 0.16$。

（4）凸、凹模刃口尺寸的计算

该零件为落料件，应以凹模作为设计基准，冲裁间隙取在凸模上。将凹模的工作部分尺寸接近于冲件的最小极限尺寸作为计算工作部分尺寸的基础，即：

$$D_A = (D_{max} - x\Delta)_0^{+\delta_A}$$
$$D_T = (D_A - Z_{min})_{-\delta_T}^0 = (D_{max} - x\Delta - Z_{min})_{-\delta_T}^0$$

按题意：

$$L = 20_{-0.084}^0; \quad B = 16_{-0.07}^0; \quad R = 2$$

查表 2.13，得 $x = 1$。查表 2.14，得尺寸 L：$\delta_T = 0.02$，$\delta_A = 0.025$；尺寸 B：$\delta_T = 0.02$，$\delta_A = 0.02$。

故凹模的工作部分尺寸为：

$$D_{AL} = (D_{max} - x\Delta)_0^{+\delta_A} = (20 - 1 \times 0.084)_0^{+0.025} = 19.92_0^{+0.025}$$
$$D_{AB} = (D_{max} - x\Delta)_0^{+\delta_A} = (16 - 1 \times 0.07)_0^{+0.02} = 15.93_0^{+0.02}$$

则凸模工作部分的尺寸为：

$$D_{TL} = (D_{max} - x\Delta - Z_{min})_{-\delta_T}^0 = (20 - 1 \times 0.084 - 0.12)_{-0.02}^0 = 19.80_{-0.02}^0$$
$$D_{TB} = (D_{max} - x\Delta - Z_{min})_{-\delta_T}^0 = (16 - 1 \times 0.07 - 0.12)_{-0.02}^0 = 15.81_{-0.02}^0$$

校核间隙：

对于 $L = 20_{-0.084}^0$

$$Z_{max} - Z_{min} = 0.16 - 0.12 = 0.04$$
$$|\delta_T| + |\delta_A| = 0.02 + 0.025 = 0.045 > 0.04$$

故不满足 $|\delta_T|+|\delta_A|\leqslant Z_{\max}-Z_{\min}$,需调整制造公差。

调整为 $\delta_T=0.04\times0.4=0.016$,$\delta_A=0.04\times0.6=0.024$

故 $D_{AL}=19.92_{\ 0}^{+0.024}$,$D_{TL}=19.80_{-0.016}^{\ 0}$

对于 $B=16_{-0.07}^{\ 0}$

$$|\delta_T|+|\delta_A|=0.02+0.02=0.04$$

故满足 $|\delta_T|+|\delta_A|\leqslant Z_{\max}-Z_{\min}$,制造公差满足要求。

（5）排样设计

该模具采用刚性卸料,采用有废料排样。查表2.8,并做微调得:

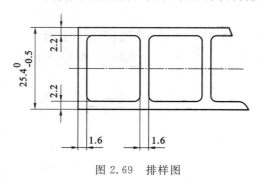

图2.69　排样图

两冲件之间的搭边值 $a_1=1.6$;

冲件与侧边之间的搭边 $a=2.2$。

条料宽度的计算:模具为无侧压装置,此时的条料宽度为:

$$B_{-\Delta}^{\ 0}=(D_{\max}+2a+2C)_{-\Delta}^{\ 0}$$

式中　Δ——条料剪切机下料时的下偏差,其值为 $\Delta=0.5$;

　　　C——导料板与最宽条料之间的间隙,其最小值见表2.11,为 $C=0.5$。

故 $B=(20+2\times2.2+2\times0.5)_{-0.5}^{\ 0}=25.4_{-0.5}^{\ 0}$。

图2.69所示为排样图。

（6）模具的闭合高度的确定

模具的闭合高度 H 是指模具在最低工作位置时,上、下模座之间的距离。它应与压力机的装模高度相适应。

本例选用100 kN开式冲床,其装模高度为180,而模具的闭合高度应小于180。

2.3.3　模具装配图

图2.70所示为接触片导板式落料模装配图。上模部分主要由模柄、上模座、凸模垫板、凸模固定板和凸模所组成。下模部分主要由下模座、凹模、导板、导料板和固定挡料销等组成。

为了便于材料的送进与导向,在导板与凹模之间有两个导料板（亦称导尺）,导板固定于导料板上。两导料板之间的距离等于条料的宽度加上0.2~1的间隙。间隙的作用是当条料宽度有不均匀的情形时,材料不致滞住。如果条料或卷料的宽度公差太大或搭边太小时,则可在一边的导料板上装以侧压板。条料及卷料在这种情况下,总是被侧压板将其压在另一边的导料板上,以便与凹模保持一定的位置关系。

2.3.4　模具主要结构零部件的设计

（1）凹模的结构设计

① 凹模的孔口形式

如图2.71所示,凹模的孔口采用直刃壁孔口,这种形式的刃口比较坚固,刃口经多次刃磨后,孔口的尺寸不会改变。但在孔口内积存有冲裁件,致使推件力增加,造成孔壁磨损。并且,模具孔壁的磨损会形成孔口倒锥形状,使落料件从孔口反跳到凹模表面上,造成操作上的

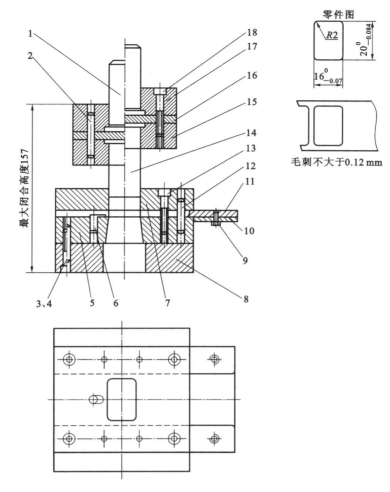

图 2.70　接触片落料模装配图

1—模柄;2、4、12—圆柱销;3、13、18—螺钉;5—凹模;6—钩形挡料销;7—导板;8—下模板;9—螺栓;

10—支承板;11—导料板;14—凸模;15—凸模固定板;16—凸模垫板;17—上模板

困难。

直刃壁部分的高度一般按材料的厚度 t 来选取,当 $t=0.5\sim5$ 时,其孔口直壁部分的高度取 $h=5\sim10$,为使刃口能多次修磨,此处选取 $h=10$。

② 凹模厚度和外形尺寸的计算

凹模设计时应考虑到凹模的强度、制造方法及其加工精度等。对于其承受的冲裁力,凹模必须具有不引起破损和变形的足够强度。通常都是根据冲裁件的轮廓尺寸和板料厚度、冲裁力的大小等来对凹模的厚度和外形尺寸进行概略的估算及经验修正,最后确定为:

$$H = 25$$

(2)凸模的结构设计

通常,凸模的长度一般不宜过长。在采用固定卸料板这种结构形式时,其长度按结构形式的要求进行计算即得。但作为导板模这种结构形式而言,在冲压工作中,凸模应始终不离开导板,即当冲模处于冲床上止点位置时,凸模还必须在导板之内。为此,就必须考虑到压力机的

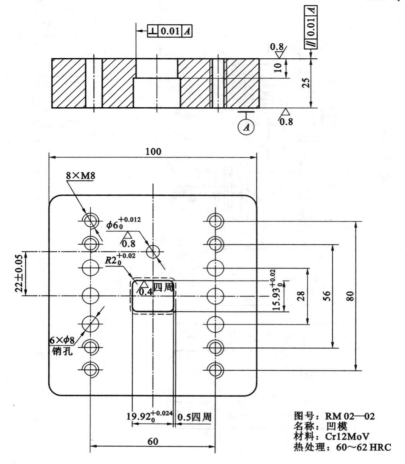

图 2.71　凹模的结构尺寸

滑块行程。

凸模的结构尺寸如图 2.72 所示。

（3）导板的结构设计

由于受冲床闭合高度的限制，导板的厚度一般不可能做得太大。否则，凸模在导板内导向的稳定性就显得较差，冲压件的精度往往就会受到影响。但为了得到可靠的导向作用，导板又必须有足够的厚度，厚度取 25 mm。

导板的平面尺寸取与凹模的平面尺寸相同，其他尺寸则按标准选定，导板的结构尺寸如图 2.73 所示。

（4）导料装置的设计

为了便于材料的送进与导向，在导板与凹模之间有两个导料板。两导料板之间的距离即等于条料的宽度并加上 0.22～1 的间隙。

导料板的结构形式可参阅 JB/T 7648.6—2008 来选定，其外形尺寸与凹模的外形相当。厚度查阅《导料板的高度》，按板料厚度来选取。当板料厚度 $t=2$ 时，在采用固定挡料销时，选定其厚度为 $H=6～8$。

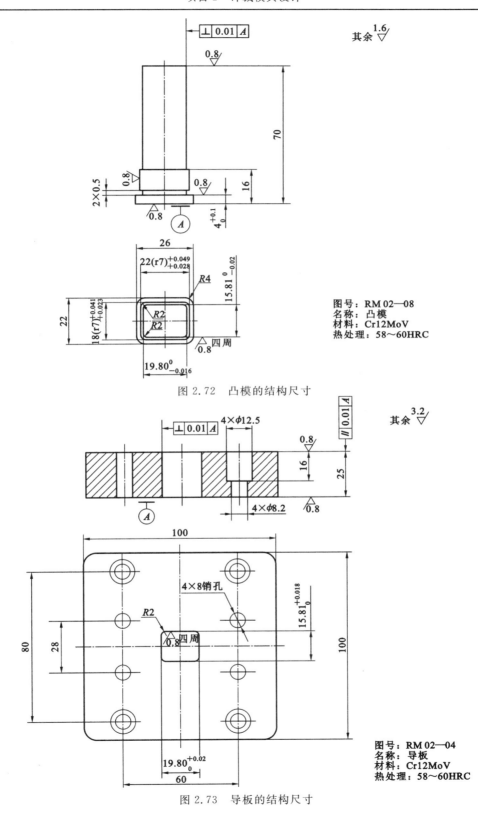

图 2.72　凸模的结构尺寸

图号：RM 02—08
名称：凸模
材料：Cr12MoV
热处理：58～60HRC

图号：RM 02—04
名称：导板
材料：Cr12MoV
热处理：58～60HRC

图 2.73　导板的结构尺寸

本例所采用的导料板为分离式的,如图 2.74 所示。为使所送进的条料能平稳地被托住,在导料板的送入端处,设置一支承板,其结构形式如图 2.75 所示。

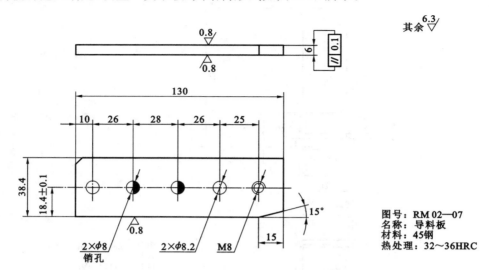

图号：RM 02—07
名称：导料板
材料：45钢
热处理：32～36HRC

图 2.74　导料板的结构尺寸

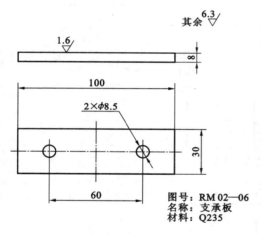

图号：RM 02—06
名称：支承板
材料：Q235

图 2.75　支承板的结构尺寸

挡料销的结构形式采用钩形。这时,销孔的位置可离凹模洞口较远些,这样,凹模的强度比台肩式的有所改善。钩形挡料销的结构形式可参阅 JB/T 7649.10—2008。

（5）凸模固定板和凸模垫板的设计

凸模固定板和冲裁凸模相连接的部分,形状应尽量简单。本例为做成矩形,其厚度以确保冲压受力时能够稳定为原则。按实践经验,此处的厚度取 12～16。

凸模固定板的外形尺寸与凹模的外形尺寸相同,材料为 Q235,结构尺寸见图 2.76。

凸模垫板的作用是直接承受和扩散凸模传递的压力,以降低对模座的单位压力,防止模座被压出陷痕而损坏。当凸模固定端面对模座的单位压力超过许用值时,就必须在凸模与模座之间加一淬硬、磨平的垫板,即

$$\sigma = \frac{F}{A} = [\sigma_c]$$

式中　F——冲裁力（N）；

　　　A——凸模固定端面的面积（mm²）；

　　　$[\sigma_c]$——模座材料的许用应力（MPa）。

凸模垫板的厚度一般取 6～12,视淬火变形情况来具体选定;其外形尺寸则与凸模固定板相同。材料选用 45 钢或 T7 等。

本例凸模垫板的结构尺寸见图 2.77。

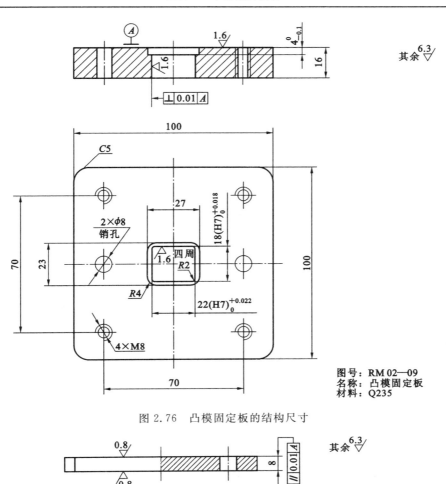

图号：RM 02—09
名称：凸模固定板
材料：Q235

图 2.76　凸模固定板的结构尺寸

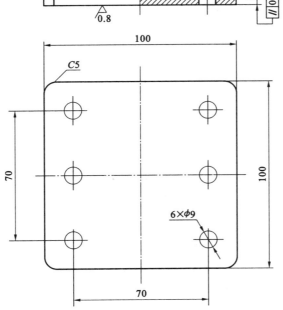

图号：RM 02—10
名称：凸模垫板
材料：45钢
热处理：40～45HRC

图 2.77　凸模垫板的结构尺寸

2.4　知　识　拓　展

2.4.1　典型冲模的结构分析

冲裁模是冲压生产中不可缺少的工艺装备,良好的模具结构是实现工艺方案的可靠保证。冲压零件的质量好坏和精度高低,主要决定于冲裁模的质量和精度。冲裁模结构是否合理、先进,又直接影响到生产效率及冲裁模本身的使用寿命和操作的安全、方便性等。

由于冲裁件形状、尺寸、精度和生产批量及生产条件不同,冲裁模的结构类型也不同,本节主要讨论冲压生产中常见的典型冲裁模类型和结构特点。

2.4.1.1　单工序冲裁模的典型结构

单工序冲裁模是指在压力机一次行程内只完成一个冲压工序的冲裁模,如落料模、冲孔模、切边模、切口模等。

（1）落料模

① 无导向单工序落料模

图 2.78 所示是无导向单工序落料模。工作零件为凸模 2 和凹模 5；定位零件为两个导料板 4 和定位板 7，导料板 4 对条料送进起导向作用，定位板 7 用于限制条料的送进距离；卸料零件为两个固定卸料板 3；支承零件为上模座（带模柄）和下模座 6；此外还有紧固螺钉等。上、

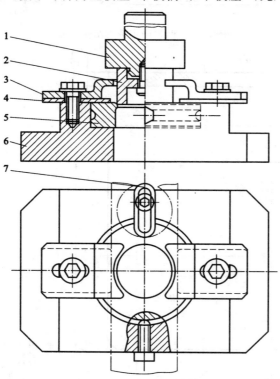

图 2.78　无导向单工序落料模

1—上模座；2—凸模；3—卸料板；4—导料板；5—凹模；6—下模座；7—定位板

下模之间没有直接导向关系。

　　冲裁过程如下：条料沿导料板送至定位板后进行冲裁，分离后的冲件靠凸模直接从凹模孔口依次推出。箍在凸模上的废料由固定卸料板刮下。照此循环，完成冲裁工作。

　　无导向冲裁模的特点：结构简单，质量轻，尺寸小，制造容易，周期短，成本低。但安装和调整凸、凹模间隙较麻烦，冲裁件质量差，模具寿命短，操作不够安全。因而，无导向单工序冲裁模适用于冲裁精度要求不高、形状简单、批量小的冲裁件。

　　该模具具有一定的通用性，通过更换凸模和凹模，调整导料板、定位板、卸料板位置，可以冲裁不同零件。另外，改变定位零件和卸料零件的结构，还可用于冲孔，即成为冲孔模。

　　② 导板式单工序落料模

　　图 2.79 所示为导板式单工序落料模。其上、下模的导向是依靠导板 9 与凸模 5 的间隙配合（一般为 H7/h6）进行的，故称导板模。

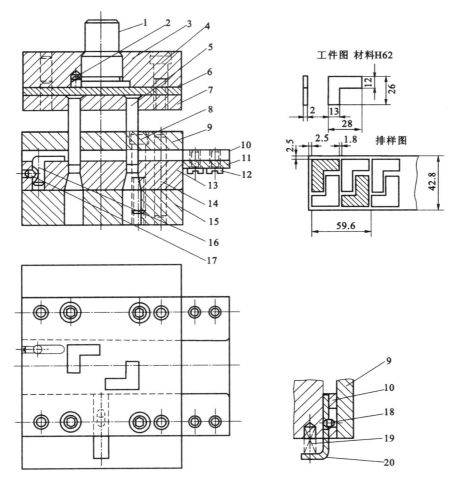

图 2.79　导板式单工序落料模

1—模柄；2、17—止动销；3—上模座；4、8—内六角螺钉；5—凸模；6—垫板；7—凸模固定板；
9—导板；10—导料板；11—承料板；12—螺钉；13—凹模；14—圆柱销；15—下模座；
16—固定挡料销；18—限位销；19—弹簧；20—始用挡料销

冲模的工作零件是凸模 5 和凹模 13；定位零件是导料板 10、固定挡料销 16 和始用挡料销 20；导向零件是导板 9（兼起固定卸料板作用）；支承零件是凸模固定板 7、垫板 6、上模座 3、模柄 1、下模座 15；此外还有紧固螺钉、销钉等。

该模具的工作过程如下：当条料沿导料板 10 送到始用挡料销 20 时，凸模 5 由导板 9 导向而进入凹模，完成了首次冲裁，冲下一个零件。条料继续送至固定挡料销 16 时，进行第二次冲裁，第二次冲裁时落下两个零件。此后，条料继续送进，其送进距离由固定挡料销 16 来控制，而且每一次冲压都是同时落下两个零件，分离后的零件靠凸模从凹模孔口中依次推出。

根据排样的需要，这副冲模的固定挡料销所设置的位置对首次冲裁起不到定位作用，为此采用了始用挡料销 20。在首件冲裁之前，用手将始用挡料销压入以限定条料的位置，在以后各次冲裁中，放开始用挡料销，始用挡料销被弹簧弹出，不再起挡料作用，而靠固定挡料销对条料定位。

这种冲模的主要特征是，凸、凹模的正确配合依靠导板导向。在结构上，为了拆装和调整间隙的方便，固定导板的两排螺钉和销钉内缘之间距离（见俯视图）应大于上模相应的轮廓宽度。为了保证导向精度和导板的使用寿命，工作过程中不允许凸模离开导板，为此，要求压力机行程较小。因此，选用行程较小且可调节的偏心式冲床较合适。另外，为使送料平稳，导料板 10 伸出一定长度，下面装一块承料板 11。该模具所用的固定挡料销是钩形的，钩形挡料销的安装孔离凹模刃口较远，因而凹模强度较高。

导板模比无导向简单模的精度高，寿命也较长，使用时安装较容易，卸料可靠，操作较安全，轮廓尺寸也不大。导板模一般用于冲裁形状简单、尺寸不大、厚度大于 0.3 的冲裁件。

③ 导柱式单工序落料模

图 2.80 所示是导柱式落料模。这种冲模的上、下模正确位置利用导柱 3 和导套 8 的导向来保证。凸、凹模在进行冲裁之前，导柱已经进入导套，从而保证了在冲裁过程中凸模 9 和凹模 2 间隙的均匀性。

上、下模座和导套、导柱装配组成的部件为模架。螺钉和销钉把凹模 2、下模座 1、导料板 5、卸料板 6 紧固并定位。凸模 9 用凸模固定板 10、螺钉、销钉与上模座紧固并定位，凸模背面垫上垫板 11。压入式模柄 14 装入上模座并以止动销 15 防止其转动。

条料沿导料板 5 送至挡料销 17 定位后进行落料。箍在凸模上的边料靠刚性卸料装置进行卸料。在凹模内的冲裁件顺冲裁方向从下漏料口推出。

导柱式落料模的导向比导板模的可靠，精度高，寿命长，使用安装方便，但轮廓尺寸较大，模具较重，制造工艺复杂，成本较高。它广泛用于生产批量大、精度要求高的冲裁件。

（2）冲孔模

冲孔模的结构与一般落料模相似，但冲孔模有其特点，冲孔模的对象是已经落料或其他冲压加工后的半成品，所以冲孔模要解决半成品在模具上如何定位、如何使半成品放进模具以及冲好后取出既方便又安全；而冲小孔模具，必须考虑凸模的强度和刚度，以及快速更换凸模的结构；在成型零件上侧壁孔冲压时，必须考虑凸模水平运动方向的转换机构等。

① 导柱式冲孔模

图 2.81 所示是导柱式冲孔模。冲件上的所有孔一次全部冲出，是多凸模的单工序冲孔模。

由于工序件是经过拉深的空心件，而且孔边与侧壁距离较近，因此采用工序件口部朝上，用定位圈 5 实行外形定位，以保证凹模有足够强度。但增加了凸模长度，设计时必须注意凸模

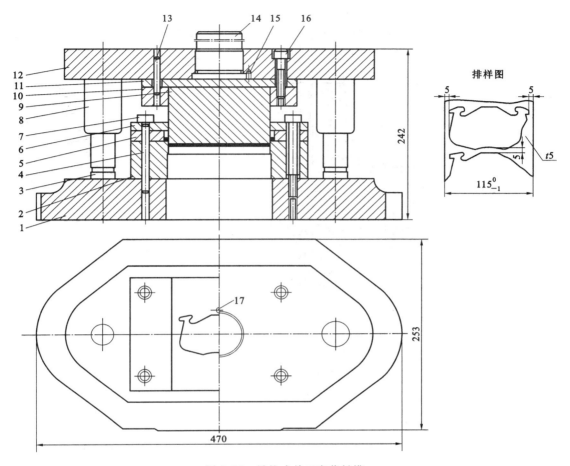

排样图

图 2.80 导柱式单工序落料模

1—下模座；2—凹模；3—导柱；4、13—销钉；5—导料板；6—卸料板；7—螺钉；8—导套；9—凸模；

10—凸模固定板；11—垫板；12—上模座；14—模柄；15—止动销；16—内六角螺钉；17—挡料销

的强度和稳定性问题。如果孔边与侧壁距离大，则可采用工序件口部朝下，利用凹模实行内形定位。该模具采用弹性卸料装置，除卸料作用外，该装置还可保证冲孔零件的平整，提高零件的质量。

② 导板式侧面冲孔模

图 2.82 所示为导板式侧面冲孔模。模具的最大特征是凹模 6 嵌入悬壁式的凹模体 7 上，凸模 5 靠导板 11 导向，以保证与凹模的正确配合。凹模体固定在支架 8 上，并以销钉 12 固定防止转动。支架与底座 9 以 H7/h6 配合，并以螺钉紧固。凸模与上模座 3 用螺钉 4 紧定，更换较方便。

工序件的定位方法是：径向和轴向以悬臂凹模体和支架定位；孔距定位是由定位销 2、摇臂 1 和压缩弹簧 13 组成的定位器来完成，保证冲出的 6 个孔沿圆周均匀分布。

冲压开始前，拨开定位器摇臂，将工序件套在凹模体上，然后放开摇臂，凸模下冲，即冲出第一个孔。随后转动工序件，使定位销落入已冲好的第一个孔内，接着冲第二个孔。用同样的方法冲出其他孔。

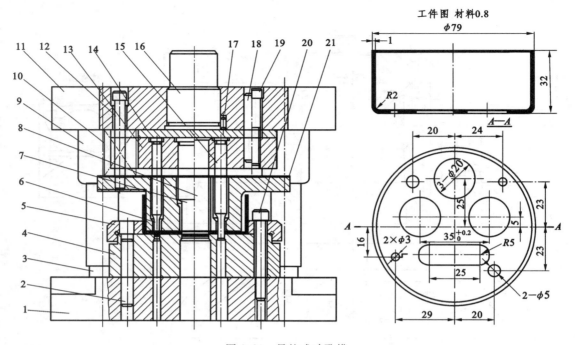

图 2.81　导柱式冲孔模

1—下模座；2、18—圆柱销；3—导柱；4—凹模；5—定位圈；6、7、8、15—凸模；9—导套；10—弹簧；11—上模座；
12—卸料螺钉；13—凸模固定板；14—垫板；16—模柄；17—止动销；19、20—内六角螺钉；21—卸料板

这种模具结构紧凑，重量小，但在压力机一次行程内只冲一个孔，生产率低，如果孔较多，孔距累积误差较大。因此，这种冲孔模主要用于生产批量不大、孔距要求不高的小型空心件的侧面冲孔或冲槽。

2.4.1.2　连续冲裁模的典型结构

连续冲裁模又称级进模，是一种工位多、效率高的冲模。它不但可以完成冲裁工序，还可以完成成型工序，甚至装配工序。整个冲件的成型是在连续过程中逐步完成的。连续成型是工序集中的工艺方法，可使切边、切口、切槽、冲孔、塑性成型、落料等多种工序在一副模具上完成。根据冲压件的实际需要，按一定顺序安排了多个冲压工序（在级进模中称为工位）进行连续冲压。许多需要多工序冲压的复杂冲压件可以在一副模具上完全成型，为高速自动冲压提供了有利条件。

由于级进模工位数较多，因而用级进模冲制零件，必须解决条料或带料的准确定位问题，才有可能保证冲压件的质量。根据级进模定位零件的特征，级进模有以下几种典型结构：

（1）用导正销定位的级进模

图 2.83 所示为用导正销定位的冲孔落料连续模。上、下模用导板导向。冲孔凸模 3 与落料凸模 4 之间的距离就是送料步距 s。送料时由固定挡料销 6 进行初定位，由两个装在落料凸模上的导正销 5 进行精定位。导正销与落料凸模的配合为 H7/r6，其连接应保证在修磨凸模时的装拆方便。因此，落料凹模安装导正销的孔是个通孔。导正销头部的形状应有利于在导正时插入已冲的孔，它与孔的配合应略有间隙。为了保证首件的正确定位，在带导正销的级进模中，常采用始用挡料装置，它安装在导板下的导料板中间。在条料上冲制首件时，用手推动始用挡料销 7，使它从导料板中伸出来挡住条料的前端即可冲第一件上的两个孔。以后各次

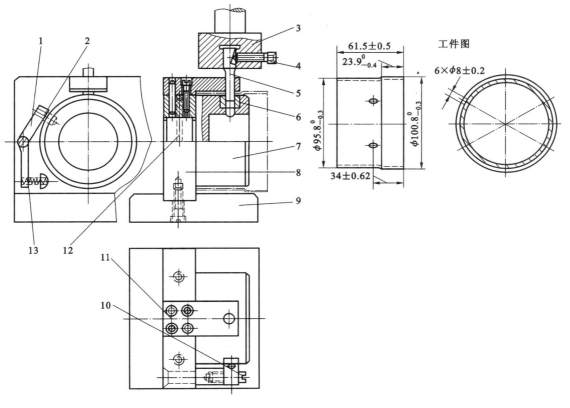

图 2.82　导板式侧面冲孔模

1—摇臂；2—定位销；3—上模座；4、10—螺钉；5—凸模；6—凹模；7—凹模体；
8—支架；9—底座；11—导板；12—销钉；13—压缩弹簧

冲裁时就都由固定挡料销 6 控制送料步距作粗定位。

　　为了便于操作，进一步提高生产率，可采用自动挡料定位或自动送料装置加定位零件定位。

　　(2) 侧刃定位的级进模

　　图 2.84 所示是双侧刃定位的冲孔落料级进模。它以侧刃 16 代替了始用挡料销、挡料销和导正销控制条料送进距离（俗称进距或步距）。侧刃是特殊功用的凸模，其作用是在压力机每次冲压行程中，沿条料边缘切下一块长度等于步距的料边。由于沿送料方向上，在侧刃前后两导料板间距不同，前宽后窄形成一个凸肩，所以条料上只有切去料边的部分方能通过，通过的距离即等于步距。工位较多的级进模，可采用两个侧刃前后对角排列，可减少料尾损耗。由于该模具冲裁的板料较薄（0.3 mm），所以选用弹压卸料方式。

　　在实际生产中，对于精度要求高的冲压件和多工位的级进冲裁，采用了既有侧刃定位（粗定位）又有导正销定位（精定位）的级进模。

　　级进模比单工序模生产率高，减少了模具和设备的数量，工件精度较高，便于操作和实现生产自动化。对于特别复杂或孔边距较小的冲压件，用简单模或复合模冲制有困难时，可用级进模逐步冲出。但级进模轮廓尺寸较大，制造较复杂，成本较高，一般适用于大批量生产小型冲压件。

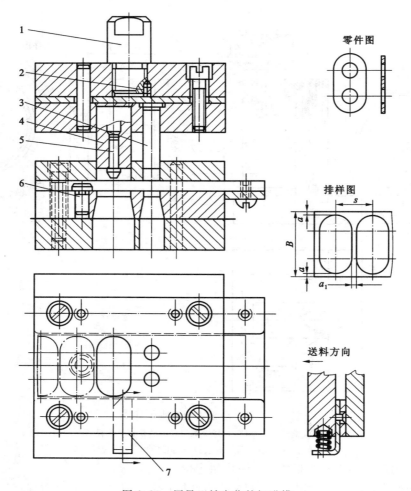

图 2.83　用导正销定位的级进模
1—模柄;2—螺钉;3—冲孔凸模;4—落料凸模;5—导正销;6—固定挡料销;7—始用挡料销

2.4.1.3　复合模的典型结构

复合模是一种多工序的冲模,是在压力机的一次工作行程中,在模具同一工位同时完成数道分离工序的模具。复合模的设计难点是如何在同一工作位置上合理地布置几对凸、凹模。它在结构上的主要特征是有一个既是落料凸模又是冲孔凹模的凸凹模。按照复合模工作零件的安装位置不同,分为正装式复合模和倒装式复合模两种。

（1）正装式复合模（又称顺装式复合模）

图 2.85 所示为正装式落料冲孔复合模,凸凹模 6 在上模,落料凹模 8 和冲孔凸模 11 在下模。

工作时,板料以导料销 13 和挡料销 12 定位。上模下压,落料凹模 8 进行落料,落下料卡在凹模中,同时冲孔凸模与凸凹模内孔进行冲孔,冲孔废料卡在凸凹模孔内。卡在凹模中的冲件由顶件装置顶出留在凹模面上。顶件装置由带肩顶杆 10 和顶件块 9 及装在下模座底下的弹顶器组成。该模具采用装在下模座底下的弹顶器推动顶杆和顶件块,弹性元件高度不受模具有关空间的限制,顶件力大小容易调节,可获得较大的顶件力。卡在凸凹模内的冲孔废料由

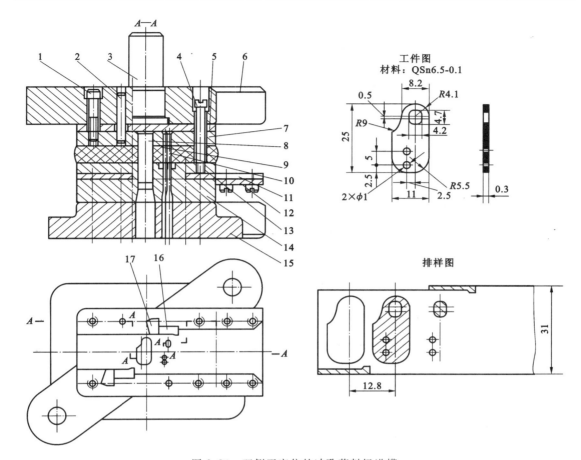

图 2.84 双侧刃定位的冲孔落料级进模

1—内六角螺钉；2—圆柱销；3—模柄；4—卸料螺钉；5—垫板；6—上模座；7—凸模固定板；8、9、10—凸模；
11—导料板；12—承料板；13—卸料板；14—凹模；15—下模座；16—侧刃；17—侧刃挡块

推件装置推出。推件装置由打杆 1、推板 3 和推杆 4 组成。当上模上行至上止点时，把废料推出。每冲裁一次，冲孔废料被推下一次，凸凹模孔内不积存废料，胀力小，不易破裂。但冲孔废料落在下模工作面上，尤其是孔较多时，清除废料麻烦。边料由弹压卸料装置卸下。由于采用固定挡料销和导料销，在卸料板上需钻出让位孔，或采用活动导料销或挡料销。

从上述工作过程可以看出，正装式复合模工作时，板料是在压紧的状态下分离，冲出的冲件平直度较高。但由于弹顶器和弹压卸料装置的作用，分离后的冲件容易被嵌入边料中，影响操作，从而影响了生产率。

（2）倒装式复合模

图 2.86 所示为倒装式复合模。凸凹模 18 装在下模，落料凹模 17 和冲孔凸模 14 和 16 装在上模。

倒装式复合模通常采用刚性推件装置把卡在凹模中的冲件推下，刚性推件装置由打杆 12、推板 11、连接推杆 10 和推件块 9 组成。冲孔废料直接由冲孔凸模从凸凹模内孔推下，无顶件装置，结构简单，操作方便。但如果采用直刃壁凹模孔口，凸凹模内有积存废料，胀力较大，当凸凹模壁厚较小时，可能导致凸凹模破裂。

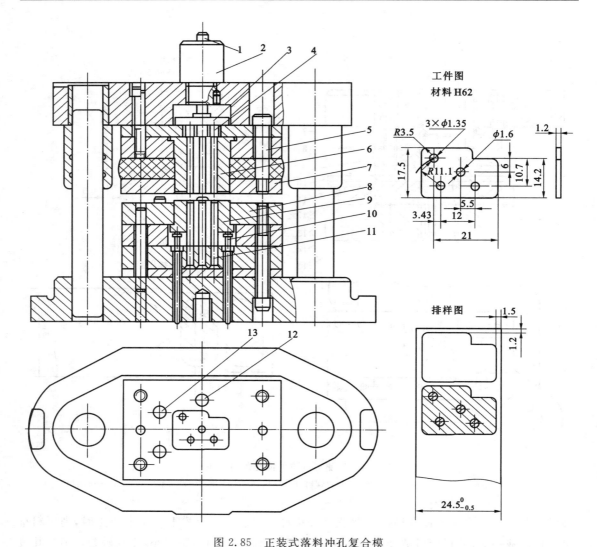

图 2.85 正装式落料冲孔复合模

1—打杆；2—旋入式模柄；3—推板；4—推杆；5—卸料螺钉；6—凸凹模；7—卸料板；8—落料凹模；
9—顶件块；10—带肩顶杆；11—冲孔凸模；12—挡料销；13—导料销

　　板料的定位靠导料销 22 和弹簧弹顶的活动挡料销 5 来完成。非工作行程时，挡料销 5 由弹簧 3 顶起，可供定位；工作时，挡料销被压下，上端面与板料平。由于采用弹簧弹顶挡料装置，所以在凹模上不必钻相应的让位孔。但这种挡料装置的工作可靠性较差。

　　采用刚性推件的倒装式复合模，板料不是处在被压紧的状态下冲裁，因而平直度不高。这种结构适用于冲裁较硬的或厚度大于 0.3 mm 的板料。如果在上模内设置弹性元件，即采用弹性推件装置，这就可以用于冲制材质较软的或板料厚度小于 0.3 mm，且平直度要求较高的冲裁件。

　　复合模的特点是生产率高，冲裁件的内孔与外缘的相对位置精度高，板料的定位精度要求比级进模低，冲模的轮廓尺寸较小。但复合模结构复杂，制造精度要求高，成本高。复合模主要用于生产批量大、精度要求高的冲裁件。

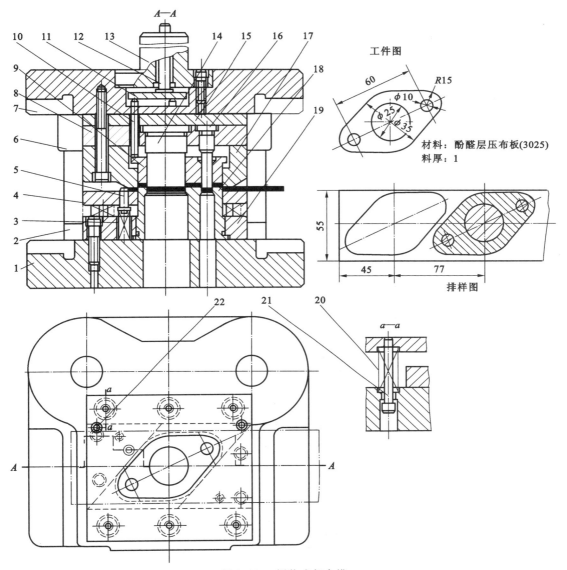

图 2.86　倒装式复合模

1—下模座；2—导柱；3、20—弹簧；4—卸料板；5—活动挡料销；6—导套；7—上模座；
8—凸模固定板；9—推件块；10—连接推杆；11—推板；12—打杆；13—凸缘模柄；14、16—冲孔凸模；
15—垫板；17—落料凹模；18—凸凹模；19—固定板；21—卸料螺钉；22—导料销

2.4.2　其他冲裁模

2.4.2.1　精密冲裁（带齿压料板精冲）

精密冲裁采用了带圆角凸模（冲孔）和凹模（落料）、极小的冲裁间隙甚至负间隙、增大冲裁变形区的静水压力，使之处于三向压应力状态，从而延缓甚至不出现剪裂纹，抑制了材料的断裂，而以塑性变形的方式分离，结果得到了光亮而垂直的断面。主要是从设备到模具等各个方面都改变了冲裁条件，从而使冲裁变形机理与普通冲裁有很大差异。精密冲裁能得到尺寸精度高、断面质量好的冲裁件。

　　精密冲裁是直接从板料上冲出公差等级高、断面质量好的冲裁件。它是一种经济效益较好的先进工艺,因而得到了迅速发展。

　　带齿压料板精冲方法创造了较为理想的冲裁条件,可以获得形状复杂的精密冲裁件,其公差等级可达 IT8～IT6 级,表面粗糙度 R_a 0.8～0.4 μm,断面垂直度、表面平直度均高,适用的材料种类和厚度范围较广,生产率较高,因此应用较广泛。

　　图 2.87 所示为在普通压力机上使用的简易精冲模。它的基本结构与倒装式的普通复合冲裁模相似。但对整个模具的要求比普通冲裁模高,除冲裁力直接来源于压力机滑块外,其带齿压料板压料力和推板反压力是在模具上配备强力弹性元件得到的。

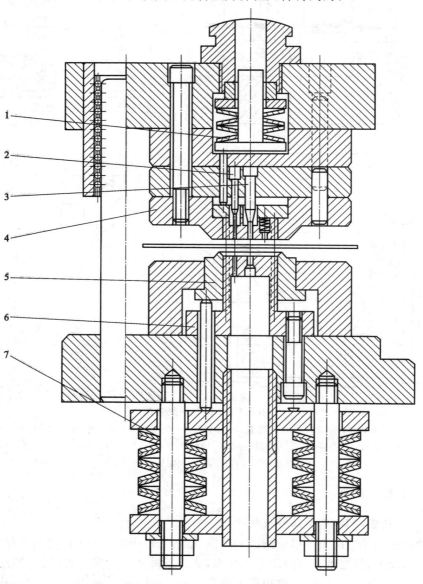

图 2.87　普通压力机用的简易精冲模

1、7—碟形弹簧;2、3—冲孔凸模;4—凹模;5—带齿压料板;6—凸凹模使用这种精冲模,不必改装压力机,结构简单,制造较容易。但模架的强度和刚度不高,不宜冲裁大型非对称性零件。弹性元件的压力随着压缩量的增大而增大,不能在模具工作行程中保持恒定压力,而且不能按实际需要进行调节。该模具适用于生产批量不大、精度要求不很高、板料厚度小于 4 mm 的小型精冲零件。

2.4.2.2　简易冲裁

(1) 半精密冲裁

① 小间隙圆角刃口冲裁(又称光洁冲裁)

图 2.88 所示为小间隙圆角刃口冲裁示意图。凸、凹模间隙可取 0.01~0.02 mm。圆角半径一般可取板料厚度的 10%。落料时,凹模刃口为小圆角;冲孔时,凸模刃口为小圆角。

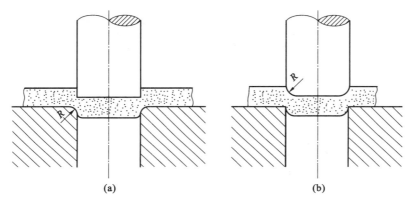

图 2.88　小间隙圆角刃口冲裁
(a) 落料;(b) 冲孔

由于小间隙圆角刃口冲裁加强了冲裁变形区的压应力,起到抑制裂纹的作用,改变了普通冲裁条件,因而冲裁断面粗糙度 R_a 可达 1.6~0.4 μm,工件尺寸公差可达 IT8~IT11 级。

小间隙圆角刃口冲裁方法比较简单,冲裁力比普通冲裁约大 50%,但对设备无特殊要求。该冲裁方法适用于塑性较好的材料,如软铝、纯铜、黄铜、05F 和08F 等软钢。

② 负间隙冲裁

图 2.89 所示为负间隙冲裁示意图。负间隙冲裁就是凸模尺寸比凹模大,对于圆形零件,凸模比凹模

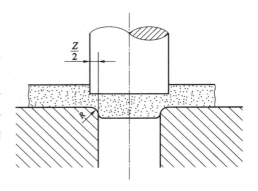

图 2.89　负间隙冲裁

大(0.1~0.2)t(t 为板料厚度);对于非圆形零件,凸出的角部比内凹的角部差值大。凹模刃口圆角半径可取板料厚度的 5%~10%,而且凸模越锋利越好。冲裁时,凸模的工作端面不与凹模面接触,而应保持 0.1~0.2 mm 的距离。冲件没有全部挤入凹模,而是借助下一次冲裁,将它全部挤入并推出凹模。

由于采用了负间隙和圆角凹模,大大加强了冲裁变形区压应力,其冲裁机理实质上与小间隙圆角刃口冲裁相同。工件断面粗糙度 R_a 可达 0.8~0.4 μm,尺寸公差可达 IT8~IT11 级。

负间隙冲裁的冲裁力比普通冲裁大得多,冲裁铝件时冲裁力为普通冲裁的 1.3~1.6 倍;

冲裁黄铜或软钢时则高达 2.25～2.8 倍。因此,必须注意凹模的设计和润滑。

负间隙冲裁只适用于塑性好的软材料,如软铝、纯铜、软黄铜、软钢等。

③ 上、下冲裁

图 2.90 所示为上、下冲裁工艺过程示意图。图 2.90(a)所示为上、下凹模压紧材料,上凸模开始冲裁;图 2.90(b)所示为上凸模挤入材料深度达$(0.15～0.3)t(t$ 为板料厚度)后停止挤入;图 2.90(c)所示为下凸模向上冲裁,上凸模回升;图 2.90(d)所示为下凸模继续向上冲裁,直至材料分离。

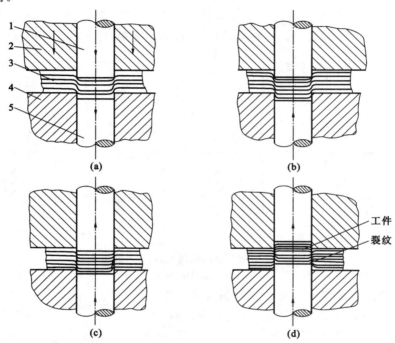

图 2.90　上、下冲裁工艺过程
1—上凸模;2—上凹模;3—坯料;4—下凹模;5—下凸模

上、下冲裁的变形特点与普通冲裁相似,有剪裂纹产生,存在毛面。所不同的是经过上、下两次冲裁,获得上、下两个光面和塌角,光面在整个断面上的比例增加了,没有毛刺,因而工件的断面质量得到提高。

④ 对向凹模冲裁

图 2.91 所示为对向凹模冲裁工艺过程。图 2.91(a)所示为送料定位;图 2.91(b)所示为带凸台凹模压入材料;图 2.91(c)所示为带凸台凹模下压到一定深度后停止不动;图 2.91(d)所示为凸模下推材料直至分离。

带小凸台凹模在冲裁过程中,除凸台外刃与平凹模刃口一起对材料起剪切作用外,还起了向下挤压材料的作用。因此,当凸模最后推下工件时,残留在工件断面上的毛面不大了,上、下边缘均有塌角,无毛刺。

(2) 整修

① 整修原理

整修原理是利用整修模沿冲裁件外缘或内孔刮去一层薄薄的切屑,以除去普通冲裁时在

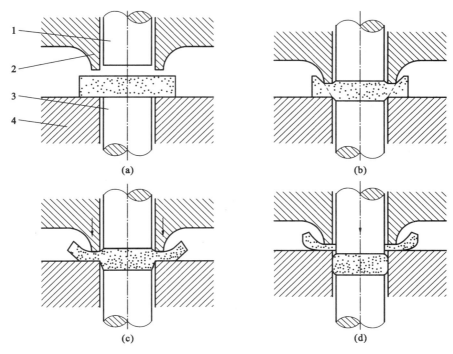

图 2.91　对向凹模冲裁过程
1—凸模；2—带凸台凹模；3—顶杆；4—平凹模

断面上留下的塌角、毛刺和毛面等，从而提高冲裁件尺寸精度，并得到光滑而垂直的断面，如图 2.92 所示。整修冲裁件的外形称为外缘整修；整修冲裁件的内孔称为内缘整修。

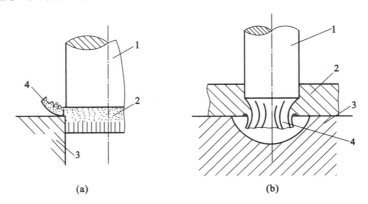

图 2.92　整修原理示意
(a) 外缘整修；(b) 内缘整修
1—凸模；2—工件；3—凹模；4—切屑

　　整修时材料变形过程与冲裁完全不同，整修与切削加工相似。整修工艺首先要合理确定整修余量，过大或过小的余量都会降低整修后工件的质量，影响模具寿命。整修余量取决于整修部位（外缘或内缘）、整修次数、材料性质及厚度、整修前加工情况等。

　　整修模凸、凹模之间允许采用很小的间隙，而不会在制件上留下粗糙的断裂斜（锥）面。用整修法可以得到表面粗糙度值 $R_a \leqslant 0.8~\mu m$ 的断面，工件一般能获得 IT6～IT7 的尺寸公差。

整修后的工件尺寸稳定,尺寸回弹很小。由于整修是微量切除,所需的冲压力也较小,模具寿命较长。

整修与普通冲裁相比有以下主要特点:整修模有很小的凸、凹模间隙;整修时冲裁件有很小的加工余量。

② 整修模结构

外缘整修模或内缘整修模的基本结构与单个坯料的普通落料或冲孔模相似。但由于整修是属于冲压的精加工,整修余量小,因而要求模具定位准确,尤其对于内缘整修更是如此。由于整修模冲裁间隙小,因此对导向精度要求较高,必要时应采用滚珠导向和浮动模柄,如图 2.93 所示,以保证凸、凹模的正常工作。

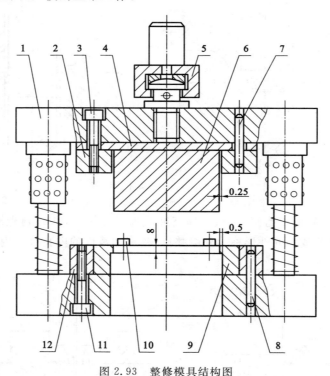

图 2.93 整修模具结构图

1—滚珠模架;2—凸模固定板;3、11—螺钉;4—凸模垫板;5—浮动模柄;6—凸模;
7、8—销钉;9—凹模;10—定位销;12—凹模套箍

2.4.2.3 其他冲裁

(1) 非金属材料的冲裁

非金属材料冲裁可用普通模具,从生产率高来看有巨大优越性,但一般说无论怎样选择冲压条件也不能得到光洁的剪切断面。根据这种情况,采用凿切法却能获得平滑而光洁的剪切断面。其冲模结构如图 2.94 所示。模具的最大特点是有一个用于凿切的尖刃凸模。冲裁时,在冲床工作台上垫以硬质木板或塑料板,再把被冲材料置于上述板料之上即可进行凿切。

(2) 锌基合金冲裁模

锌基合金冲裁模是以锌基合金材料用铸造方法制作冲模工作部分等零件的一种简易模具。它的主要优点是:设计与制造简单,不需要使用高精度机械加工设备和较高的钳工技术,生产周期短,锌基合金可以熔炼回收重复使用,具有良好的经济效益。

锌基合金具有一定强度,可以制造冲裁模、拉深模、弯曲模、成型模等,适用于薄板零件的中小批量生产和新产品试制。

用锌基合金制造冲裁模时,对于落料模,凹模用锌基合金制造,而凸模则用模具钢制造。对于冲孔模,凸模用锌基合金制造,而凹模则用模具钢制造。这样,凸、凹模材料一个是钢,一个是锌基合金,这种一硬一软的冲裁机理与钢模冲裁时不同。钢制凸、凹模的刃口锋利,冲裁时材料是从凸、凹模刃口处产生双向裂纹之后扩展相遇而分离的。而锌基合金模的冲裁则是单向裂纹扩展分离的过程。

直接用锌基合金作凹模,其使用寿命以及冲制零件的厚度受到一定限制,可在锌基合金凹模体上增添经淬火的弹簧钢皮或钢板,以增加刃口强度。

锌基合金凸模用于冲孔,凸模结构形式多采用组合式、镶拼式,如图 2.95 所示。凸模长度应根据结构的需要来确定。通常,锌基合金凸模受抗压强度和结构设计的限制,冲孔直径不宜小于 ϕ50。

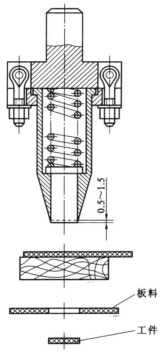

图 2.94　凿切模具结构图

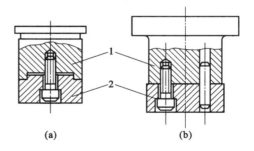

图 2.95　锌基合金凸模结构形式
(a) 组合式;(b) 镶拼式
1—凸模固定部分;2—锌基合金

（3）聚氨酯橡胶冲裁模

聚氨酯橡胶是一种人工合成的高分子弹性体,用它作为凸模或凹模材料所制成的冲模称为聚氨酯橡胶冲模。其具有模具结构简单,制作容易,生产周期短,制件成本低,并能简化冲压工艺等特点。聚氨酯橡胶冲模不但用于冲裁工艺,也用于弯曲、拉深、成型等工艺,但比钢模寿命短,常用于薄材料零件的小批量生产及新产品试制。

聚氨酯橡胶冲裁可以用于单工序模,也可以用于复合模。图 2.96 所示的聚氨酯复合冲裁模,在冲裁时顶杆端头橡胶的冲压深度是固定的,冲裁结束后按下顶出机构 7 将凸凹模孔内废料顶出。

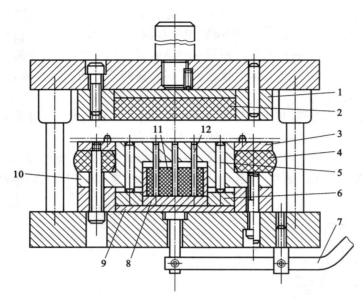

图 2.96　聚氨酯橡胶复合冲裁模结构

1—容框;2—聚氨酯橡胶;3—卸料板;4—卸料橡胶;5、12—顶杆;6、8—限位器;
7—顶出机构;9—顶板;10—凸凹模;11—环氧树脂顶杆固定座

（4）硬质合金模冲裁

硬质合金模一般是指凹模或凸模为硬质合金材料,或凸模和凹模均为硬质合金材料的模具。

硬质合金是用一种或多种难熔金属的碳化物(如碳化钨 WC、碳化钛 TiC 等),采用粉末冶金的方法制造的合金材料。这种合金具有较高的硬度(68～72HRC)、高强度、耐磨损、耐磨蚀、耐高温和膨胀系数小等优点。因此,用它制造的模具寿命比用合金工具钢制造的高几十倍至几百倍。硬质合金冲裁模的刃磨寿命达几十万次甚至百万次以上,总寿命可达到千万次以上甚至更高,比普通冲模的寿命提高 40～50 倍,且可提高冲裁件的精度与降低粗糙度。虽然模具制造成本比钢质模具高 3～4 倍,但因模具寿命长,故在大批量生产中有着相当大的意义。

思　考　题

2.1　冲裁的变形过程是怎样的?

2.2　普通冲裁件的断面具有怎样的特征? 这些断面特征又是如何形成的?

2.3　什么是冲裁间隙? 冲裁间隙对冲裁质量有哪些影响?

2.4　什么是冲模的压力中心? 确定模具的压力中心有何意义?

2.5　什么叫搭边? 搭边有什么作用?

2.6　如图 2.97 所示零件,材料为 Q235 钢,料厚为 $t=1.0$。计算冲裁凸、凹模刃口尺寸及公差,并计算总冲压力。

2.7　如图 2.98 所示冲裁件,材料为 10 钢,料厚为 $t=2.0$。计算冲裁凸、凹模刃口尺寸及冲裁件的压力中心。

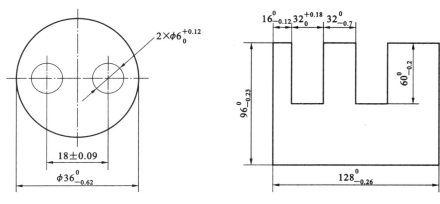

图 2.97　思考题 6 图　　　　　　　图 2.98　思考题 7 图

2.8　分析图 2.99 所示零件(材料:65Mn,料厚为 1,未注公差为 IT12)的冲裁工艺性,确定其工序性质、数量及组合方式,画出冲裁工序图。

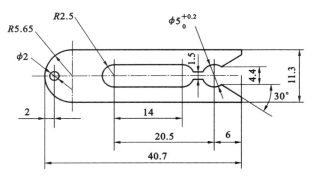

图 2.99　思考题 8 图

2.9　简要说明单工序冲裁模、复合冲裁模和级进冲裁模的区别。

2.10　简述定位装置的作用及基本形式。

2.11　简述卸料装置的作用及基本形式。

2.12　模架有几种形式,结构特点如何?

2.13　已知某冲裁件如图 2.100 所示,材料为 10 钢,厚度为 1,中批量生产,试完成该零件落料、冲孔复合冲裁模的设计,画出模具示意图。

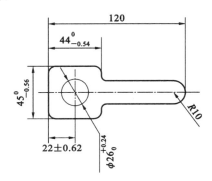

图 2.100　思考题 6 图

项目 3 弯曲工艺及弯曲模具

❖ **项目目标**

（1）了解弯曲工艺及弯曲件结构工艺性分析、弯曲的变形过程和弯曲的变形特点，了解弯曲变形规律、弯曲件质量的影响因素及防止措施，掌握弯曲工艺设计和弯曲模具典型结构组成及工作过程分析。

（2）具备中等复杂程度的弯曲工艺性分析、工艺计算和典型结构选择的基本能力，初步具备根据弯曲件质量问题正确分析原因并提出防止措施的能力。

3.1 项 目 导 入

将板料、型材、管材或棒料等弯成一定的角度和曲率，形成一定形状零件的冲压方法称为弯曲。弯曲时折弯线是直线，折弯线为圆弧或曲线时不属于弯曲，而属于翻边。

弯曲件在生活中应用广泛，如图 3.1 所示的产品均为弯曲件。可以看出这些产品的共同特点是：不管结构是否复杂，都具有一定的弯曲角度。同时，任何一个弯曲件的加工还需冲裁工序，是先冲裁还是先弯曲，在实际生产中需合理安排冲压工序。

图 3.1 弯曲成型件

托架零件如图 3.2 所示，材料为 08F，料厚为 1.5，年产量为 3 万件，要求表面无严重划痕，孔不允许变形，制定冲压工艺方案及设计模具结构。

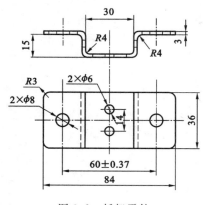

图 3.2 托架零件

托架零件由落料、冲孔、弯曲三道基本工序组成，在实际工厂的制造过程中，工序的安排如下：落料、弯曲、冲孔。

项目的设计原则是追求低成本，同时产品质量符合使用要求。

由于托架零件生产批量大，应注重模具材料的选择和结构的设计，保证模具的复杂程度和模具的寿命。

（1）零件的分析

① 零件的功用与经济性分析。该零件是某机械产品上的支撑托架，零件工作时受力不大，对其强度和刚度的要求不太高。

　　② 零件的工艺性分析。托架为有 4 个孔的四角弯曲件。其中 4 孔的公差均为自由公差。各孔的尺寸精度在冲裁允许的精度范围以内,且孔径均大于允许的最小孔径,故可以冲裁。但应注意适当控制弯曲时的回弹,并避免弯曲时划伤零件。

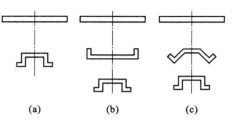

图 3.3　托架弯曲成型方式

　　(2) 冲压工艺方案的分析与确定

　　从零件的结构形状可知,所需基本工序为落料、冲孔、弯曲 3 种,其中弯曲成型的方式有图 3.3 所示的 3 种。

3.2　相　关　知　识

　　通过对该项目实际生产过程的观察,以及上述对项目的分解和分析,为了实现项目目标,需要学习和项目实际生产过程相关的弯曲成型工艺和弯曲模具的知识。

3.2.1　弯曲件种类与板料的变形过程

　　(1) 弯曲件的种类

　　弯曲是冲压基本工序之一,而且在冲压生产中应用很广。弯曲加工的类型很多,按弯曲件的形状可分为 V 形、L 形、U 形、Z 形、O 形等,如图 3.4 所示。

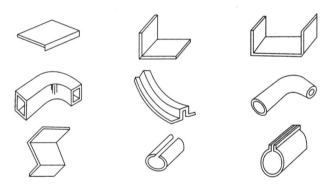

图 3.4　各种典型弯曲件

　　(2) 弯曲的方法

　　常用的弯曲方法按弯曲加工所使用的设备可分为压弯、折弯、滚弯、旋弯、拉弯等,如图 3.5所示。

　　(3) 弯曲变形过程

　　在压力机上采用弯曲模具对板料进行压弯是弯曲工艺中运用最多的方法。弯曲变形的过程可分为弹性变形、弹-塑性变形、塑性弯曲变形三个阶段。下面以 V 形件的弯曲为例简述其弯曲变形过程。

　　如图 3.6 所示为板料在 V 形弯曲模内的校正弯曲过程。在开始弯曲时,坯料的弯曲内侧半径远大于凸模的圆角半径,弯曲力矩很小,仅引起材料的弹性变形。随着凸模的下压,坯料的直边与凹模 V 形表面逐渐靠紧,弯曲内侧半径逐渐减小,即 $r_0 > r_1 > r_2 > r$,同时弯曲力臂也逐渐减小,即 $l_0 > l_1 > l_2 > l_k$。当弯曲圆角半径减小到一定值时,毛坯变形区外表面首先开始

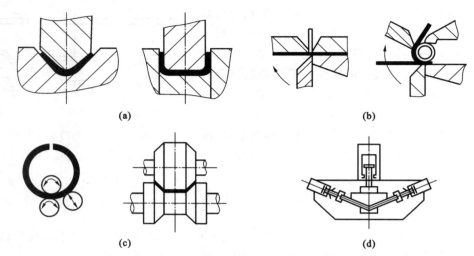

图 3.5　弯曲件的弯曲方法

（a）模具弯曲；（b）折弯；（c）滚弯；（d）拉弯

出现塑性变形，并逐渐向毛坯内部展开，变形由弹性弯曲过渡到弹-塑性弯曲。

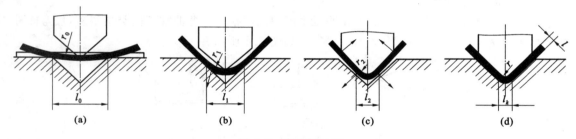

图 3.6　弯曲的过程

当凸模、坯料与凹模三者完全压合，坯料的内侧弯曲半径及弯曲力臂达到最小时，弯曲过程结束。由于坯料在弯曲变形过程中弯曲内侧半径逐渐减小，因此弯曲变形部分的变形程度逐渐增加。同时弯曲力臂逐渐减小，弯曲变形过程中坯料与凹模之间有相对滑移现象。

若弯曲完成时，凸模与板料、凹模三者贴合后凸模不再下压，称为自由弯曲。凸模、坯料与凹模三者完全压合后，如果再增加一定的压力，对弯曲件施压，则称为校正弯曲，这时弯曲力将急剧上升。因此弯曲分为自由弯曲和校正弯曲两大类。自由弯曲是弯曲过程结束，凸模、凹模、毛坯三者相吻合后，凸模不再下压的弯曲工序，回弹量较大，弯曲件的精度低。校正弯曲是当弯曲过程结束，凸模、凹模、毛坯三者相吻合后，凸模继续下压，产生刚性镦压，使毛坯产生进一步的塑性变形，从而对弯曲件的弯曲变形部分进行校正的弯曲工序。由于校正弯曲增强了弯曲变形部分的塑性变形成分，因而回弹量较小，弯曲件的精度高。

（4）弯曲变形特点

为了分析材料弯曲的变形特点，可采用网格法，如图 3.7 所示。在弯曲前的坯料侧面用机械刻线或

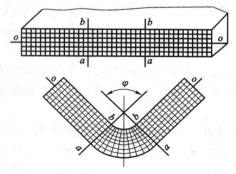

图 3.7　坯料弯曲前后的网格变化

照相腐蚀的方法画出网格,观察弯曲变形后位于工件侧壁的坐标网格的变化情况,就可以分析变形时坯料的受力情况和弯曲变形的特点。

① 弯曲圆角部分是弯曲变形的主要区域

从图 3.7 中可以观察到位于弯曲圆角部分的网格发生了显著的变化,原来的正方形网格变成了扇形。靠近圆角部分的直角有少量变形,而其余直边部分的网格仍保持原状,没有变形,说明弯曲变形主要发生在弯曲带中心角 φ 范围内,中心角以外基本上不变形,若弯曲后工件如图 3.8 所示,则反映弯曲变形区的弯曲带中心角为 φ,而弯曲后工件的角度为 α,两者的关系为:

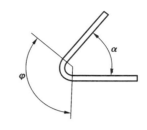

图 3.8　弯曲角与弯曲带中心角

$$\varphi = 180° - \alpha$$

② 变形区域的长度方向变化

网格内正方形变成了扇形,靠近凹模的外侧长度伸长,靠近凸模的内侧长度缩短。由内外表面到坯料中心,其缩短和伸长的程度逐渐变小。在缩短和伸长的两个变形区之间,必然有一层金属,它的长度在变形前后没有变化,这层金属称为中性层。

中性层长度的确定是进行弯曲件毛坯展开尺寸计算的重要依据。当弯曲变形程度很小时,中性层的位置离材料厚度的中心很近,可以认为中性层的位置就在材料厚度的中心,但当弯曲变形程度较大时,可以发现中性层向材料内侧移动,变形量愈大,内移量愈大。

中性层内移的结果是:内层纤维长度缩短,导致厚度增加;外层纤维拉长,厚度相应变薄。由于厚度增加量小于变薄量,因此板料总厚度在弯曲变形区域内变薄。同时,由于体积不变,故变形区的变薄使板料长度略有增加。

③ 变形区材料厚度方向变薄的现象

由于内层长度方向缩短,因此厚度应增加,但由于凸模紧压坯料,厚度方向增加不易。外侧长度伸长,厚度要变薄。因为增厚量小于变薄量,因此材料厚度在弯曲变形区内有变薄现象,使在弹性变形时位于坯料厚度中间的中性层发生内移。弯曲变形程度越大,弯曲区变薄越严重,中性层的内移量越大。

④ 变形区宽度方向(横断面)的变形

内层材料受压缩,宽度应增加。外层材料受拉伸,宽度要减小。这种变形情况根据坯料的宽度不同分为两种情况:在宽板(坯料宽度与厚度之比 $b/t > 3$)弯曲时,材料在宽度方向的变形会受到相邻金属的限制,横断面几乎不变,基本保持为矩形;而在窄板($b/t \leqslant 3$)弯曲时,宽度方向变形几乎不受约束,断面变成了内宽外窄的扇形。图 3.9 所示为两种情况下的断面变化情况。由于窄板弯曲时变形区断面发生畸变,因此当弯曲件的侧面尺寸有一定要求或要和其他零件配合时,需要增加后续辅助工序。对于一般的坯料弯曲来说,大部分属于宽板弯曲。

(5)弯曲件质量分析

弯曲件的主要质量问题有弯裂、回弹和偏移等 3 种。

① 弯裂

a. 弯裂的产生

对于一定厚度的材料,弯曲半径越小,外层材料的伸长率越大。当外缘材料的伸长率达到

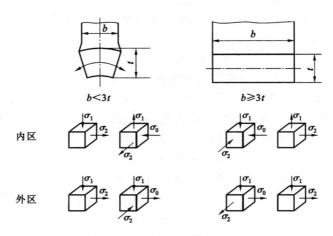

$b<3t$　　　　　　　　$b\geqslant 3t$

内区

外区

图 3.9　坯料弯曲后的断面变化

并超过材料的延伸率后,就会导致弯裂,如图 3.10 所示。

图 3.10　弯裂

在保证弯曲变形区材料外表面不发生破坏的条件下,弯曲件内表面所能形成的最小圆角半径称为最小弯曲半径。在自由弯曲保证坯料最外层纤维不发生破裂的前提下,所能获得的弯曲件内表面最小圆角半径与弯曲材料厚度的比值 $r_{\min}/t$ 称为最小相对弯曲半径。

影响最小相对弯曲半径 $r_{\min}/t$ 的因素如下:

ⓐ 材料的力学性能。材料的塑性越好,其伸长率 δ 值越大,其最小相对弯曲半径 $r_{\min}/t$ 越小。

ⓑ 板料的厚度。弯曲变形区切向应变在板料厚度方向上按线性规律变化,内、外表面处最大,在中性层上为零。当板料的厚度较小时,切向应变变化的梯度大,应变很快由最大值衰减为零。与切向变形最大的外表面相临近的金属,可以起到阻止外表面材料产生局部不稳定塑性变形的作用,所以在这种情况下可能得到较大的变形和较小的最小相对弯曲半径 $r_{\min}/t$。

ⓒ 板料的宽度。弯曲件的相对宽度 b/t 越大,材料沿宽向流动的阻碍越大;相对宽度 b/t 越小,则材料沿宽向流动越容易,可以改善圆角变形区外侧的应力应变状态。因此,相对宽度 b/t 较小的窄板,其最小相对弯曲半径 $r_{\min}/t$ 的数值可以较小。

ⓓ 材料的塑性和热处理状态。经退火处理的坯料塑性好,$r_{\min}/t$ 小些。经冷作硬化的坯料塑性降低,$r_{\min}/t$ 应增大。

ⓔ 弯曲方向。材料经过轧制后得到纤维组织,使板料呈现各向异性。沿纤维方向的力学性能较好,不易拉裂。因此,当弯曲线与纤维组织方向垂直时,$r_{\min}/t$ 数值最小,平行时最大。为了获得较小的弯曲半径,应使弯曲线和纤维方向垂直。在双弯曲时,应使弯曲线与纤维方向成一定的角度,如图 3.11 所示。

ⓕ 弯曲角 α。弯曲角 α 是制件圆角变形区圆弧所对应的圆心角。弯曲角 α 越大,最小相对弯曲半径 $r_{\min}/t$ 越小。这是因为在弯曲过程中坯料的变形并不是仅局限于圆角变形区。由于材料的相互牵连,其变形影响到圆角附近的直边,实际上扩大了弯曲变形区范围,分散了集中在圆角部分的弯曲应变,对圆角外层纤维濒于拉裂的极限状态有所缓解,使最小相对弯曲半径 $r_{\min}/t$ 减小。α 越大,圆角中段变形程度改善得越多,许可的最小相对弯曲 $r_{\min}/t$ 可以越小。

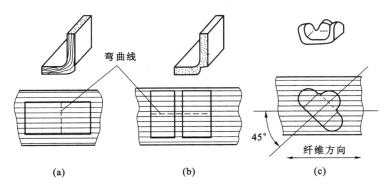

图 3.11 板料纤维方向对弯曲半径的影响

在生产中主要参考经验数据来确定 r_{min} 值。表 3.1 给出了一些材料的 r_{min} 数值。对于塑性好的材料，r_{min} 值几乎可为零。

表 3.1 最小相对弯曲半径 r_{min}/t

材　　料	正火或退火材料		硬　化　材　料	
	弯曲线方向			
	垂直轧制方向	平行轧制方向	垂直轧制方向	平行轧制方向
08 钢、10 钢	0.1	0.4	0.4	0.8
15 钢、10 钢	0.1	0.5	0.5	1.0
25 钢、30 钢	0.2	0.6	0.6	1.2
35 钢、40 钢	0.3	0.8	0.8	1.5
45 钢、50 钢	0.5	1.0	1.0	1.7
65Mn	1.0	2.0	2.0	3.0
1Cr18Ni9	1.0	2.0	2.0	4.0
铝	0.1	0.3	0.5	1.0
硬铝（软）	1.0	1.5	1.5	2.5
硬铝（硬）	2.0	3.0	3.0	4.0
退火纯铜	0.1	0.3	1.0	2.0
软黄铜	0.1	0.3	0.4	0.8
半硬黄铜	0.1	0.3	0.5	1.2
磷铜	—	—	1.0	3.0
镁合金	300 ℃热弯		冷弯	
MB1	2.0	3.0	6.0	8.0
MB8	1.5	2.0	5.0	6.0
钛合金	300～400 ℃热弯		冷弯	
BT1	1.5	2.0	3.0	4.0

续表 3.1

材　料	正火或退火材料		硬 化 材 料	
	弯曲线方向			
	垂直轧制方向	平行轧制方向	垂直轧制方向	平行轧制方向
BT5	3.0	4.0	5.0	6.0
钼合金	400～500 ℃热弯		冷弯	
BM1,BM2($t\leqslant2$)	2.0	3.0	4.0	5.0

注:① 弯曲线与轧制方向成一定角度时,可取垂直与平行二者的中间值;
　　② 冲裁或剪切的毛坯不经退火应作硬化材料选取。

　　b. 防止弯裂的措施

　　当零件的弯曲半径小于表 3.1 所列数值时,为提高弯曲极限变形程度,防止弯裂,常采用的措施有退火、加热弯曲、消除冲裁毛刺、两次弯曲(先加大弯曲半径,退火后再按工件要求的小半径弯曲)、校正弯曲以及对较厚材料的开槽弯曲(图 3.12)等。

　　② 弯曲时的回弹

　　在材料弯曲变形结束,零件不受外力作用时,由于弹性恢复,使弯曲件的角度、弯曲半径与模具的尺寸形状不一致,这种现象称为回弹,如图 3.13 所示。

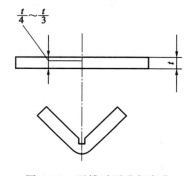
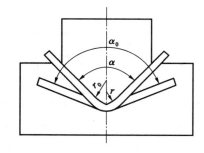

图 3.12　开槽后再进行弯曲　　　　　　　图 3.13　弯曲时的回弹

　　a. 回弹的表现形式

　　一般情况下,弯曲回弹的表现形式有两个方面,如图 3.13 所示。

　　ⓐ 弯曲半径增大。卸载前坯料的内半径 r(与凸模的半径吻合),在卸载后增加至 r_0。半径的增量 Δr 为

$$\Delta r = r_0 - r$$

　　ⓑ 弯曲件角度增大。卸载前坯料的弯曲角度为 α(与凸模顶角吻合),卸载后增大到 α_0。角度的增量 $\Delta \alpha$ 为

$$\Delta \alpha = \alpha_0 - \alpha$$

　　b. 影响回弹的因素

　　ⓐ 材料的力学性能　　材料的屈服点 σ_b 越大,弹性模量 E 越小,弯曲回弹越大。

　　ⓑ 相对弯曲半径　　相对弯曲半径越小,回弹值越小。

　　ⓒ 弯曲件角度 α　　弯曲件角度 α 越小,表示弯曲变形区域越大,回弹的积累越大,回弹角

度也越大。

　　ⓓ 弯曲方式　自由弯曲与校正弯曲比较,由于校正弯曲可增加圆角处的塑性变形程度,因而有较小的回弹。

　　ⓔ 模具间隙　压制U形件时,模具间隙对回弹值有直接影响。间隙大,材料处于松动状态,回弹就大;间隙小材料被挤紧,回弹就小。

　　ⓕ 零件形状　零件形状复杂,一次弯曲成型角的数量越多,各部分的回弹相互牵制作用越大,弯曲中拉伸变形的成分越大,回弹就越小。

　　ⓖ 非变形区的影响　如图3.14所示,对V形件的小半径($r/t<0.2$)进行校正弯曲时,由于非变形区的直边部分有校直作用,所以弯曲后的回弹是直边区回弹与圆角区回弹的复合。由图3.14可见,直边区回弹的方向(图中N方向)与圆角区回弹的方向(图中M方向)相反。

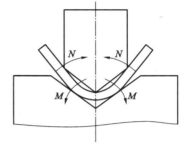

图3.14　校正弯曲时的回弹

　　c. 减小回弹的措施

　　ⓐ 从工件设计上采取措施

　　在弯曲件易产生回弹部位设置加强筋,如图3.15所示。回弹变形将受到牵制,既可减小弯曲后的回弹,又能提高零件的刚性。在工件的要求允许时,可以选用弹性模量大、屈服极限较小、力学性能稳定的材料,以减小弯曲后产生的回弹。在满足最小许用弯曲半径的条件下,尽量使r/t在1~2范围内。

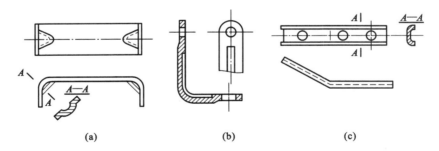

图3.15　在零件结构上考虑减小回弹

　　ⓑ 从工艺上采取措施

　　增加弯曲力,采用校正弯曲,可以减小回弹。对于冷作硬化材料,在弯曲前进行退火,以降低屈服应力,可减小回弹,弯曲后再淬硬。如果条件允许,用拉弯法代替一般弯曲方法。如图3.16(a)所示为拉伸时的应变;图3.16(b)所示为自由弯曲时的应变;图3.16(c)所示为拉弯时总的合成应变;图3.16(d)所示为卸载时的应变;图3.16(e)所示为最后永久变形。

　　ⓒ 从模具结构上采取措施

　　对于常用的塑性材料,如Q215、Q235、10钢、20钢、H62等,一般回弹角小于5°。当材料的厚度偏差较小时,按回弹值修正凸模的角度和半径,并取凸、凹模之间单边间隙等于最小板厚,使零件回弹后满足所要求的角度,如图3.17所示。此法称为补偿法,是消除回弹比较简单的方法,在生产中常用。对于板厚$t>0.8$的软料,当弯曲半径不大时,可将凸模做成图3.18所示的形状,从而减小回弹。

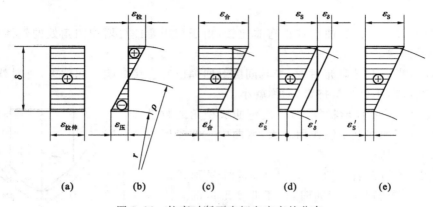

图 3.16　拉弯时断面内切向应变的分布

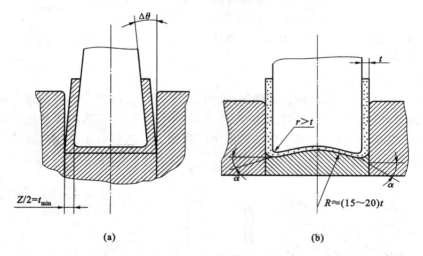

图 3.17　补偿法

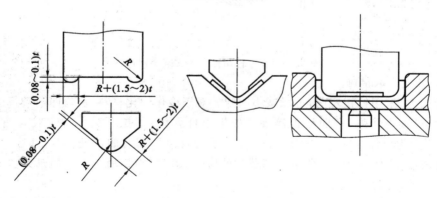

图 3.18　改变凸模形状减小回弹

对于 r/t 较大的 U 形件,在不影响使用条件下,可把凸模和反顶板制成图 3.19 所示的圆弧形状,使该部位在卸载后产生内闭回弹,以抵消圆角区的外开回弹。如果圆弧半径 R 调整合适,有可能使零件两直边保持平行。

对于一般材料(如 Q235、Q275、10、20、H62 等),可增加压料力[图 3.20(a)]或减小凸、凹模之间的间隙[图 3.20(b)]，以增加拉应变，减小回弹。

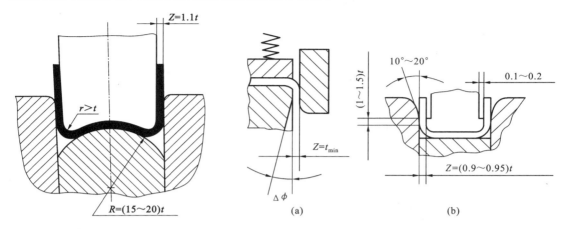

图 3.19　使底边成弧形抵消回弹　　　　　　　图 3.20　增加拉应变减小回弹

在弯曲件的端部加压，可以获得精确的弯边高度，并由于改变了变形区的应力状态，使弯曲变形区从内到外都处于压应力状态，从而减小了回弹（图 3.21）。

采用橡胶凸模（或凹模），使坯料紧贴凹模（或凸模），以减小非变形区对回弹的影响（图 3.22）。

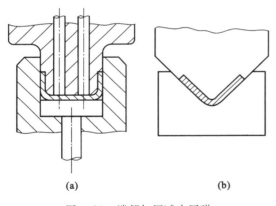

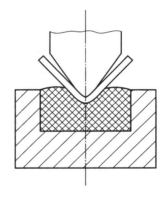

图 3.21　端部加压减小回弹　　　　　　　　　图 3.22　橡胶弯曲

③ 弯曲时的偏移

a. 偏移现象的产生

坯料在弯曲过程中沿凹模圆角滑移时，会受到凹模圆角处摩擦阻力的作用。当坯料各边所受的摩擦阻力不等时，有可能使坯料在弯曲过程中沿零件的长度方向产生移动，使零件两直边的高度不符合图样的要求，这种现象称为偏移。产生偏移的原因很多，如图 3.23（a）、图 3.23（b）所示为零件坯料形状不对称造成的偏移；图 3.23（c）所示为零件结构不对称造成的偏移；图 3.23（d）、（e）所示为弯曲模结构不合理造成的偏移。此外，凸模与凹模的圆角不对称、间隙不对称等，也会导致弯曲时产生偏移现象。

b. 克服偏移的措施

ⓐ 采用压料装置，使坯料在压紧的状态下逐渐弯曲成型，从而防止坯料的滑动，而且能得到较平整的零件。如图 3.24（a）、（b）所示。

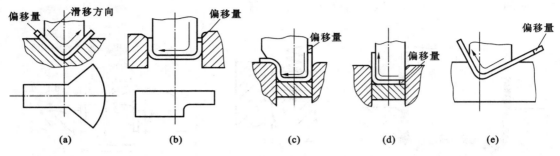

图 3.23　弯曲时的偏移现象

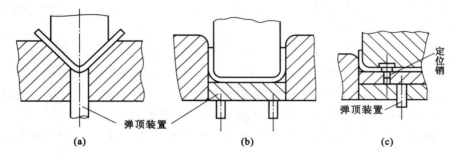

图 3.24　克服偏移的措施(一)

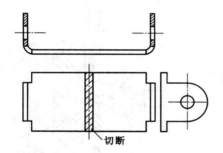

图 3.25　克服偏移的措施(二)

ⓑ 利用坯料上的孔先冲出工艺孔,用定位销插入孔内再弯曲,使坯料无法移动,如图 3.24(c)所示。

ⓒ 将不对称形状的弯曲件组合成对称弯曲件弯曲,然后再切开,使坯料弯曲时受力均匀,不容易产生偏移,如图 3.25 所示。

ⓓ 模具制造准确,间隙调整一致。

3.2.2　弯曲件工艺性分析及工序安排

具有良好工艺性的弯曲件,能简化弯曲工艺过程和提高弯曲件的精度,并有利于模具的设计和制造。弯曲件的工艺性涉及材料、结构工艺性等,以下主要介绍弯曲件的结构工艺性。

(1) 弯曲件的工艺性分析

① 材料分析

如果弯曲件的材料具有足够的塑性,屈强比小,屈服点和弹性模量的比值小,则有利于弯曲成型和工件质量的提高。如软钢、黄铜和铝等材料的弯曲成型性能好。而脆性大的材料,如磷青铜、铍青铜和弹簧钢等,回弹大,不利于成型。

② 结构分析

a. 最小弯曲半径和弯曲件的弯边高度

ⓐ 弯曲半径　弯曲件的弯曲半径不宜小于最小弯曲半径,也不宜过大。因为过大时,受到回弹的影响,弯曲的角度与弯曲半径的精度都不易保证。

ⓑ 弯边高度　弯曲件的弯边高度不宜过小,其值应为 $h > r + 2t$,如图 3.26(a)所示。当 h

较小时,弯边在模具上支持的长度过小,不容易形成足够的弯矩,很难得到形状准确的工件。若 $h < r + 2t$ 时,则须先压槽,或增加弯边高度,弯曲后再切掉[图 3.26(b)]。如果所弯直边带有斜角,则在斜边高度小于 $r + 2t$ 的区段不可能弯曲到要求的角度,而且此处也容易开裂[图 3.26(c)]。因此必须改变零件的形状,加高弯边尺寸[图 3.26(d)]。

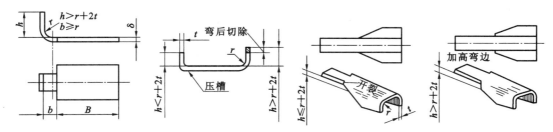

图 3.26 弯曲件的弯边高度

b. 预冲工艺孔或切槽

如图 3.27 所示,对阶梯形坯料进行局部弯曲时[图 3.27(a)],在弯曲线与外形轮廓相一致的情况下,会使根部撕裂或畸变,这时应改变弯曲线的位置[图 3.27(b)]。必要时,在弯曲部分与不弯曲部分之间切槽或在弯曲前冲出工艺孔[图 3.27(c)、(d)、(e)],工艺槽深度 A 大于弯曲半径,槽宽 B 大于材料厚度。

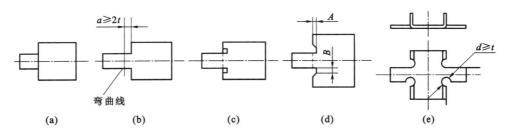

图 3.27 改变弯曲线的位置及预冲工艺槽孔

c. 弯曲件孔边距离

弯曲有孔的工序件时,如果孔位于弯曲变形区内,则弯曲时孔要变形。为此必须使孔处于变形区之外(图 3.28)。一般孔边至弯曲半径 r 中心的距离按料厚确定,即当 $t < 2$ 时,$L \geq t$;当 $t \geq 2$ 时,$L \geq 2t$。

如果孔边至弯曲半径 r 中心的距离过小,为防止弯曲时孔变形,可采取冲凸缘形缺口或月牙槽的措施[图 3.29(a)、(b)]。或在弯曲变形区内冲工艺孔,以转移变形区[图 3.29(c)]。

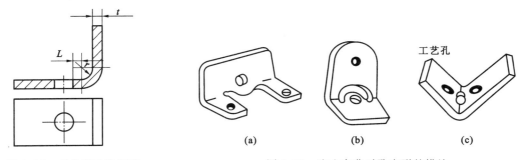

图 3.28 弯曲件孔边距离　　　　图 3.29 防止弯曲时孔变形的措施

　　d. 弯曲件的几何形状

　　弯曲件应尽量设计成对称状,弯曲半径左右一致,以防弯曲变形时坯料受力不均而产生偏移。有些带缺口的弯曲件,如图 3.30 所示,若将坯料冲出缺口,弯曲变形时会出现叉口,严重时无法成型,这时应在缺口处留连接带,待弯曲成型后再将连接带切除。

　　e. 弯曲件的尺寸标注

　　尺寸标注对弯曲件的工艺有很大的影响。例如,图 3.31 所示是弯曲件孔的位置尺寸的三种标注法。对于第一种标注法,孔的位置精度不受坯料展开长度和回弹的影响,将大大简化工艺和模具设计。因此在不要求弯曲件有一定装配关系时,应尽量考虑冲压工艺的方便来标注尺寸。

　　如图 3.31(a)所示可以采用先落料冲孔(复合工序)、然后压弯成型的方法,工艺比较简单。图 3.31(b)、(c)所示的尺寸标注方法,冲孔只能在压弯成型后进行,这会造成许多不便。

弯后切除连接带

图 3.30　增添连接带的弯曲件

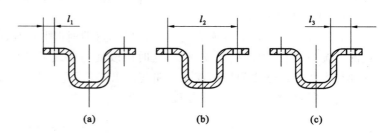

图 3.31　尺寸标注对弯曲工艺的影响

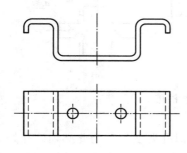

图 3.32　定位工艺孔的设置

　　f. 定位工艺孔的设置

　　对于弯曲形状较复杂或需多次弯曲的工件,为了防止弯曲时毛坯偏移造成工件质量不稳定,甚至出现废品,在结构允许的条件下,可在工件不变形部位设置定位工艺孔,如图 3.32所示,作为弯曲工序件在各次弯曲模上共同的定位基准。

　　(2) 弯曲件的工序安排

　　弯曲件的工序安排应根据零件的形状、尺寸、精度等级、生产批量以及材料的性能等因素进行考虑。弯曲工序安排合理,则可以简化模具结构,提高零件质量和劳动生产率。

　　① 弯曲件的工序安排原则

　　a. 需多次弯曲时,弯曲次序一般是先弯两端,后弯中间部分。

　　b. 后一次弯曲工序不影响前次弯曲部分的成型。

　　c. 本次弯曲必须考虑到后次弯曲时有合适的定位基准。

　　d. 当弯曲件几何形状不对称时,应尽量成对弯曲。

　　工序安排如果有几种不同的方案,需要进行比较才能确定,应尽量做到在满足工件精度质量要求的前提下,减少工序次数,简化模具结构,提高生产效率。

　　② 弯曲件工序安排的方法

　　a. 对于形状简单的弯曲件,如 V 形、U 形、Z 形工件等,可以采用一次弯曲成型,如图 3.33所示。

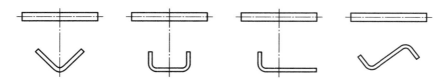

图 3.33   一次弯曲成型

b. 对于形状复杂的弯曲件,一般需要采用二次或多次弯曲成型,如图 3.34、图 3.35 所示。

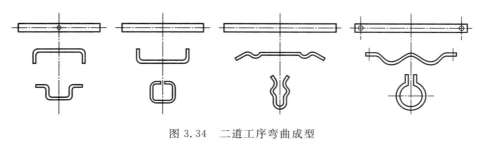

图 3.34   二道工序弯曲成型

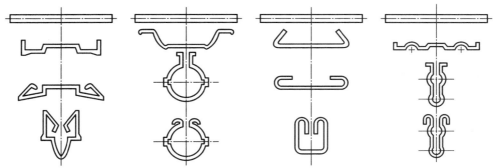

图 3.35   三次工序弯曲成型

c. 对于批量大而尺寸较小的弯曲件,为操作方便、安全,保证弯曲件的准确性和提高生产率,应尽可能采用连续模、专用模或复合模,如图 3.36 所示。

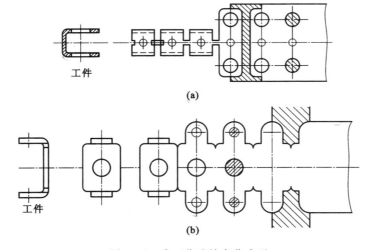

(a)

(b)

图 3.36   多工位连续弯曲成型

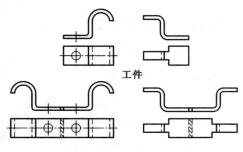

图 3.37　成对弯曲变形

（1）弯曲件毛坯展开尺寸

① 中性层和中性层位置的确定

根据中性层的定义，弯曲件的坯料长度应等于中性层的展开长度。因此，确定中性层位置是计算弯曲件弯曲部分长度的前提。坯料在塑性弯曲时，中性层发生了内移，相对弯曲半径越小，中性层内移量越大。弯曲中性层位置的确定，可按以下两条原则为计算的依据：

a. 变形区弯曲变形前后体积不变；

b. 应变中性层弯曲变形前后长度不变。

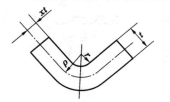

图 3.38　中性层位置

d. 当弯曲件几何形状不对称时，为避免压弯时坯料偏移，应尽量采用成对弯曲，然后再切成两件的工艺，实践证明这种方法效果较好（图 3.37）。

3.2.3　弯曲工艺计算

弯曲件的工艺计算内容包括坯料展开尺寸、排样、材料利用率、冲裁力、弯曲力、卸料力、压力中心的计算和设备类型。

中性层位置以曲率半径 ρ 表示（图 3.38），通常用下列经验公式确定：

$$\rho = r + xt \qquad (3.1)$$

式中　　r——零件的内弯半径；

　　　　t——材料厚度；

　　　　x——中性层位移系数，见表 3.2。

表 3.2　板料弯曲时中性层位移系数 x

r/t	0.1	0.2	0.3	0.4	0.5	0.6	0.7	0.8	1	1.2
x	0.21	0.22	0.23	0.24	0.25	0.26	0.28	0.3	0.32	0.33
r/t	1.3	1.5	2	2.5	3	4	5	6	7	$\geqslant 8$
x	0.34	0.36	0.38	0.39	0.4	0.42	0.44	0.46	0.48	0.5

图 3.39　弯曲件

② 弯曲件展开尺寸的计算

在中性层计算的基础上，弯曲件毛坯展开尺寸计算的方法是：将零件划分为直线和圆角，直线部分的长度不变，而圆角部分长度按应变中性层相对移动后计算，各部分长度的总和即毛坯展开尺寸。

a. 有圆角半径的弯曲

一般将 $r > 0.5t$ 的弯曲称为有圆角半径的弯曲。由于变薄不严重，按中性层展开的原理，坯料总长度应等于弯曲件直线部分和圆弧部分长度之和（图 3.39），即：

$$L_z = l_1 + l_2 + \frac{\pi\rho\varphi}{180} = l_1 + l_2 + \frac{\pi\varphi(r + xt)}{180} \quad (3.2)$$

式中　L_z——坯料展开总长度；

　　　　φ——弯曲带中心角($°$)。

b. 圆角半径很小($r<0.5t$)的弯曲

对于 $r<0.5t$ 的弯曲件，由于弯曲变形时不仅零件的变形圆角区严重变薄，而且与其相邻的直边部分也变薄，故应按变形前后体积不变条件确定坯料长度。通常采用表 3.3 所列公式进行计算。

表 3.3　$r<0.5t$ 的弯曲件坯料长度计算公式

简　　图	经　验　公　式
（图）	$L_z=l_1+l_2+0.4t$
（图）	$L_z=l_1+l_2+l_3+0.6t$ （一次同时弯曲 2 个角）
（图）	$L_z=l_1+l_2-0.43t$
（图）	$L_z=l_1+2l_2+2l_3+t$ （一次同时弯曲 4 个角） $L_z=l_1+2l_2+2l_3+1.2t$ （分两次同时弯曲 4 个角）

c. 铰链式弯曲件

对于 $r=(0.6\sim3.5)t$ 的铰链件，如图 3.40 所示，通常采用卷圆的方法成型。在卷圆过程中，坯料增厚，中性层外移，其坯料长度 L_z 可按下式近似计算：

$$L_z=l+1.5\pi(r+x_1t)+r$$
$$\approx l+5.7r+4.7x_1t \qquad (3.3)$$

式中　l——直线段长度；

　　　　r——铰链内半径；

　　　　x_1——中性层位移系数，见表 3.4。

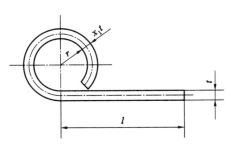

图 3.40　铰链式弯曲件

表 3.4　卷边时中性层位移系数

r/t	0.5~0.6	0.6~0.8	0.8~1	1~1.2	1.2~1.5	1.5~1.8	1.8~2	2~2.2	>2.2
x_1	0.76	0.73	0.7	0.67	0.64	0.61	0.58	0.54	0.5

　　一般的板料弯曲绝大部分属宽板弯曲,根据变形区弯曲变形前后体积不变的条件,板厚变薄的结果必然使板料长度增加。相对弯曲半径 r/t 愈小,板厚变薄量愈大,板料长度增加愈大。因此,对于相对弯曲半径 r/t 较小的弯曲件,必须考虑弯曲后材料的增长。此外,还有许多因素影响了弯曲件的展开尺寸,例如材料性能、凸模与凹模的间隙、凹模圆角半径、凹模深度、模具工作部分的表面粗糙度等。变形速度、润滑条件等也有一定影响。所以上述公式只能用于形状比较简单,尺寸、精度要求不高的弯曲件。而对于形状比较复杂或精度要求高的弯曲件,在利用上述公式初步计算坯料长度后,还需反复试弯,不断修正,才能最后确定坯料的形状及尺寸。故在生产中宜先制造弯曲模,后制造落料模。

　　(2) 弯曲模具工作部分设计

　　弯曲模工作部分尺寸包括:凸、凹模圆角半径,凹模深度。对 U 形件还有模具间隙及凸、凹模工作尺寸与制造公差等。

　　① 凸模圆角半径 r_T

　　当零件的相对弯曲半径 r/t 较小时,凸模圆角半径 r_T 取等于零件的弯曲半径,但不应小于表 3.1 所列出的最小弯曲半径。

　　当 r/t 较大,精度要求较高时则应考虑回弹,将凸模圆角半径 r_T 加以修改。

　　② 凹模圆角半径 r_A

　　如图 3.41 所示为弯曲凸、凹模的结构尺寸。凹模圆角半径 r_A 不应该过小,以免擦伤零件表面,影响冲模的寿命,凹模两边的圆角半径应一致,否则在弯曲时坯料会发生偏移。r_A 值通常根据材料厚度取为:

当 $t \leqslant 2$,　　　　　　　　　　$r_A = (3 \sim 6)t$

$t = 2 \sim 4$,　　　　　　　　　　$r_A = (2 \sim 3)t$

$t > 4$,　　　　　　　　　　　　$r_A = 2t$

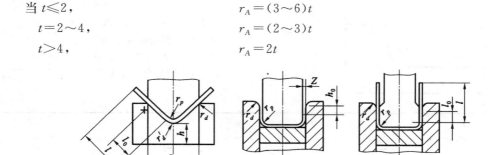

图 3.41　弯曲模结构尺寸

　　V 形件弯曲凹模的底部可开槽,或取半径为 $(0.6 \sim 0.8)(r_T + t)$ 的小圆角形,有利于减少回弹。

　　③ 凹模深度 l_0

　　凹模的工件深度将决定板料的进模深度,对于常见的 V 形、U 形弯曲件,弯曲时不需全部直边都进入凹模内。只有当直边长度较小且尺寸精度要求较高时,才采用图 3.41(b)所示的模具结构,使直边全部进入凹模内。

　　V 形件弯曲模:凹模深度 l_0 及底部最小厚度 h 值可查表 3.5。但应保证开口宽度 L_A 之值不能大于弯曲坯料展开长度的 0.8 倍。

表 3.5　弯曲 V 形件时凹模深度 l_0 及底部最小厚度 h　　　（单位:mm）

弯曲件边长 L	材料厚度 t					
	<2		2～4		>4	
	h	l_0	h	l_0	h	l_0
10～25	20	10～15	22	15	—	—
25～50	22	15～20	27	25	32	30
50～75	27	20～25	32	30	37	35
75～100	32	25～30	37	35	42	40
100～150	37	30～35	42	40	47	50

　　弯曲 U 形件时,对于弯边高度不大或要求两边平直的 U 形件,则凹模深度应大于零件的高度,如图 3.41(b)所示,图中值见表 3.6;对于弯边高度较大,而平直度要求不高的 U 形件,可采用图 3.41(c)所示的凹模形式,凹模深度 l_0 值见表 3.7。

表 3.6　弯曲 U 形件时凹模的 h_0 值　　　（单位:mm）

材料厚度 t	≤1	1～2	2～3	3～4	4～5	5～6	6～7	7～8	8～10
h_0	3	4	5	6	8	10	15	20	25

表 3.7　弯曲 U 形件的凹模深度 l_0 值　　　（单位:mm）

弯曲件边长 L	材料厚度				
	≤1	1～2	2～4	4～6	6～10
<50	15	20	25	30	35
50～75	20	25	30	35	40
75～100	25	30	35	40	40
100～150	30	35	40	50	50
150～200	40	45	55	65	65

　　④ 弯曲凸模和凹模的间隙

　　V 形件弯曲模的凸、凹模间隙是靠调整压力机的装模高度来控制的,设计时可以不考虑。对于 U 形件弯曲模,则应当选择合适的间隙。间隙过小,会使零件弯边厚度变薄,降低凹模的寿命,增大弯曲力。间隙过大,则回弹大,降低零件的精度。U 形件弯曲模的凸、凹模单边间隙一般可按下式计算:

$$Z = t_{max} + ct = t + \Delta + ct \tag{3.4}$$

式中　Z——弯曲模凸、凹模单边间隙;

　　　t——零件材料厚度(基本尺寸);

　　　Δ——材料厚度的上偏差;

c——间隙系数,可查表3.8。

表 3.8　U 形件的间隙系数 c

弯曲件高度 H	材料厚度 t								
	$b/H \leqslant 2$				$b/H > 2$				
	<0.5	0.6~2	2.1~4	4.1~5	<0.5	0.6~2	2.1~4	4.1~7.5	7.5~12
10	0.05	0.05	0.04	—	0.10	0.10	0.08	—	—
20	0.05	0.05	0.04	0.03	0.10	0.10	0.08	0.06	0.06
35	0.07	0.05	0.04	0.03	0.15	0.10	0.08	0.06	0.06
50	0.10	0.07	0.05	0.04	0.20	0.15	0.10	0.06	0.06
70	0.10	0.07	0.05	0.05	0.20	0.15	0.10	0.06	0.06
100	—	0.07	0.05	0.05	—	0.15	0.10	0.10	0.08
150	—	0.10	0.07	0.05	—	0.20	0.15	0.10	0.10
200	—	0.10	0.07	0.07	—	0.20	0.15	0.15	0.10

当零件精度要求较高时,其间隙应适当减小,取 $Z=t$。

⑤ U 形件弯曲凸、凹模横向尺寸及公差确定

U 形件弯曲凸、凹模横向尺寸及公差的原则是:零件标注外形尺寸时[图 3.42(a)],应以凹模为基准件,间隙取在凸模上。零件标注内形尺寸时[图 3.42(b)],应以凸模为基准件,间隙取在凹模上。而凸、凹模的尺寸和公差则应根据零件的尺寸、公差、回弹情况以及模具磨损规律而定。

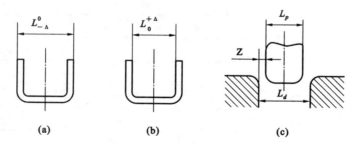

图 3.42　标注内形和外形的弯曲件及模具尺寸

当零件标注外形尺寸时,则:

$$L_A = (L_{max} - 0.75\Delta)_0^{+\delta_A}$$

$$L_T = (L_A - 0.75\Delta)_{-\delta_T}^0$$

当零件标注内形尺寸时,则:

$$L_T = (L_{min} + 0.75\Delta)_{-\delta_T}^0$$

$$L_A = (L_T + 2Z)_0^{+\delta_A}$$

上四式中　L_T、L_A——凸、凹模横向尺寸;

　　　　　L_{max}——弯曲件横向的最大极限尺寸;

　　　　　L_{min}——弯曲件横向的最小极限尺寸;

Δ——弯曲件横向的尺寸公差;

δ_T、δ_A——凸、凹模的制造公差,可采用 IT7～IT9 级精度,一般可取凸模的精度比
凹模精度高一级;

Z——弯曲模间隙。

(3) 弯曲力计算和设备选择

弯曲力是设计弯曲模和选择压力机的重要依据,特别是在弯曲坯料较厚、弯曲线较长、
相对弯曲半径较小、材料强度较大,而压力机的公称压力有限的情况下,必须对弯曲力进行
计算。

① 自由弯曲时的弯曲力

V 形件弯曲力

$$F_{自} = \frac{0.6KBt^2\sigma_b}{r+t} \tag{3.5}$$

U 形件弯曲力

$$F_{自} = \frac{0.7KBt^2\sigma_b}{r+t} \tag{3.6}$$

上两式中　$F_{自}$——自由弯曲在冲压行程结束时的弯曲力;

　　　　　B——弯曲件的宽度;

　　　　　t——弯曲件材料厚度;

　　　　　r——弯曲件的内弯曲半径;

　　　　　K——安全系数,一般取 $K=1.3$。

② 校正弯曲时的弯曲力

校正弯曲是在自由弯曲阶段后,进一步对贴合于凸、凹模表面的弯曲件进行挤压,其弯曲
力比自由弯曲力大得多。因两个力并非同时存在,校正弯曲时只需计算校正弯曲力,即:

$$F_{校} = AP \tag{3.7}$$

式中　$F_{校}$——校正弯曲力;

　　　A——校正部分的投影面积;

　　　P——单位面积校正力,其值见表 3.9。

表 3.9　单位面积校正力 P　　　　　　　　　　（单位:MPa）

材料	料　厚 t(mm)		材料	料　厚 t(mm)	
	≤3	3～10		≤3	3～10
铝	30～40	50～60	25～35 钢	100～120	120～150
黄铜	60～80	80～100	钛合金 BT1	i60～180	180～210
10～20 钢	80～100	100～120	钛合金 BT2	160～200	200～260

必须指出,在一般机械压力机上,校模深浅(即压力机闭合高度的调整)和工件厚度的微小
变化会极大地改变校正力数值。

弯曲力的变化曲线如图 3.43 所示。

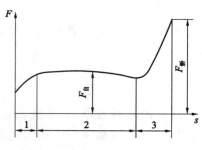

图 3.43 弯曲力的变化曲线
1—弹性弯曲阶段;2—自由弯曲阶段;
3—校正弯曲阶段

③ 顶件力或压料力

若弯曲模设有顶件装置或压料装置,其顶件力(或压料力)F_D(或 F_Y)可近似取自由弯曲力的 $30\% \sim 80\%$,即:

$$F_D = (0.3 \sim 0.8)F_{自}$$

④ 压力机公称压力的确定

对于有压料的自由弯曲:

$$F_{压机} \geqslant F_{自} + F_Y$$

对于校正弯曲,由于校正弯曲力比压料力或顶件力大得多,故 F_Y 一般可以忽略,即:

$$F_{压机} \geqslant F_{自}$$

一般情况下,压力机的公称压力应大于或等于冲压总工艺力的 1.3 倍,因此,取压力机的压力为:

$$F_{压机} \geqslant 1.3F_{总}$$

3.2.4 典型弯曲模具设计

弯曲模没有固定的结构形式,结构设计也没有冲裁模那样的典型组合可供参考。一个简单的四角形弯曲件,采取一次弯成或多次弯成,模具可能设计得很简单,也可能设计得十分复杂。一般来讲,设计简单的单工序弯曲模,要比设计复杂的复合工序弯曲模可靠,调整也方便,但生产率较低,尺寸精度不易保证,还会增加不安全因素。因此,设计弯曲模应依据工件的材料性能、尺寸精度及生产批量要求,选择合理的工序方案,来确定弯曲模结构形式。设计复合程度高的弯曲模,一般应经过单工序弯曲模生产验证,确信没有问题后再设计比较合适,以免造成时间和材料的浪费。

(1)V 形件弯曲模

① 普通 V 形件弯曲模

V 形件形状简单,能一次弯曲成型。V 形件的弯曲方法通常有沿弯曲件角平分线方向的 V 形弯曲法和垂直于一边方向上的 L 形弯曲法。

如图 3.44(a)所示为简单的 V 形件弯曲模,其特点是结构简单、通用性好,但弯曲时坯料容易偏移,影响零件精度。如图 3.44(b)、(c)、(d)所示分别为带有定位尖、顶杆、V 形顶板的模具结构,可以防止坯料滑动,提高零件精度。如图 3.44(e)所示的 L 形弯曲模,由于有顶板及定位销,可以有效防止弯曲时坯料的偏移,得到边长偏差为 0.1 的零件。反侧压块的作用是克服上、下模之间水平方向的错移力,同时也为顶板起导向作用,防止其窜动。

② V 形件精弯模

如图 3.45 所示为 V 形件精弯模。两块活动凹模 4 通过转轴 5 铰接,定位板 3(或定位销)固定在活动凹模上。弯曲前顶杆 7 将转轴顶到最高位置,使两块活动凹模成一平面。在弯曲过程中坯料始终与活动凹模和定位板接触,以防止弯曲过程中坯料偏移。这种结构特别适用于有精确孔位的小零件、坯料不易放平稳的带窄零件以及没有足够压料面的零件。

(2)U 形件弯曲模

① 普通 U 形件弯曲模

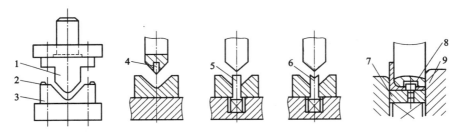

图 3.44 V形件弯曲模的一般结构形式

1—凸模；2—定位板；3—凹模；4—定位尖；5—顶杆；6—V形顶板；7—顶板；8—顶料销；9—反侧压块

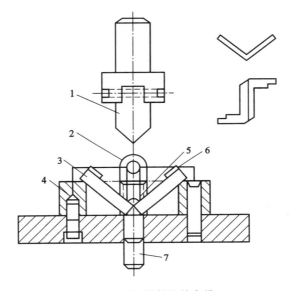

图 3.45 V形件的精弯模

1—凸模；2—支柱；3—折板活动凹模；4—靠板；5—铰链；6—定位板；7—顶杆

常用的 U 形件弯曲模有图 3.46 所示的几种结构形式。如图 3.46(a)所示结构最为简单，用于底部不要求平整的弯曲件。图 3.46(b)所示用于底部要求平整的弯曲件。图 3.46(c)所示用于料厚公差较大而外侧尺寸要求较高的弯曲件，其凸模为活动结构，可随料厚自动调整凸模横向尺寸。图 3.46(c)所示用于料厚公差较大而内侧尺寸要求较高的弯曲件，凹模两侧为活动结构，可随料厚自动调整凹模横向尺寸。图 3.46(e)所示为 U 形精弯模，两侧的凹模活动镶块用转轴分别与顶板铰接。弯曲前顶杆将顶板顶出凹模面，同时顶板与凹模活动镶块成一

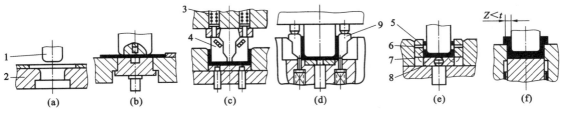

图 3.46 U形弯曲模

1—凸模；2—凹模；3—弹簧；4—凸模活动镶块；5、9—凹模活动镶块；6—定位销；7—转轴；8—顶板

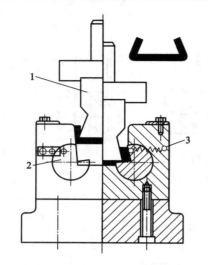

图 3.47　弯曲角小于 90°的 U 形弯曲模

1—凸模；2—转动凹模；3—弹簧

平面,镶块上有定位销供工序定位之用。弯曲时工序件与凹模活动镶块一起运动,这样就保证了两侧孔的同轴。图 3.46(f)所示为弯曲件两侧壁厚变薄的弯曲模。

② 弯曲角小于 90°的 U 形弯曲模

如图 3.47 所示是弯曲角小于 90°的 U 形弯曲模。压弯时凸模首先将坯料弯成 U 形,当凸模继续下压时,两侧的转动凹模使坯料最后压弯成弯曲角小于 90°的 U 形件。凸模上升,弹簧使转动凹模复位,U 形件则由垂直于图面方向从凸模上卸下。

(3) ⊓⌐ 形件弯曲模

① 一次弯曲成型

如图 3.48 所示为一次成型弯曲模。由图 3.48(a)可以看出在弯曲过程中由于凸模肩部妨碍了坯料的转动,外角弯曲线位置不固定,由 B 点到 C 点,坯料通过凹模圆角的摩擦力增大,使弯曲件侧壁容易擦伤和变薄,同时弯曲件两肩部与底面不易平行[图 3.48(c)]。特别是材料厚、弯曲件直壁高、圆角半径小时,这一现象更为严重。

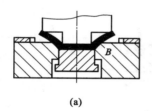
(a)

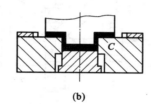
(b)

(c)

图 3.48　⊓⌐ 形件一次成型弯曲模

② 二次弯曲成型

为了保证弯曲过程中仅在零件确定的弯曲位置上进行弯曲,提高弯曲件质量,可用图 3.49、图 3.50、图 3.51 所示的弯曲模。

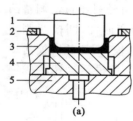
(a)

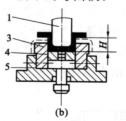
(b)

图 3.49　⊓⌐ 形件两次成型弯曲模

(a) 首次弯曲；(b) 二次弯曲

1—凸模；2—定位板；3—凹模；4—顶板；5—下模座

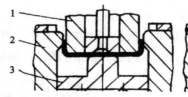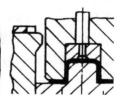

图 3.50　两次弯曲复合的 ⊓⌐ 形件弯曲模

1—凸凹模；2—凹模；3—活动凸模

如图 3.49 所示为两次成型弯曲模,先弯外角后弯内角,采用两副模具弯曲,为了保证弯内角时[图 3.49(b)]凹模有足够的强度,弯曲件高度 H 应为$(12\sim15)t$。

图 3.50 所示为两次弯曲复合的 ⊓⌐ 形件弯曲模。凸、凹模下行,先使坯料通过凹模压弯

成 U 形,凸、凹模继续下行与活动凸模作用,最后压弯成型。这种结构需要凹模下腔空间较大,以方便零件侧边的转动。

③ 复合弯曲成型

如图 3.51 所示为两次弯曲复合的另一种结构形式。坯料放在凹模 1 面上靠两侧挡板定位,凹模下行,利用活动凸模 2 的弹压力先将坯料弯成 U 形。凹模继续下行,当推板 5 与凹模底面接触时,便强迫凸模向下运行,在铰接于凸模侧面的一对摆块 3 的作用下最后压弯⌐⌐成型。缺点是模具结构复杂。

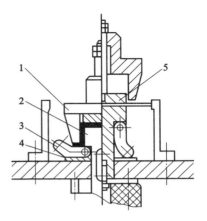

图 3.51　带摆块的⌐⌐形件弯曲模
1—凹模;2—活动凸模;3—摆块;
4—垫块;5—推板

(4) Z 形件弯曲模

Z 形件一次弯曲即可成型,如图 3.52(a)所示结构简单,无压料装置,压弯时坯料易滑动,只适用于精度要求不高的零件。

如图 3.52(b)、(c)所示为有顶板 1 和定位销 2 的 Z 形件弯曲模,能有效防止坯料的偏移。反侧压块 3 的作用是克服上、下模之间水平方向的错移力,同时也为顶板导向。

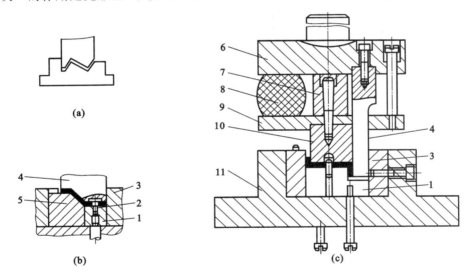

图 3.52　Z 形弯曲模
1—顶板;2—定位销;3—反侧压块;4—凸模;5—凹模;6—上模座;7—压块;8—橡皮;
9—凸模托板;10—活动凸模;11—下模座

如图 3.52(c)所示的 Z 形件弯曲模,在冲压前活动凸模 10 在橡皮 8 的作用下与凸模 4 端面齐平。冲压时活动凸模与顶板 1 将坯料夹紧,并且由于橡皮弹力较大,推动顶板下移使坯料左端弯曲。当顶板 1 接触下模座 11 后,橡皮 8 压缩,则凸模 4 相对活动凸模 10 下移将坯料右端弯曲成型。当压块 7 与上模座 6 相碰时,整个零件得到校正。

(5) 圆形件弯曲模

圆形件的尺寸大小不同,其弯曲方法也不同,一般按直径分为小圆和大圆两种。

① 直径 $d \leqslant 5$ 的小圆形件

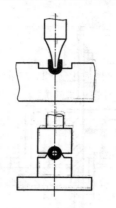

图 3.53　小圆两次弯曲模

弯小圆的方法是先弯成 U 形,再将 U 形弯成圆形。用两副简单模弯圆的方法见图 3.53。由于零件小,分两次弯曲操作不方便,故可将两道工序合并。

如图 3.54 所示的一次压弯模,适用于软材料和中小直径圆形件的弯曲。

坯料用凹模固定板 1 上的定位槽定位。当上模下行时,芯轴凸模 5 与下凹模 2 首先将坯料弯成 U 形。上模继续下行时,芯轴凸模 5 带动压料板 3 压缩弹簧,由上凹模 4 将零件最后弯曲成型。上模回程后,零件留在芯轴凸模上,拔出芯轴凸模,零件自动落下。该结构中,上模弹簧的压力必须大于先将坯料压成 U 形时的压力,才能弯曲成圆形。

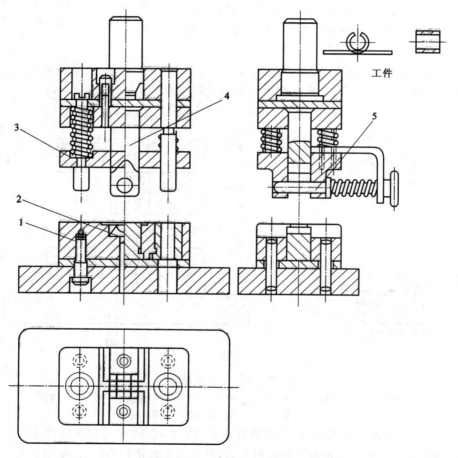

图 3.54　小圆一次压弯模

1—凸模固定板;2—下凹模;3—压料板;4—上凹模;5—芯轴凸模

② 直径 $d \leqslant 20$ 的大圆形件

如图 3.55 所示是用三道工序弯曲大圆的方法,这种方法生产率低,适合于材料厚度较大的零件。

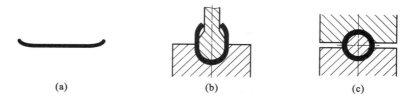

图 3.55 大圆三次弯曲模

（a）首次弯曲；（b）二次弯曲；（c）三次弯曲

如图 3.56 所示是用两道工序弯曲大圆的方法，先预弯成三个 120° 的波浪形，然后再用第二副模具弯成圆形，零件顺凸模轴线方向取下。

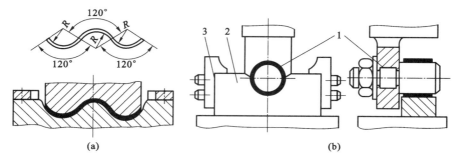

图 3.56 大圆两次弯曲模

（a）首次弯曲；（b）二次弯曲

1—凸模；2—凹模；3—定位板

如图 3.57 所示是带摆动凹模的一次弯曲成型模，凸模下行先将坯料压成 U 形，凸模继续下行，摆动凹模将 U 形弯成圆形。零件可顺凸模轴线方向推开支撑取下。

（6）铰链件弯曲模

如图 3.58 所示为常见的铰链件形式和弯曲工序的安排。预弯模如图 3.59（a）所示。卷圆通常采用推圆法。图 3.59（b）所示是立式卷圆模，结构简单。图 3.59（c）所示是卧式卷圆模，有压料装置，不仅操作方便，零件质量也好。

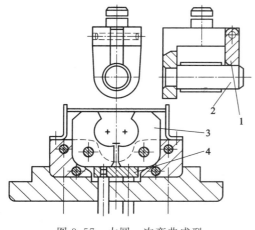

图 3.57 大圆一次弯曲成型

1—支撑；2—凸模；3—摆动凹模；4—顶板

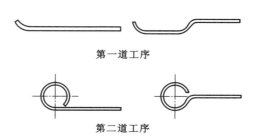

第一道工序

第二道工序

图 3.58 铰链件弯曲工序的安排

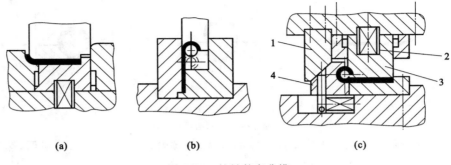

图 3.59　铰链件弯曲模
1—斜楔；2—弹簧；3—凸模；4—凹模

3.3　项目实施

3.3.1　弯曲模具设计

（1）零件的经济性分析

　　该零件是简单的支撑托架。通过 $\phi6$、$\phi8$ 分别与心轴和机身相连。零件工作时受力不大，对强度、刚度和精度要求不高，零件形状简单对称，为带孔的四直角相反弯曲对称件，$2\times\phi8$ 孔有孔距公差外，弯曲尺寸精度要求不高。由冲裁（落料与冲孔）和弯曲（弯四角）即可成型。冲压的难点在于四角弯曲成型后回弹较大，使制件变形，但通过模具采取措施可以控制。该零件的生产批量不是很大，模具应力求结构简单易制，故不采用复杂的组合工序。零件形状对称，冲裁时受力均匀，更适合冲压。

　　冲压工艺性分析见表 3.10。

表 3.10　冲压工艺性分析

(1) 冲裁工艺性分析			
① 形状	落料长方形 36×102		外形大小适合冲压
	冲圆孔 $\phi6,\phi8$		没有违反冲压原则
② 落料圆角	$R3$	$0.25t=0.75$	没有违反冲压原则
③ 孔边距	对 $2\times\phi6,8$	$1.5t=4.5$	没有违反冲压原则
	最小孔边距 8	$t=3$	没有违反冲压原则
(2) 弯曲工艺性分析			
① 形状	U 形件，四角弯曲，对称		对称件冲压更适合
② 弯曲半径	$R4$	$0.4t=1.2$	没有违反冲压原则
③ 直边高度	弯曲外角 20	$2t=6$	没有违反冲压原则
	弯曲内角 $\phi8$	$2t=6$	没有违反冲压原则

④ 孔边距	距 $\phi6$ 孔边	$2t=6$	由于 $\phi8$ 孔边距弯曲区太近,易于使孔变形,故先弯曲后冲孔
	距 $\phi8$ 孔边 4	$2t=6$	
⑤ 精度	IT14	$2t=6$	为保证 (60 ± 0.37) mm,应先弯曲后冲 $2\times\phi8$ 孔,避免弯曲成型后的回弹对孔距精度的影响,且模具的制造精度定位 IT6
	除两 $\phi8$ 孔距 (60 ± 0.37) mm 的精度是 IT9 外,其余没有更高的要求,故其余尺寸的精度可按 IT12 处理		
⑥ 材料	08 钢	常用材料范围	冲压工艺性好

（2）冲压工艺方案的分析和确定

从零件的结构形状可知,零件所需的冲压基本工序为落料、冲孔、弯曲。根据零件特点和工艺要求,可能有的冲压工艺方案如下。

方案一:落料与冲 $\phi6$ 孔复合,压弯外部两角并使中间两角 l 预弯 $45°$,压弯中间两角,冲 2-$\phi8$孔,如图 3.60 所示。

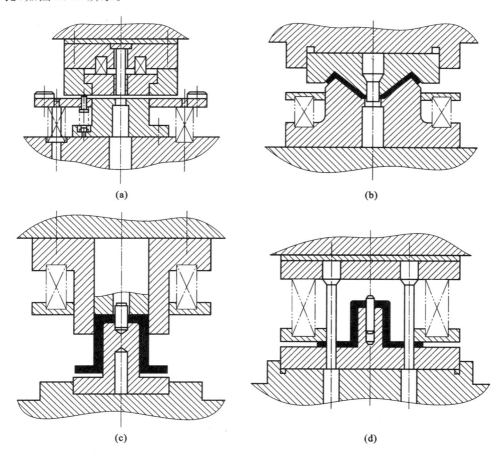

图 3.60　方案一

方案二:落料与冲 $\phi6$ 孔复合,压弯外部两角,压弯中间两角,冲 2-$\phi8$ 孔,如图 3.61 所示。

　　方案三:落料与冲 $\phi6$ 孔复合,二次弯曲 4 个角,冲 2-ϕ8 孔,弯曲工序如图 3.62 所示。

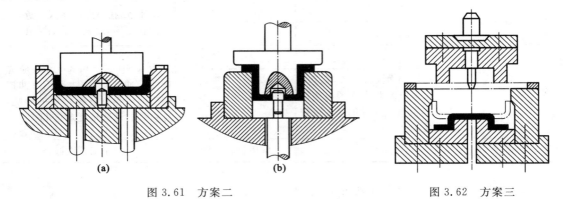

　　　　图 3.61　方案二　　　　　　　　　　　　图 3.62　方案三

　　方案四:冲 $\phi6$ 孔,切断及弯曲外部两角,压弯中间两角,冲 2-ϕ8 孔,如图 3.63 所示。

　　方案五:冲孔、切断及压弯四个角连续冲压,如图 3.64 所示。

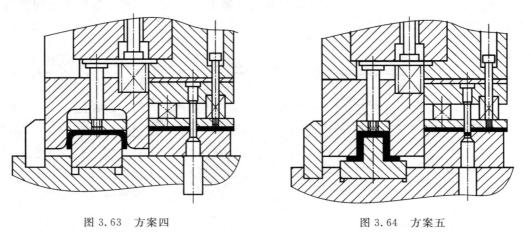

　　　　图 3.63　方案四　　　　　　　　　　　　图 3.64　方案五

　　方案六:级进冲压排样,如图 3.65 所示。

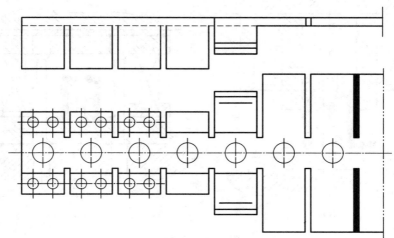

图 3.65　方案六

考虑到该零件的批量不大,为保证各项技术要求,选用方案三。

（3）工艺计算

① 毛坯尺寸

如图 3.66 所示,毛坯各尺寸为:

$$\sum L_a = 2L_1 + 2L_2 + L_3 = 2 \times 20 + 2 \times 4 + 22 = 70$$

则

$$\sum L_b = 4L_4 = 4 \times [1.57 \times (r + K_1 t)] = 4 \times 8 = 32$$

式中 K_1——为中性层系数。

$$L = \sum L_a + \sum L_b = 70 + 32 = 102$$

因此,坯料形状为矩形,尺寸为:102×36。

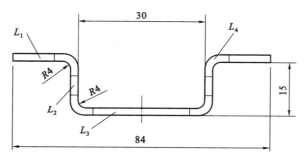

图 3.66 毛坯尺寸

② 排样及材料利用率

由于毛坯尺寸较大,并考虑操作方便与模具尺寸,采用单排最适宜。查表取搭边 $a = 2.8$,$a_1 = 2.5$。

条料宽度:

$$B = 102 + 2 \times 2.8 = 107.6$$

板料规格选用 $3 \times 900 \times 2000$。

a. 采用横裁长排时,如图 3.67 所示。

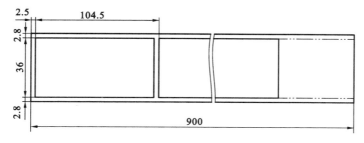

图 3.67 横裁长排法

每板的条数:

$$n_1 = \frac{900}{104.5} = 8.6$$

取 $n_1 = 8$。

每条的工件数：

$$n_2 = \frac{2000}{41.6} = 48.07$$

取 $n_2 = 48$。

每板的工件数：

$$n = n_1 \times n_2 = 8 \times 48 = 384 (件)$$

利用率：

$$\eta = 272 \times 36 \times \frac{104.5}{900} \times 2000 \times 100\% = 80.25\%$$

b. 采用横裁短排法，如图 3.68 所示。

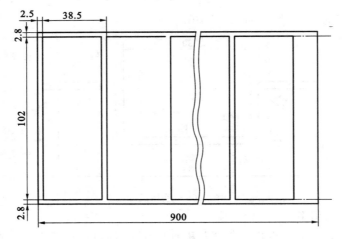

图 3.68　横裁短排法

每板的条数：

$$n_1 = \frac{2000}{107.6} = 18.58$$

取 $n_1 = 18$。

每条的工件数：

$$n_2 = \frac{900}{38.5} = 23.37$$

取 $n_2 = 23$。

每板的工件数：

$$n = n_1 \times n_2 = 18 \times 23 = 414 (件)$$

利用率：

$$\eta = 270 \times 38.5 \times \frac{107.6}{900} \times 2000 \times 100\% = 95.27\%$$

在弯曲纤维方向上，横排时弯曲线与纤维方向垂直，弯曲性能好，08 钢塑性好，为提高效率，降低成本，选用横裁排样。

③ 计算压力及初选冲床

a. 落料与冲孔复合工序

冲裁力：

$$F = Lt\tau = (102 \times 2 + 36 \times 2 + 2 \times \pi \times 6) \times 3 \times 260 = 244670.4 \text{ N} \approx 245 \text{ kN}$$

卸料力：

$$F_1 = K_1 F = 0.04 \times 244670.4 = 9786.8 \text{ N} \approx 10 \text{ kN}$$

推件力：

$$F_2 = n K_2 F = 3 \times 0.045 \times 244670.4 = 33030.5 \text{ N} \approx 33 \text{ kN}$$

冲压力：

$$F_0 = 1.3(F + F_1 + F_2) = 1.3 \times (245 + 10 + 33) = 374.4 \text{ kN}$$

选用 400 kN 冲床。模具的压力中心为零件的几何中心。

b. 弯曲工序

由于二次弯曲，按 U 形弯曲计算。

校正弯曲力：

$$F_2 = Qq = (84 \times 36) \times 80 = 241920 \text{ N}$$

根据车间现有设备，选用 400 kN 冲床。模具的压力中心为零件的几何中心。

c. 冲 $2 \times \phi 8$ 孔工序

冲裁力：

$$F = Lt\tau = 2 \times 8\pi \times 3 \times 260 = 39187 \text{ N}$$

推料力：

$$F_2 = n K_2 F = 3 \times 0.045 \times 39187 = 5290 \text{ N}$$

冲压力：

$$F_0 = 1.3(F + F_2) = 1.3 \times (39187 + 5290)$$
$$= 57820 \text{ N} = 57.82 \text{ kN}$$

选用 100 kN 冲床。模具的压力中心为零件的几何中心。

3.3.2　托架零件的弯曲模具结构

弯曲模的结构与冲压模相似，分上、下两部分，由工作零件(凸模、凹模)、定位零件、卸料装置及导向件、紧固件等组成。但弯曲模的凸模、凹模除一般动作外，有时还需摆动、转动等。

(1) 落料冲孔复合模

落料冲孔复合模的装配图如图 3.69 所示。

(2) 弯曲复合模装配图

① 弯曲开始时

弯曲开始时其弯曲如图 3.70 所示。

② 弯曲外角

弯曲外角的弯曲模如图 3.71 所示。

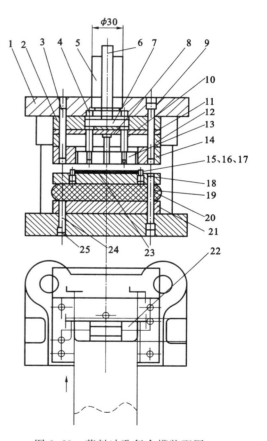

图 3.69　落料冲孔复合模装配图

1—木架；2—隔板；3—圆柱销；4—止转销；

5—压入式模柄；6—打料杆；7—打料块；

8—冲孔凸模；9—螺栓；10—推件杆；

11—垫板；12—凸模固定板；13—推件块；

14—凹模；15—弹性挡料销；16—弹簧；

17—堵头螺栓；18—卸料板；19—螺栓；

20—橡胶；21—凸凹模固定板；22—凸凹模；

23—条料；24—圆柱销；25—螺栓

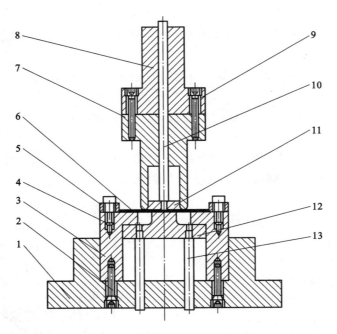

图 3.70 弯曲模装配图（开始时）

1—下模座；2、4、9—螺钉；3—弯曲凹模；5—定位板；6—坯料；7—弯曲凸凹模；8—模柄；
10—打杆；11—推件块；12—凸模；13—顶杆

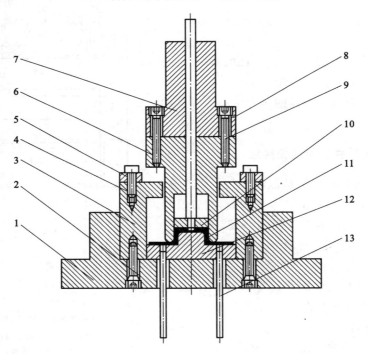

图 3.71 弯曲模装配图（弯曲外角）

1—下模座；2、4、9—螺钉；3—凹模；5—定位板；6—工件；7—凸凹模；8—模柄；10—推杆；
11—推件块；12—凸模；13—顶杆

③ 弯曲内角

弯曲内角的弯曲模如图 3.72 所示。

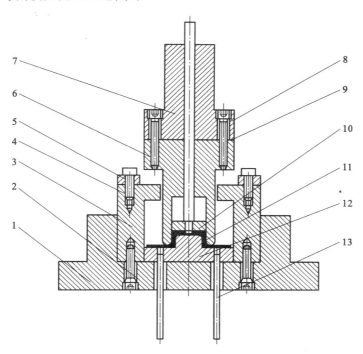

图 3.72 弯曲模装配图(弯曲内角)

1—下模座;2、4、8、9—螺钉;3—凹模;5—定位板;6—凸凹模;7—模柄;10—顶板;11—工件;12—凸模;13—顶杆

3.4 知 识 拓 展

对于其他形状弯曲件,由于品种繁多,其工序安排和模具设计只能根据弯曲件的形状、尺寸、精度要求、材料的性能以及生产批量等来考虑,不可能有一个统一不变的弯曲方法。

(1)滚轴式弯曲模

滚轴式弯曲模如图 3.73 所示,当凸模向下运动时将迫使滚轴转动,迫使板料进一步成型,当模具打开时,弹簧带动滚轴复位,完成弯曲件的加工。

(2)带摆动凸模弯曲模

带摆动凸模弯曲模如图 3.74 所示,当摆动凸模迫使板料发生 U 形弯曲后,随着上面部分的继续下行,摆动凸模向内发生摆动,迫使板料进一步成型。

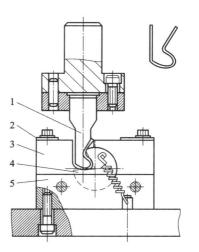

图 3.73 滚轴式弯曲模

1—凸模;2—定位板;

3—凹模;4—滚轴;5—挡板

（3）带摆动凹模的弯曲模

带摆动凹模的弯曲模如图 3.75 所示,当凸模接触板料,随着上模部分的继续下行,摆动凹模向下发生摆动,迫使板料进一步成型。

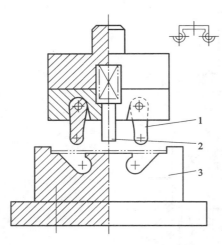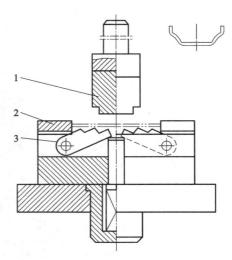

图 3.74　带摆动凸模弯曲模　　　　　图 3.75　带摆动凹模的弯曲模

1—凸模;2—定位板;3—摆动凹模

（4）斜楔机构弯曲模

使用斜楔机构的闭角弯曲模如图 3.76 所示。该模具结构在弯曲时,是靠弹簧将毛坯先弯曲成 U 形的,受弹簧弹力限制,该结构只适用于弯曲薄板。

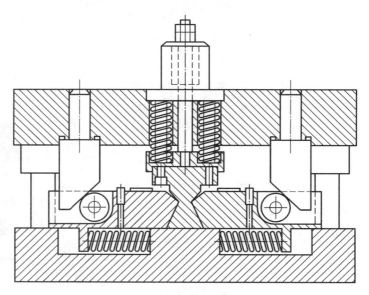

图 3.76　斜楔机构弯曲模

思　考　题

3.1　弯曲时的变形程度用什么来表示？为什么可用它来表示？弯曲时的极限变形程度受哪些因素的影响？

3.2　为什么说弯曲中的回弹是一个不容忽视的问题？试述减小弯曲件回弹的常用措施。

3.3　弯曲过程中坯料可能产生偏移的原因有哪些？如何减小和克服偏移？

3.4　什么是中性层？如何确定中性层的位置？计算图 3.77 所示弯曲件的坯料长度。

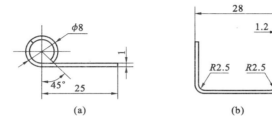

图 3.77　弯曲件

3.5　简述弯曲件工艺分析方法和工序安排的原则。

3.6　简述弯曲模具工作部分参数确定的方法。

项目 4   拉深模具设计

❖ **项目目标**

(1) 能分析各种拉深工艺的成型特点与机理。

(2) 会进行各种拉深工艺的工艺参数计算及模具结构设计。

(3) 会分析各种工艺参数对拉深工艺的影响。

4.1   项 目 分 析

如图 4.1 所示零件，材料为 08 钢，厚度 $t=1$，大批量生产。试确定拉深工艺，设计拉深模。

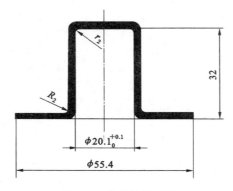

图 4.1   带凸缘筒形件

该零件为带凸缘圆筒形件，零件的形状简单、对称。其毛坯为圆形平板毛坯，冲压工艺方案为落料—多次拉深切边。

4.2   相 关 知 识

拉深（又称拉延）是利用拉深模在压力机的压力作用下，将平板坯料加工成开口空心零件（或开口空心工件进一步改变形状）的加工方法，它是冲压生产中应用最广泛的工序之一。如果与其他冲压工序配合，设计落料拉深复合模具等还可以获得其他复杂形状的零件，因此，它广泛用于汽车、拖拉机、仪表、电子、航空和航天等各种工业部门和日常生活用品的生产中。

拉深成型所用的模具称作拉深模，根据不同的分类标准，拉深模可以分为不同的类型。

一个拉深模具的设计过程就是从对拉深件进行工艺分析开始，然后对拉深模具主要成型部件进行尺寸、结构设计，最后完成拉深模具的整体配置及后处理部分。

4.2.1　拉深变形过程工艺分析

4.2.1.1　拉深变形过程及特点

图 4.2 所示为圆筒形件的拉深过程。直径为 D、厚度为 t 的圆形平板毛坯经过拉深模具的拉深，得到内径为 d、高度为 h 的开口直壁圆筒形件，且 $h > (D-d)/2$。

将如图 4.3 所示的平板坯料的三角形阴影部分 b_1、b_2、b_3、$\cdots$、b_n 切去，留下 a_1、a_2、a_3、$\cdots$、a_n 这样的一些狭条，然后将这些狭条沿直径为 d 的圆周弯折过来，再把它们加以焊接，就可以成为一个圆筒形零件了。这个圆筒形零件的直径 d 可按需要裁取，而其高度为：$h = 1/2(D-d)$。但是，在实际拉深过程中，并没有将阴影部分的三角形材料切掉，这部分材料是在拉深过程中由于产生塑性流动而转移了。这部分被转移的三角形材料，通常称之为"多余三角形"。这部分"多余三角形"材料的转移，一方面要增加零件的高度 Δh，使得 $h > 1/2(D-d)$。另一方面要增加零件的壁部厚度 t，如图 4.4 所示。

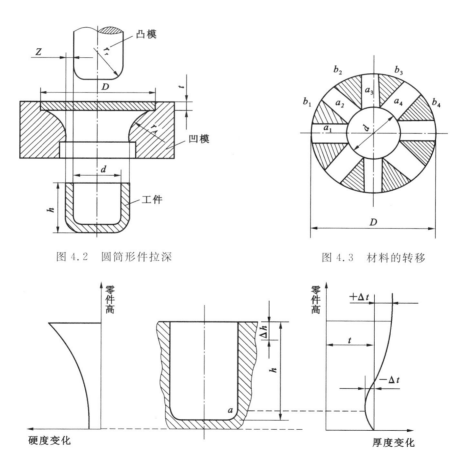

图 4.2　圆筒形件拉深　　　　　　　　　图 4.3　材料的转移

图 4.4　拉深件沿高度方向的硬度和壁厚的变化

为了进一步分析拉深金属的流动情况，再做一个坐标网格实验。在圆形坯料上画许多间距都等于 a 的同心圆和分度相等的辐射线，如图 4.5 所示，由这些同心圆和辐射线组成网格。拉深后网格发生如下变化：① 在圆筒形件底部（直径 d 内）的网格基本保持原来的形状；

② $D\text{-}d$ 环形部分网格发生明显变化,由扇形网格(A_1)变成矩形网格(A_2),该部分拉深后成为筒壁;③ 原来的同心圆变为筒壁上的水平圆周线,而且其间距 a 也增大了,越靠筒的上部增大得越多,即 $a_1 > a_2 > a_3 > \cdots > a$;④ 原来分度相等的辐射线变成了筒壁上的垂直平行线,其间距则完全相等,即 $b_1 = b_2 = b_3 = \cdots = b$。

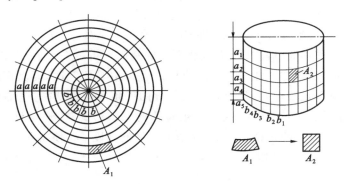

图 4.5　拉深件的网格变化

综上所述,拉深变形时的变形特点为:

① 位于凸模下面的材料基本不变形,拉深后成为筒底;变形主要集中在位于凹模表面的平面凸缘区(即 $D\text{-}d$ 的环形部分),该区是拉深变形的主要变形区。

② 变形区的变形不均匀,沿切向受力而收缩,沿径向受力而伸长,越往口部,压缩和伸长得越多。

如果拿网格中的一个小单元体来看,在拉深前是扇形 A_1,而在拉深后则变成矩形 A_2 了。由于在拉深后,材料厚度变化很小,故可认为拉深前后小单元体的面积不变,即:

$$A_1 = A_2$$

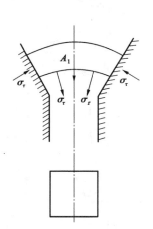

图 4.6　扇形小单元的变形

在变形过程中,可以先把坯料上的扇形小单元体看做是被拉着通过一个假想的楔形槽(图 4.6)而变成矩形的。结果在切线方向被压缩了,而在直径方向则被拉长了。可见,小单元体在切向受到压应力 σ_τ 的作用,而在半径方向受到拉应力 σ_r 的作用。因此,原来扇形的小单元体在拉深后变成矩形。

在实际的拉深过程中,并没有楔形槽,小单元体也不是单独存在的,而是处在相互联系、紧密结合在一起的坯料整体内。在拉深力的作用下,σ_r 是由于各个小单元体材料在半径方向的相互作用(拉伸)产生的,σ_τ 是由于切线方向的相互作用(挤压)产生的。

拉深变形过程可以归结如下:在拉深过程中,因为坯料金属内部的相互作用,使各个金属小单元体之间产生了内应力;在径向产生拉应力 σ_r;在切向产生压应力 σ_τ。在应力 σ_τ、σ_r 共同作用下,凸缘区的材料屈服,产生塑性变形并不断地被拉入凹模内,成为圆筒形件。

由上面的分析可知,拉深时毛坯各部分的应力应变状态不同,而且随着拉深过程的进行应力应变状态还在变化,这使得在拉深变形过程中产生了一些特有的现象。

4.2.1.2　影响拉深过程的因素

影响拉深过程的因素有：

（1）凸缘部分材料的相对厚度

凸缘部分的相对厚度，即为 $t/(D-d)$。凸缘相对厚度越大，即说明 t 较大而 $(D-d)$ 较小，即变形区较窄较厚，因此抗失稳能力强，稳定性好。

（2）切向压应力 σ_τ 的大小

拉深时 σ_τ 的值决定于变形程度，变形程度越大，需要转移的剩余材料越多，加工硬化现象越严重。

（3）材料的力学性能

板料的屈强比小，则屈服极限小，变形区内的切向压应力也相对减小。

（4）凹模工作部分的几何形状

凸模与凹模之间的间隙 Z 应大于板料厚度 t，一般 $Z=(1.1\sim1.3)t$。Z 过小，模具与拉深件间的摩擦增大，易拉裂工件，擦伤工件表面，影响模具寿命；Z 过大，又易使拉深件起皱，影响拉深件精度。凸凹模端部的边缘都有适当的圆角，$r_A\geqslant(0.6\sim1)r_T$。圆角过小，则易拉裂。

4.2.1.3　拉深过程中出现的质量问题及其防止措施

（1）起皱

根据材料力学理论，无论棒料或板料，压缩变形都有一个压缩失稳的问题。而拉深变形区受最大切向压应力作用，有最大切向压缩变形，这种压缩变形过大，就会有失稳问题产生。

在拉深时，变形区压缩失稳导致起皱，是指凸缘上材料产生皱褶。一旦失稳起皱发生，不仅拉深力、拉深功增大，而且会使拉深件质量降低，或者使拉深件过早破裂而拉深失败，有时甚至会损坏模具和设备。

① 影响拉深起皱的主要因素

a. 坯料的相对厚度 t/D　平板坯料在平面方向受压时，其厚度越薄越容易起皱，反之不容易起皱。在拉深中，更确切地说，坯料的相对厚度越小，变形区抗失稳起皱的能力越差，也越容易起皱。

b. 拉深系数 m　根据拉深系数的定义可知，拉深系数越小，拉深变形程度越大，拉深变形区内金属的硬化程度也越高，所以，切向压应力相应增大；另一方面，m 越小，拉深变形区的宽度越大，相对厚度越小，其抗失稳能力越差。由于这两方面综合作用的结果，都使得拉深系数较小时坯料的起皱趋势加大。

有时，虽然坯料的相对厚度较小，但由于拉深系数较大，拉深时并不会产生失稳起皱。例如，拉深高度很小的浅拉深件。这就是说，在上述两个主要因素中，拉深系数显得更为重要。

② 起皱的判断

在分析拉深件的成型工艺时，必须判断该冲件在拉深过程中是否会发生起皱，如果不起皱，则可以采用不用压边圈的模具。否则，应该采用带压边装置的模具。如图 4.7 所示。在生产中常用表 4.1 来判断拉深过程是否起皱和采用压边圈。

③ 防皱措施

通常的防皱措施是加压边圈，使坯料可能起皱的部分被夹在凹模平面与压边圈之间，让坯料在两平面之间顺利地通过。

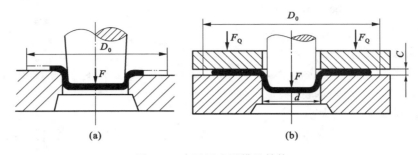

图 4.7　有无压边圈模具结构

(a) 无压边圈模具；(b) 带压边圈模具

表 4.1　是否采用压边圈的条件（平面凹模）

拉深方法	第一次拉深		以后各次拉深	
	$(t/D) \times 100$	m_1	$(t_1/d_n - 1) \times 100$	m_n
用压边圈	<1.5	<0.6	<1	<0.8
可用,可不用	1.5~2.0	0.6	1~1.5	0.8
不用压边圈	>2.0	>0.6	>1.5	>0.8

a. 刚性压边圈　适用于双动压力机、液压机上拉深,也可以用于单动压力机上进行拉深。双动压力机上的刚性压边圈,如图 4.8 所示。

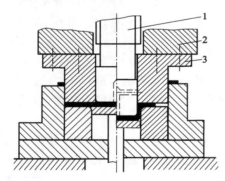

图 4.8　双动压力机上刚性压边

1—内滑块；2—外滑块；3—压边圈

其工作原理是：拉深凸模固定在压力机内滑块上,压边圈固定在外滑块上。每次冲压行程开始时,外滑块先带动压边圈下降,压在坯料的凸缘面上,并停于此位置。随后,内滑块再带动凸模下降,并进行拉深。当拉深结束后,紧跟着内滑块的回升,外滑块也带动压边圈回到上极点位置。然后,置于压力机工作台下部的顶出装置将零件从模具里顶出。

刚性压边圈的适当作用,不仅需要直接调整压边力来保证,还要通过调整压边圈与凹模平面之间的间隙来获得。当然,如果外滑块由液压缸控制,其液体压力可以调整选择,但仍应该考虑其间隙。

压边圈的结构形式可有四种,如图 4.9 所示。图 4.9(a)所示是普通平面形；图 4.9(b)所示是平锥形,这种压边圈中锥角的大小应与拉深件壁部增厚规律相适应,锥角 α 对边的高度一般取 $(0.2 \sim 0.5)t$,平锥形压边圈不仅能使冲模的调整工作得到一定程度的简化,而且能提高拉深的极限变形程度；图 4.9(c)所示是大锥角的锥形压边圈结构,其锥角与锥形凹模的锥角相对应,一般取其锥角 $\beta = 30° \sim 45°$,它能降低极限拉深系数,实际上是增加了坯料的中间变形过程,即等于增加一次中间成型锥形件的拉深工序,而这种锥形过渡使得变形区具有更大的抗压缩失稳能力,此外,由于凸缘变形区变形的过程延长了,变形速度减慢了,有利于塑性变形的扩展和金属的流动,不易造成拉裂；图 4.9(d)所示是圆弧形压边圈,它更适用于带凸缘筒形且凸缘直径较小而圆角半径较大的情况。

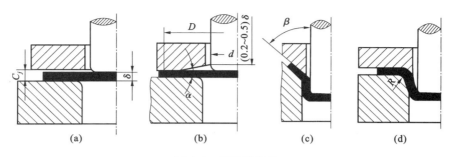

图 4.9　压边圈形状

（a）平面形；（b）平锥形；（c）锥形；（d）圆弧形

当以上四种压边圈结构用于液压机或单动压力机时，压边圈与凹模之间用螺栓连接固定，保持一定间隙，或中间间隙 Z_1 用垫铁、特有销钉等予以调整。

b. 弹性压边圈　适用于单动压力机。其工作原理如图 4.10 所示，压边圈由模具中的弹性系统托住，随着上模（拉深凹模）的下行，弹性压边圈的压边力急剧增大。这种结构产生的压边力曲线与拉深力曲线很不协调，而用汽缸或液压缸的弹性压边系统，其压边力基本上是不变化的，调整也较方便些。

c. 采用压料筋或拉深筋，同样能有效地增加径向拉应力和减少切向压应力的作用，是防皱的有效措施。

（2）拉裂和突耳

如图 4.11 所示为圆筒件拉深后的壁厚变化。在 A、B 两处可能产生缩颈，即拉深过程中坯料剧烈变薄的部位。圆筒件拉深时产生破裂的原因，可能是由于凸缘起皱，坯料不能通过凸、凹模间隙，使 σ_r 增大；或者由于压边力过大，使 σ_r 增大；或者是变形程度太大，即拉深系数小于极限值。

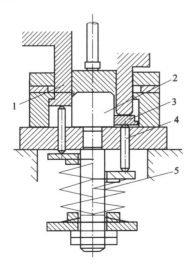

图 4.10　单动压力机上的弹性压边装置

1—凹模；2—凸模；3—压边圈；4—顶出杆；5—弹簧

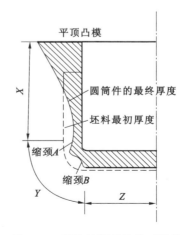

图 4.11　圆筒拉深件的截面形状

拉深时危险断面是否被拉裂，取决于材料的性能、变形程度大小、模具的圆角半径、润滑条件等。实际生产中通常选用硬化指数大、屈强比小的材料进行拉深，采用适当增大拉深凸凹模

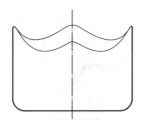

图 4.12　突耳形状

圆角半径,增加拉深次数,改善润滑条件等措施避免拉裂的产生。

筒形件拉深,在拉深件口端出现有规律的高低不平现象叫突耳,如图 4.12 所示。一般有四个突耳,有时是两个或 6 个,甚至 8 个突耳。产生突耳的原因是板材的各向异性,在板厚方向性系数 r 低的方向,板料变厚,筒壁高度较低;在板厚方向性系数 r 高的方向,板料厚度变化不大,故筒壁高度较高。所以板平面方向性系数 r 越大,突耳现象越严重。

4.2.2　筒形拉深件的工艺性

一个工艺性好的拉深件,不仅能满足产品的使用要求,同时也能够用最简单、最经济和最快的方法生产出来。拉深件工艺性的好坏,直接决定零件能否用拉深方法生产出来,并影响到零件的质量、成本和生产周期等。

(1) 拉深件形状的要求

拉深件形状应尽可能避免急剧转角或凸台。拉深高度应尽可能小,以减少拉深次数,提高冲压件质量。拉深件的形状应尽量对称,轴对称拉深件在圆周方向上的变形是均匀的,模具加工也容易,其工艺性最好,其他形状的拉深件应尽量避免急剧的轮廓变化。

如图 4.13 所示的半球形拉深件,在半球形的根部增加一定的直壁部位,可有效地解决起皱问题。

对于半敞开及非对称的拉深件,工艺上还可以采取成对拉深,然后剖切成两件的方法,以改善拉深时的受力状况,如图 4.14 所示。

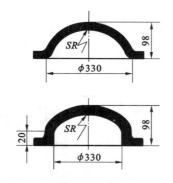

图 4.13　半球形拉深件的改进

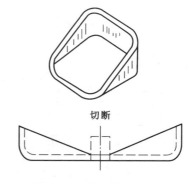

图 4.14　成双冲压的例子

拉深件的径向尺寸,应注明是保证内壁尺寸,还是保证外壁尺寸。内、外壁尺寸不能同时标注。带台阶的拉深件,其高度方向的尺寸标注一般应以底部为基准,如图 4.15(a)所示;若以上部为基准,高度尺寸不易保证,如图 4.15(b)所示。

(2) 拉深件圆角半径的要求

拉深件的圆角半径应尽量大些,以利于拉深成型和减少拉深次数。对于圆筒件,底与壁的圆角半径 $r \geqslant t$,一般取 $(3\sim5)t$;凸缘与壁的圆角半径 $R \geqslant 2t$,一般取 $(4\sim8)t$;对于矩形件 $r \geqslant t$,$R_{角} \geqslant 3t$,否则应增加整形工序。

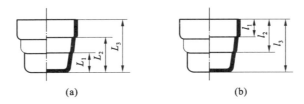

图 4.15　带台阶拉深件的尺寸标注

如增加一次整形工序,其圆角半径可取 $r \geqslant (0.1 \sim 0.3)t$, $R \geqslant (0.1 \sim 0.3)t$。一般情况下拉深,拉深件圆角半径见表 4.2。

表 4.2　拉深件圆角半径

	无凸缘圆筒零件	带凸缘圆筒零件	反向拉深件	矩形件
r	$\geqslant t$ 一般为 $(3 \sim 5)t$	$\geqslant t$ 一般为 $(3 \sim 5)t$	—	$\geqslant t$ 一般为 $(3 \sim 5)t$
R	—	$\geqslant 2t$ 一般为 $(4 \sim 8)t$	$(6 \sim 8)t$	—
$R_{角}$	—	—	—	$\geqslant 3t$ $> 0.2H$ 时 对拉深有利

（3）拉深件的精度

对于一般的拉深件,公差要求不太高,其公差按 GB/T 13914—92 选取,直径公差有 IT1~IT10。拉深件的径向尺寸精度以及筒形拉深件和带凸缘筒形拉深件所能达到的高度方向尺寸精度,分别见表 4.3～表 4.5。若拉深件的精度要求比较高,可增加整形工序来达到其精度要求。

表 4.3　圆筒形拉深件径向尺寸的偏差值

材料厚度 t	拉深件直径			材料厚度 t	拉深件直径		
	<50	$10 \sim 100$	$100 \sim 300$		<50	$10 \sim 100$	$100 \sim 300$
0.5	±0.12	—	—	2.0	±0.40	±0.50	±0.70
0.6	±0.15	±0.20	—	2.5	±0.45	±0.60	±0.80
0.8	±0.20	±0.25	±0.30	3.0	±0.50	±0.70	±0.90
1.0	±0.25	±0.30	±0.40	4.0	±0.60	±0.80	±1.00
1.2	±0.30	±0.35	±0.50	5.0	±0.70	±0.90	±1.10
1.5	±0.35	±0.40	±0.60	6.0	±0.80	±1.00	±1.20

表 4.4　圆筒形拉深件高度尺寸偏差值

材料厚度 t	拉深件高度					
	<18	18~30	30~50	50~80	80~120	120~180
<1	±0.5	±0.6	±0.8	±1.0	±1.2	±1.5
1~2	±0.6	±0.8	±1.0	±1.2	±1.5	±1.8
2~4	±0.8	±1.0	±1.2	±1.5	±1.8	±2.0
4~6	±1.0	±1.2	±1.5	±1.8	±2.0	±2.5

表 4.5　带凸缘圆筒形拉深件高度尺寸偏差值

材料厚度 t	拉深件高度					
	<18	18~30	30~50	50~80	80~120	120~180
<1	±0.3	±0.4	±0.5	±0.6	±0.8	±1.0
1~2	±0.4	±0.5	±0.6	±0.7	±0.9	±1.2
2~4	±0.5	±0.6	±0.7	±0.8	±1.0	±1.4
4~6	±0.6	±0.7	±0.8	±0.9	±1.1	±1.6

（4）拉深件的材料

用于拉深成型的材料应该具有高的塑性、低的屈强比（$\sigma_{0.2}/\sigma_b$）、大的板厚方向性系数、小的板平面方向性。屈强比 $\sigma_{0.2}/\sigma_b$ 值越小，一次拉深允许的极限变形程度越大，拉深的性能越好。例如：低碳钢的屈强比 $\sigma_{0.2}/\sigma_b \approx 0.57$，其一次拉深的最小拉深系数为 $m = d/D = 0.48 \sim 0.50$；65Mn 的屈强比 $\sigma_{0.2}/\sigma_b \approx 0.63$，其一次拉深的最小拉深系数为 $m = d/D = 0.68 \sim 0.70$。所以有关材料标准规定，作为拉深用的钢板，其屈强比不大于 0.66。

板厚方向性系数反映了材料的各向异性性能。当 $r > 1$ 时，材料宽度方向上的变形比厚度方向容易，拉深过程中材料不易变薄和拉裂。材料的板厚方向性系数 r 值越大，其拉深性能越好。

4.2.3　简形件拉深的工艺计算

拉深工艺计算包括：毛坯尺寸的确定、拉深次数的确定、半成品尺寸的计算以及拉深力的计算等。

4.2.3.1　拉深件的毛坯尺寸计算方法

（1）计算方法

在普通拉深中，虽然在拉深过程中坯料的厚度发生一些变化，但在工艺设计时，可以不计坯料的厚度变化，概略地按拉深前后坯料的面积相等这一原则来进行坯料尺寸的计算。计算坯料尺寸时，先将拉深件划分为若干个便于计算的简单几何体，分别求出其面积后相加，得拉深件总面积 $\sum A$，则坯料直径为：

$$D = \sqrt{\frac{4}{\pi} \sum A} \tag{4.1}$$

例如图 4.16 所示的薄壁圆筒件,可划分为三个部分,每部分面积分别为:

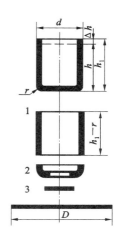

$$A_1 = \pi d(h_1 - r)$$

$$A_2 = \frac{\pi}{4}\big[2\pi r(d-2r)+8r^2\big]$$

$$A_3 = \frac{p}{4}(d-2r)^2$$

$A = A_1 + A_2 + A_3$ 代入式(4.1),得坯料直径为:

$$D = \sqrt{(d-2r)^2 + 2\pi r(d-2r) + 8r^2 + 4d(h_1 - r)}$$

注:当板料厚度大于 1 时,应按板料厚度中线尺寸计算。

由于坯料的各向异性和模具间隙不均匀等因素的影响,拉深后工件的边缘不整齐,甚至出现突耳,需在拉深后进行修边。因此,计算坯料直径时需要增加修边余量,表 4.6 和表 4.7 给出圆筒件和有凸缘圆筒形件的修边余量。当拉深次数多或板平面方向性较大时,取表中较大值。当工件的 A 值很小时,也可不进行修边。

图 4.16 圆筒件坯料尺寸计算

表 4.6 圆筒件拉深的修边余量 Δh

高度 h	相 对 高 度 h/d			
	0.5~0.8	0.8~1.6	1.6~2.5	>2.5~4
≤10	1.0	1.2	1.5	2
10~20	1.2	1.6	2	2.5
20~50	2	2.5	3.3	4
50~100	3	3.8	5	6
100~150	4	5	6.5	8
150~200	5	6.3	8	10
200~250	6	7.5	9	11
250	7	8.5	10	12

表 4.7 有凸缘圆筒形拉深件的修边余量 ΔR

凸缘直径 d_F	凸缘的相对直径 d_F/d			
	<1.5	1.5~2	2~2.5	>2.5
≤25	1.8	1.6	1.4	1.2
25~50	2.5	2.0	1.8	1.6
50~100	3.5	3.0	2.5	2.2
100~150	4.3	3.6	3.0	2.5
150~200	5.0	4.2	3.5	2.7
200~250	5.5	4.6	3.8	2.8
>250	6	5	4	3

（2）简单旋转体拉深件的坯料尺寸计算

根据坯料尺寸的计算方法，对于常用的简单拉深件，可选用表 4.8 所列公式直接求得其坯料尺寸 D。

表 4.8   常见旋转体拉深件坯料直径的计算公式

序号	零件形状	坯料直径 D
1	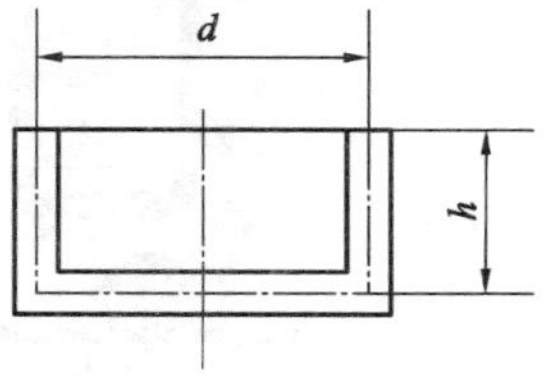	$\sqrt{d^2+4dh}$
2	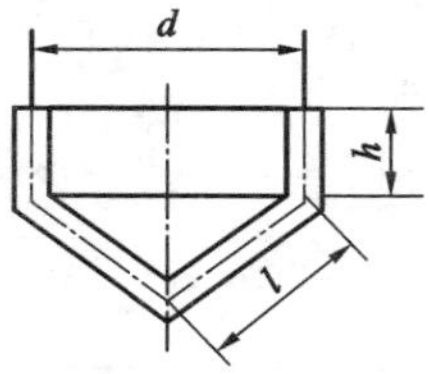	$\sqrt{2d(l+2h)}$
3	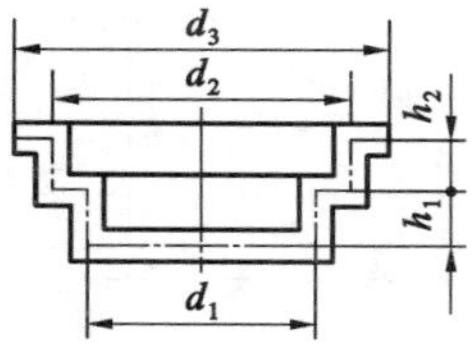	$\sqrt{d_2^2+4(d_1h_1+d_2h_2)}$
4	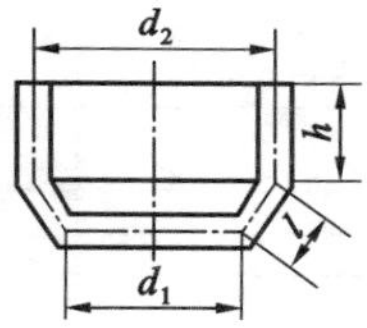	$\sqrt{d_1^2+2l(d_1+d_2)+4d_2h}$
5	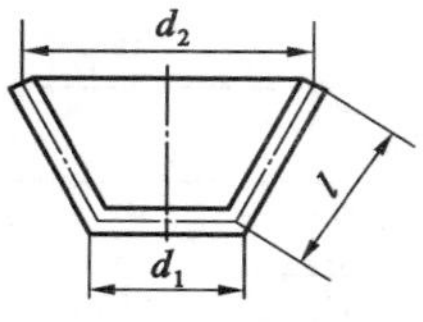	$\sqrt{d_1^2+2l(d_1+d_2)}$
6	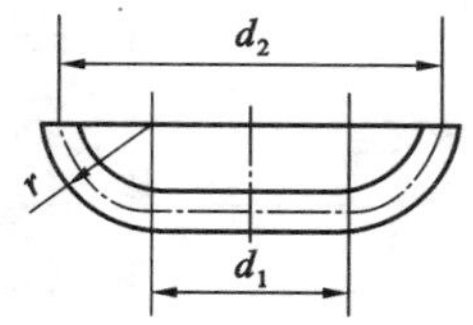	$\sqrt{d_1^2+2r(\pi d_1+4r)}$

序号	零件形状	坯料直径 D
7		或 $\sqrt{d_1^2+4d_2h_1+6.28rd_1+8r^2}$ $\sqrt{d_2^2+4d_2h-1.72rd_2-0.56r^2}$
8		当 $R\neq r$ 时 $\sqrt{d_1^2+6.28rd_1+8r^2+4d_2h+6.28Rd_2+4.56R^2}$ 当 $R=r$ 时 $\sqrt{d_1^2+4d_2h+2\pi r(d_1+d_2)+4\pi r^2}$
9		$\sqrt{d_1^2+2\pi r(d_1+d_2)+4\pi r^2}$
10		当 $R\neq r$ 时 $\sqrt{d_1^2+6.28rd_1+8r^2+4d_2h_1+6.28Rd_2+4.56R^2+d_4^2-d_3^2}$ 当 $R=r$ 时 $\sqrt{d_4^2+4d_2h-3.44rd_2}$
11		或 $1.414\sqrt{d^2+2dh_1}$ $2\sqrt{dh}$

（3）复杂旋转体拉深件坯料尺寸的确定

形状复杂的旋转体拉深件坯料直径的计算法则是：任何形状的母线 AB 绕轴线 yy 旋转，所得到的旋转体面积等于母线长度上与其重心绕轴线旋转所得周长 $2\pi X$ 的乘积（X 是该段母线重心至轴线的距离），即：

旋转体面积

$$A=2\pi XL$$

坯料面积

由于 $A_0=A$

故坯料直径

$$D=\sqrt{8LX}=\sqrt{8(l_1x_1+l_2x_2+l_3x_3+\cdots+l_nx_n)}=\sqrt{8\sum lx} \qquad (4.2)$$

对于母线为直线和圆弧连接的旋转体拉深件，可将其母线分成简单的（直线和圆弧）线段 1、2、3、$\cdots$、n，算出各线段的长度 l_1、l_2、l_3、$\cdots$、l_n，再算出各线段的重心至轴线的距离（圆弧的重心至轴线的距离可以从有关手册查得)x_1、x_2、x_3、$\cdots$、x_n,然后按式(4.2)计算坯料直径 D。

4.2.3.2　极限拉深系数及其影响因素

（1）拉深系数

在拉深工艺设计时,必须知道冲压件是否能一次拉出,还是需要几道工序才能拉成。正确解决这个问题直接决定拉深件的经济性和拉深件的质量。拉深次数决定于每次拉深时允许的极限变形程度。拉深系数 m 就是衡量拉深变形程度的一个重要的工艺参数。

拉深系数 m 是每次拉深后筒形件的直径对于拉深前坯料（或半成品工序件）直径的比值,如图 4.17 所示。

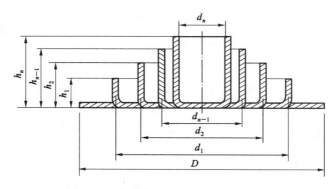

图 4.17　多次拉深时筒形件直径的变化

第一次拉深系数

$$m_1 = \frac{d_1}{D}$$

以后各次拉深系数

$$m_2 = \frac{d_2}{d_1}$$

$$\vdots$$

$$m_n = \frac{d_n}{d_{n-1}}$$

总拉深系数 $m_{总}$ 表示从坯料直径 D 拉深至 d_n 的总变形程度,即

$$m = \frac{d_n}{D} = \frac{d_1 d_2 d_3}{D d_1 d_2} \cdots \frac{d_{n-1} d_n}{d_{n-2} d_{n-1}} = m_1 m_2 m_3 \cdots m_{n-1} m_n$$

总拉深系数为各次拉深系数的乘积。从拉深系数的表达式可以看出,拉深系数 m 的值是小于1的,而且 m 值越小,表示拉深变形程度越大,所需的拉深次数也越少。

在制定拉深工艺时,如拉深系数 m 取得过小,就会使拉深件起皱、拉裂或严重变薄超差。因此拉深系数 m 的减小有一个客观的界限,这个界限就称为极限拉深系数 $[m]$ 或 $m_{\min}$,有时简称为拉深系数 m。

当前在生产实践中采用的一些材料的极限拉深系数见表 4.9。

（2）影响拉深系数的因素

总的来说,凡是能够使筒壁传力区的最大拉应力减小、使危险断面强度增大的因素都有利于减小拉深系数。

表 4.9　圆筒形件带压边圈时的极限拉深系数

拉深系数	坯料相对厚度$(t/D) \times 100$					
	2.0~0.5	1.5~1.0	1.0~0.6	0.6~0.3	0.3~0.15	0.15~0.08
m_1	0.48~0.50	0.50~0.53	0.53~0.55	0.55~0.58	0.58~0.60	0.60~0.63
m_2	0.73~0.75	0.75~0.76	0.76~0.78	0.78~0.79	0.79~0.80	0.80~0.82
m_3	0.76~0.78	0.78~0.79	0.79~0.80	0.80~0.81	0.81~0.82	0.82~0.84
m_4	0.78~0.80	0.80~0.81	0.81~0.82	0.82~0.83	0.83~0.85	0.85~0.86
m_5	0.80~0.82	0.82~0.84	0.84~0.85	0.85~0.86	0.86~0.87	0.87~0.88

① 材料的力学性能　屈强比 $\sigma_{0.2}/\sigma_b$ 越小,材料的伸长率 δ 越大,对拉深越有利。因为 $\sigma_{0.2}$ 小,材料容易变形,凸缘变形区的变形抗力减小,筒壁传力区的拉应力也相应减小;而 $\sigma_{0.2}$ 大,则提高了危险断面处的强度,减小拉裂的危险。因此,屈强比 $\sigma_{0.2}/\sigma_b$ 小的材料,其极限拉深系数值小一些。材料伸长率 δ 值小的材料,因容易拉断,故极限拉深系数值要大一些。一般认为,屈强比 $\sigma_{0.2}/\sigma_b \leqslant 0.65$,而伸长率 $\delta \geqslant 28\%$ 的材料具有较好的拉深性能。

② 材料的相对厚度　相对厚度 t/D 越大,对拉深越有利。因为 t/D 大,抵抗凸缘处失稳起皱的能力提高,可以减小甚至不需要压边力,这就相应地减小甚至完全去掉了压边圈对坯料的摩擦阻力,从而使拉深变形的阻力相应地减小。

③ 模具工作部件的结构参数　这主要是指凸、凹模的圆角半径 r_T 和 r_A 和凸、凹模间的间隙值 Z。总的来说,采用过小的 r_T、r_A 与 Z 会使拉伸过程中摩擦阻力和弯曲阻力增加,危险断面的变薄加剧;而过大的 r_T、r_A 与 Z 则会减小有效的压边面积,使板料的悬空部分增加,易使板料失稳起皱,所以都对拉深不利,采用合适的 r_T、r_A 与 Z,可以减小拉深系数。

④ 压边条件　采用压边圈并加以合适的压边力对拉深有利,可以减小拉深系数。压边力过大,会增加拉深阻力;压边力过小,在拉深时不足以防止起皱,都对拉深不利。合理的压边力应该是在保证不起皱的前提下取最小值。

⑤ 润滑　良好的润滑条件对拉深有利,可以减小拉深系数。

在实际生产中,并不是在所有的情况下都采用极限拉深系数。因为过小的接近极限值的拉深系数能引起坯料在凸模圆角部位的过分变薄,而且在以后的拉深工序中,这部分变薄严重的缺陷会转移到成品零件的侧壁上去,降低零件的质量。所以当对零件质量有较高的要求时,必须采用大于极限值的拉深系数。

（3）拉深次数确定

总拉深系数 $m_{总}=d_n/D$ 中的 d_n 实际上就是零件所需要的直径。所以 $m_{总}$ 也可以说是零件所需要的拉深系数,即零件所要求的拉深的总变形量。当 $m_{总}>m_1$ 时,则该零件只需一次就可以拉出,否则就要进行多次拉深。

拉深次数的确定方法有:

① 推算法　根据已知条件,由表 4.9 查得各次拉深的 $[m]$,然后依次计算出各次拉深工序件的直径,即 $d_1=[m_1]D$,$d_2=[m_2]d_1$,$d_n=[m_n]d_{n-1}$,直到 $d_n \leqslant d$。此时的计算次数 n 即为拉深次数。

② 查表法　在生产实际中也可采用查表法,即根据工件的相对高度 h/d 和坯料的相对厚

度 t/D，直接由表 4.10 查得拉深次数。

③ 除以上两种方法外，还有直接利用公式进行计算的计算法，但不常用（见相关冲压手册）。

表 4.10　拉深件相对高度 h/d 与拉深次数的关系（无凸缘圆筒形件材料 08F、10F）

拉深次数	坯料相对厚度$(t/D)\times100$					
	2.0～1.5	1.5～1.0	1.0～0.6	0.6～0.3	0.3～0.15	0.15～0.08
1	0.94～0.77	0.84～0.65	0.71～0.57	0.62～0.5	0.52～0.45	0.46～0.38
2	1.88～1.54	1.60～1.32	1.36～1.1	1.13～0.94	0.96～0.83	0.9～0.7
3	3.5～2.7	2.8～2.2	2.3～1.8	1.9～1.5	1.6～1.3	1.3～1.1
4	5.6～4.3	4.3～3.5	3.6～2.9	2.9～2.4	2.4～2.0	2.0～1.5
5	8.9～6.6	6.6～5.1	5.2～4.1	4.1～3.3	3.3～2.7	2.7～2.0

（4）以后各次拉深工序的特点、方法与尺寸计算

① 以后各次拉深的特点

以后各次拉深时所用的坯料与首次拉深时不同，不是平板而是筒形件。因此，它与首次拉深相比，有许多不同之处：

a. 首次拉深时，平板坯料厚度和力学性能都是较均匀的，而以后各次拉深时，筒形工序件的壁厚及力学性能都不均匀。

b. 首次拉深时，凸缘变形区是逐渐缩小的，而以后各次拉深时，其变形区保持不变，只是在拉深终了以前，才逐渐缩小。

c. 首次拉深时，其拉深力的变化是变形抗力的增加与变形区的减小这两个相反的因素互相作用的过程，因而在开始阶段较快地达到最大拉深力，然后逐渐减小到零。而以后各次拉深时，其变形区保持不变，但材料的硬化及厚度增加都是沿筒的高度方向进行的。所以其拉深力在整个拉深过程中一直都在增加，直到拉深的最后阶段才由最大值下降至零。

d. 以后各次拉深时的危险断面与首次拉深时一样，都是在凸模圆角处，但首次拉深的最大拉深力发生在初始阶段，所以破裂也发生在拉深的初始阶段；而以后各次拉深的最大拉深力发生在拉深的终结阶段，所以破裂就往往出现在拉深的末尾。

e. 以后各次拉深的变形区，因其外缘有筒壁刚性支持，所以稳定性较首次拉深为好。只是在拉深最后阶段，筒壁边缘进入变形区以后，变形区的外缘失去了刚性支持，这时才易起皱。

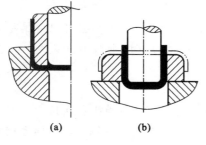

图 4.18　二次拉深
（a）正拉深；（b）反拉深

f. 以后各次拉深时由于材料已冷作硬化，加上拉深时变形较为复杂（坯料的筒壁必须经过两次弯曲才被凸模拉入凹模内），所以它的极限拉深系数要比首次拉深大得多，而且通常后一次都略大于前一次。

② 以后各次拉深的方法

以后各次拉深大致有两种方法，一种是正拉深，如图 4.18（a）所示，为一般所常用，另一种是反拉深，如图 4.18（b）所示。

反拉深就是将经过拉深的工序件倒放在凹模上再进行

拉深,这时,材料的内、外表面将互相转换。有时为了提高生产效率,正、反拉深用一套模具于一次行程中完成,这样就能够得到很大的变形程度。

反拉深时,由于材料沿凹模流动的阻力较一般拉深大,这就使变形区的径向拉应力 σ_r 大大增加。由于 σ_r 增加,由屈服条件可知,切向压应力 σ_δ 相应减小,材料就不易起皱。因此,一般反拉深可以不用压边圈,这就避免了由于压边力不适当或压边力不均匀而造成的拉裂。反拉深的拉深系数比正拉深时降低 $10\%\sim15\%$。

反拉深方法主要用于坯料较薄的工件和中等尺寸零件的拉深。反拉深后圆筒的最小直径 $d=(30\sim60)t$,圆角半径 $r>(2\sim6)t$。

③ 尺寸计算

a. 工序件直径

从前面的介绍中已知,各次工序件直径可根据各次的拉深系数算出。即:

$$\left.\begin{array}{l} d_1 = m_1 D \\ d_2 = m_2 d_1 \\ d_3 = m_3 d_2 \\ \vdots \\ d_n = m_n d_{n-1} \end{array}\right\} \tag{4.3}$$

式中　　$d_1,d_2,d_3,\cdots,d_n$——各次工序件直径;

　　　　$m_1,m_2,m_3,\cdots,m_n$——各次拉深系数;

　　　　D——坯料直径。

上述计算所得的最后一次拉深直径 d_n 必须等于零件直径 d。如果计算所得 d_n 小于零件直径 d,应调整各次拉深系数,使 $d_n=d$。调整时依照下列原则:变形程度逐次减小,即后继拉深系数逐次增大(应大于表列数值)。

b. 工序件的拉深高度

在设计和制造拉深模具及选用合适的压力机时,还必须知道各次工序的拉深高度,在计算某工序拉深高度之前,应确定它的底部的圆角半径(即拉深凸模的圆角半径)。拉深凸模的圆角半径,通常根据拉深凹模的圆角半径来确定。

凹模圆角半径 r_A 可参照公式 $r_A=0.8\sqrt{(D-d)t}$ 计算确定。拉深凸模的圆角半径 r_T,除最后一次应取与零件底部圆角半径相等外,中间各次取值可依据公式 $r_T=(0.7\sim1.0)r_A$ 计算确定。

根据拉深后工序件面积与坯料面积相等的原则,多次拉深后工序件的高度可按下面公式进行计算:

$$\left.\begin{array}{l} h_1 = 0.25\left(\dfrac{D^2}{d_1}-d_1\right)+0.43\,\dfrac{r_1}{d_1}(d_1+0.32r_1) \\[2mm] h_2 = 0.25\left(\dfrac{D^2}{d_2}-d_2\right)+0.43\,\dfrac{r_2}{d_2}(d_2+0.32r_2) \\[2mm] h_3 = 0.25\left(\dfrac{D^2}{d_3}-d_3\right)+0.43\,\dfrac{r_3}{d_3}(d_3+0.32r_3) \\[2mm] \vdots \\[2mm] h_n = 0.25\left(\dfrac{D^2}{d_2}-d_n\right)+0.43\,\dfrac{r_n}{d_n}(d_n+0.32r_n) \end{array}\right\} \tag{4.4}$$

式中　$h_1,h_2,h_3,\cdots,h_n$——工序件各次拉深高度；

　　　　D——坯料直径；

　　　　$d_1,d_2,d_3,\cdots,d_n$——各次拉深后直径；

　　　　$r_1,r_2,r_3,\cdots,r_n$——各次拉深后底部圆角半径。

【例 4.1】　求图 4.19 所示筒形件的坯料展开尺寸、拉深次数、各次工序件尺寸。料厚为 2，材料为 10 钢。

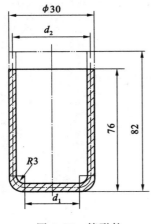

图 4.19　筒形件

【解】　① 确定修边余量

因 $t=2>1$，所以应按中线尺寸计算。

根据拉深件尺寸，其相对高度为：

$$\frac{h}{d}=\frac{76-1}{30-2}=\frac{75}{28}\approx2.7$$

查表 4.6，得修边余量 $\Delta h=6$。

② 计算坯料展开直径

按表 4.8 中的第 8 项公式：

$$D=\sqrt{d^2+4dh-1.72rd-0.56r^2}$$

式中　d——$d=30-2=28$；

　　　　r——$r=3+1=4$；

　　　　h——$h=76-1+6=81$。

即：

$$D=\sqrt{28^2+4\times28\times81-1.72\times4\times28-0.56\times4^2}=98.3$$

③ 确定是否用压边圈

根据坯料相对厚度：

$$\frac{t}{D}\times100=\frac{2}{98.3}\times100=2.03>2$$

查表 4.1，可以不用压边圈，但为了保险起见，第一次拉深仍采用压边圈。采用压边圈后，首次拉深的拉深系数可以小一些，这样有利于减少拉深次数。

根据相对厚度 $\frac{t}{D}\times100=2.03$，查表 4.9，取 $m_1=0.5$ 得：

$$d_1=mD=0.5\times98.3=49.2$$

查表 4.1 可知，以后各次均不采用压边圈。

④ 确定拉深系数

由于 $\frac{d}{D}=\frac{28}{98.3}=0.28<m_1=0.5$，故需多次拉深。由表 4.9 查得 $[m_2]=0.75$，$[m_3]=0.78$，$[m_4]=0.8$，……

各次拉深直径为：

$$d_1=m_1D=0.5\times98.3=49.2$$
$$d_2=[m_2]d_1=0.75\times49.2=36.9$$
$$d_3=[m_3]d_2=0.78\times36.9=28.8$$
$$d_4=[m_4]d_3=0.8\times28.8=23$$

计算结果表明,3 次不能拉深出所需的尺寸,而 4 次多一些,故取 4 次。

⑤ 确定各次拉深直径

在确定各次拉深直径时,应对各次拉深系数作适当调整,如取 $m_1 = 0.5$、$m_2 = 0.8$、$m_3 = 0.83$、$m_4 = 0.85$,则各次拉深直径为:

$$d_1 = 0.5 \times 98.3 = 49.2$$
$$d_2 = 0.8 \times 49.2 = 39.4$$
$$d_3 = 0.83 \times 39.4 = 33$$
$$d_4 = 0.85 \times 33 = 28$$

⑥ 求各工序件高度

根据 $r_A = 0.8\sqrt{(D-d)t}$ 和 $r_T = (0.7 \sim 1.0)r_A$ 的关系,取各工序件底部的圆角半径分别为:$r_1 = 8$,$r_2 = 3.6$,$r_3 = 3.2$,然后分别代入公式

$$
\begin{aligned}
h_1 &= 0.25 \times \left(\frac{D^2}{d_1} - d_1\right) + 0.43 \times \frac{r_1}{d_1}(d_1 + 0.32r_1) \\
&= 0.25 \times \left(\frac{98.3^2}{49.2} - 49.2\right) + 0.43 \times \frac{8}{49.2} \times (49.2 + 0.32 \times 8) \\
&= 41 \\
h_2 &= 0.25 \times \left(\frac{D^2}{d_2} - d_2\right) + 0.43 \times \frac{r_2}{d_2}(d_2 + 0.32r_2) \\
&= 0.25 \times \left(\frac{98.3^2}{39.4} - 39.4\right) + 0.43 \times \frac{36}{39.4} \times (39.4 + 0.32 \times 36) \\
&= 53 \\
h_3 &= 0.25 \times \left(\frac{D^2}{d_3} - d_3\right) + 0.43 \times \frac{r_3}{d_3}(d_3 + 0.32r_3) \\
&= 0.25 \times \left(\frac{98.3^2}{33} - 33\right) + 0.43 \times \frac{3.2}{33} \times (33 + 0.32 \times 3.2) \\
&= 67
\end{aligned}
$$

⑦ 画出工序图

工序图如图 4.20 所示。

(5) 拉深力与压边力的计算

① 拉深力的计算

生产中常用以下经验公式计算:

第一次拉深力

$$F_1 = \pi d_1 t \sigma_b K_1$$

第二次拉深力

$$F_2 = \pi d_2 t \sigma_b K_2$$

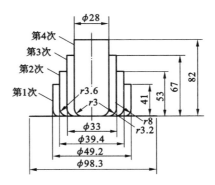

图 4.20　圆筒形拉深件工序图

上两式中　d_1、d_2——第 1 次、第 2 次拉深后冲件的直径或凸模直径;

　　　　　t——坯料厚度;

　　　　　σ_b——材料的抗拉强度(MPa);

　　　　　K_1、K_2——系数,其值可查表 4.11 及表 4.12(适用于低碳钢),其 $\sigma_b = 320 \sim$

450 MPa。

对横截面为矩形、椭圆形等的拉深件,拉深力也可用下式求得:

$$F = KLt\sigma_b$$

式中　L——横截面周边长度;

　　　K——修正系数,可取 $0.5 \sim 0.8$。

表 4.11　系数 K_1 值

坯料相对厚度 $\frac{t}{D} \times 100$	拉 深 系 数									
	0.45	0.48	0.50	0.52	0.55	0.60	0.65	0.70	0.75	0.80
5.0	0.95	0.85	0.75	0.65	0.60	0.50	0.43	0.35	0.28	0.20
2.0	1.1	1.0	0.90	0.80	0.75	0.60	0.50	0.42	0.35	0.25
1.2		1.1	1.0	0.90	0.80	0.68	0.56	0.47	0.37	0.30
0.8			1.1	1.0	0.90	0.75	0.60	0.50	0.40	0.33
0.5				1.1	1.0	0.82	0.67	0.55	0.45	0.36
0.2					1.1	0.90	0.75	0.60	0.50	0.40
0.1						1.1	0.90	0.75	0.60	0.50

表 4.12　系数 K_2 值（适用于低碳钢）

坯料相对厚度 $\frac{t}{D} \times 100$	拉 深 系 数									
	0.70	0.72	0.75	0.78	0.80	0.82	0.85	0.88	0.90	0.92
5.0	0.85	0.70	0.60	0.50	0.42	0.32	0.28	0.20	0.15	0.12
2.0	1.1	0.90	0.75	0.60	0.52	0.42	0.32	0.25	0.20	0.14
1.2		1.1	0.90	0.75	0.62	0.52	0.42	0.30	0.25	0.16
0.8			1.0	0.82	0.70	0.57	0.46	0.35	0.27	0.18
0.5			1.1	0.90	0.76	0.63	0.50	0.40	0.30	0.20
0.2				1.0	0.85	0.70	0.56	0.44	0.33	0.23
0.1				1.1	1.0	0.82	0.68	0.55	0.40	0.30

② 压边力的计算

为了解决拉深中的起皱问题,当前在生产实际中的主要方法是采用压边圈。压边圈只是防止拉深起皱的一种模具结构或形式。关键是应该控制压边力的大小,压边力应该是在保证坯料凸缘部分不至于会起皱的最小压力。如果压边力过大,则使变形区坯料与凹模、压边圈之间的摩擦力剧增,可能导致工件拉裂;如果压边力太小,则起不到防皱的作用,仍然不可能实现成功的拉深。

由于压边力数值在操作时不便控制,而且变形区坯料压缩失稳时,只有当皱纹波超过一定高度时才会产生皱折。因此,假如能控制好不致产生皱褶的压边间隙(压边圈与凹模平面间的间隙),则实际上更有利于防止拉深起皱。

实验研究得到的最佳压边间隙 Z 见表 4.13。表中 t 为坯料厚度。

表 4.13　最佳压边间隙值

材　料	数　值　范　围
低碳钢	$Z=(0.95\sim1.10)t$
铝	$Z=(1.00\sim1.15)t$
铜	$Z=(1.00\sim1.10)t$

　　弹性压边装置用于单动压力机。压边力是由气垫、弹簧或橡皮产生的。压边力与压力机行程的关系如图 4.21 所示。气垫压边力不随凸模行程变化,压边效果较好。弹簧和橡皮的压边力随行程增大而上升,对拉深不利,只适合拉深高度不大的零件。但其结构简单,制造容易,特别是装上限制压边力的限位器后还是比较实用的,如图 4.22 所示。

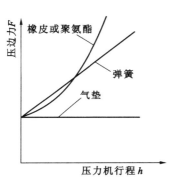

图 4.21　压边力和压力机行程的关系

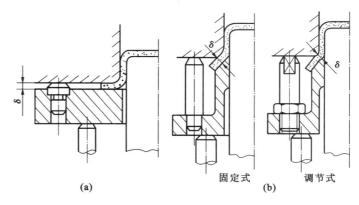

图 4.22　带限位装置的压边圈
(a) 第一次拉深;(b) 第二次拉深

　　压边力的大小按表 4.14 中的公式计算,表 4.14 中的单位压边力 p 值由实验确定,其值可按表 4.15 查得。

表 4.14　计算压边力的公式

拉深情况	公　式
任何形状拉深件	$F_压=Ap$
筒形件第一次拉深	$F_压=\dfrac{\pi}{4}\left[D^2-(d_1+2r_d)^2\right]p$
筒形件以后各次拉深	$F_压=\dfrac{\pi}{4}\left[d_{n-1}^2-(d_n+2r_d)^2\right]p$

注:A——压边的面积;r_d——凹模圆角半径。

表 4.15　单位压边力　　　　　　　　　　　　　　　　　(单位:MPa)

材　料　名　称		单　位　压　边　力
铝		$0.8\sim1.2$
纯铜、硬铝(已退火的)		$1.2\sim1.8$
黄铜		$1.5\sim2.0$
低碳钢	$t<0.5$	$2.5\sim3.0$
	$t>0.5$	$2.0\sim2.5$

续表 4.15

材 料 名 称	单 位 压 边 力
镀锡钢板	2.5～3.0
耐热钢（软化状态）	2.8～3.5
高合金钢、高锰钢、不锈钢	3.0～4.5

（6）压力机公称压力的选择

对于单动压力机

$$F > F_拉 + F_压$$

对于双动压力机

$$F_1 > F_拉, \quad F_2 > F_压$$

上三式中　F——压力机的公称压力；

　　　　　F_1——内滑块公称压力；

　　　　　F_2——外滑块公称压力；

　　　　　$F_拉$——拉深力；

　　　　　$F_压$——压边力。

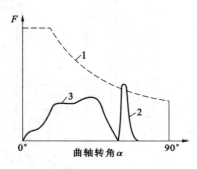

图 4.23　冲压力与压力机压力曲线
1—压力机压力曲线；2—落料力曲线；
3—拉深力曲线

落料—拉深复合模及复合工序有一定的优越性，生产效率高，但要保证落料—拉深复合工序的顺利实现有一个力的校核问题；不能简单地将落料力与拉深力叠加以后去选择压力机，因为压力机的公称压力是指滑块接近下极点附近的压力，而不是整个行程中的压力。所以，应该注意压力机的压力曲线，否则，很可能出现压力机超载现象。如图 4.23 所示的情况，虽然落料力加拉深力之和小于压力机公称压力，但落料时已超载了，这是不允许的。

4.2.3.3　带凸缘件的拉深

如图 4.24 所示，凸缘件拉深时，坯料直径发生变化，同时在筒形件的上部形成凸缘。

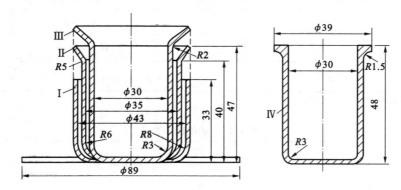

图 4.24　窄凸缘件的拉深
零件名称：套管；材料：10 钢；厚度：1

（1）窄凸缘件的拉深

对于 $d_F/d = 1.1～1.4$ 之间的凸缘件称为窄凸缘件。这类冲件因凸缘很小，可以当做一般圆筒形件进行拉深,只在倒数第二次工序时才拉出凸缘或拉成具有锥形的凸缘,而最后通过矫正工序压成水平凸缘,其过程如图 4.24 所示。若 $h/d \leqslant 1$ 时,则第一次即可拉成口部具有锥形的圆筒形,最后凸缘再经校正即可。

（2）宽凸缘件的拉深

对 $d_F/d > 1.1 \sim 1.4$ 的凸缘件称为宽凸缘件。宽凸缘件总的拉深系数的确定如下:当冲件底部圆角半径 r 与凸缘处圆角半径 R 相等,即 $r = R$ 时,则:

$$m = \frac{d}{D} = \frac{1}{\sqrt{\left(\dfrac{d_F}{d}\right) + 4\,\dfrac{h}{d} - 3.44\,\dfrac{r}{d}}} \tag{4.5}$$

当圆角半径 $r \neq R$ 时,则

$$m = \frac{d}{D} = \frac{1}{\sqrt{\left(\dfrac{d_F}{d}\right) + 4\,\dfrac{h}{d} - 1.72\,\dfrac{R+r}{d} + 0.56\left(\dfrac{R^2 - r^2}{d^2}\right)}} \tag{4.6}$$

宽凸缘件的第一次拉深与拉深圆筒形件相似,只是在拉深过程中不把坯料边缘全部拉入凹模,而在凹模面上形成凸缘而已。

宽凸缘件的第一次拉深有以下特点:

① 宽凸缘件允许的第一次极限拉深系数 m_1 一般比相同内径圆筒形件的拉深系数要小。换句话说,其坯料直径可以大一些。这是因为:一般凸缘工件拉深时,由于凸缘部分并未全部转变为筒壁,即当凸缘区的变形力还未达到最大拉深力时,拉深工作就中止了。在取凸缘件的 m_1 等于圆筒形件的极限拉深系数 $[m]$ 时,凸缘件的拉深力远未达到极限状态。为了充分利用材料的塑性,可以将 m_1 减小到 m_2,这说明,宽凸缘件的极限拉深系数小于圆筒形件的极限拉深系数。

② 从式（4.5）中可以看出,宽凸缘件的变形程度 m 受 d_F/d、h/d 及 r/d 的影响,特别是 d_F/d 的影响较大。从表 4.16 可以看出,当坯料相对直径 t/D 一定时,若凸缘相对直径 d_F/d 越大,拉深系数 m 越小。

表 4.16　凸缘件的第一次拉深系数 m_1（适用于 08、10 钢）

凸缘相对直径 $\dfrac{d_F}{d}$	坯料相对厚度 $(t/D) \times 100$				
	0.06～0.2	0.2～0.5	0.5～1	1～1.5	1.5
≤1.1	0.59	0.57	0.55	0.53	0.50
1.1～1.3	0.55	0.54	0.53	0.51	0.49
1.3～1.5	0.52	0.51	0.50	0.49	0.47
1.5～1.8	0.48	0.48	0.47	0.46	0.45
1.8～2.0	0.45	0.45	0.44	0.43	0.42
2.0～2.2	0.42	0.42	0.42	0.41	0.40
2.2～2.5	0.38	0.38	0.38	0.38	0.37
2.5～2.8	0.35	0.35	0.34	0.34	0.33
2.8～3.0	0.33	0.33	0.32	0.32	0.31

另外,对于一定的凸缘件来讲,总的拉深系数 m 一定时,则 d_F/d 与 h/d 之间的关系也一定,因此常用 h/d 来表示凸缘件的变形程度,其关系见表 4.17。

表 4.17　凸缘件第一次拉深的最大相对高度 h/d（适用于 08、10 钢）

凸缘相对直径 $\dfrac{d_F}{d}$	坯料相对厚度 $(t/D)\times 100$				
	0.06~0.2	0.2~0.5	0.5~1	1~1.5	1.5
≤1.1	0.45~0.52	0.50~0.62	0.57~0.70	0.60~0.80	0.75~0.90
1.1~1.3	0.40~0.47	0.45~0.53	0.50~0.60	0.56~0.72	0.65~0.80
1.3~1.5	0.35~0.42	0.40~0.48	0.45~0.53	0.50~0.63	0.58~0.70
1.5~1.8	0.29~0.35	0.34~0.39	0.37~0.44	0.42~0.53	0.48~0.58
1.8~2.0	0.25~0.30	0.29~0.34	0.32~0.38	0.36~0.46	0.42~0.51
2.0~2.2	0.22~0.26	0.25~0.29	0.27~0.33	0.31~0.40	0.35~0.45
2.2~2.5	0.17~0.21	0.20~0.23	0.22~0.27	0.25~0.32	0.28~0.35
2.5~2.8	0.13~0.16	0.15~0.18	0.17~0.21	0.19~0.24	0.22~0.27
2.8~3.0	0.10~0.13	0.12~0.15	0.14~0.17	0.16~0.20	0.18~0.22

宽凸缘件的拉深原则是:假若零件所给的拉深系数 m 大于表 4.16 所给的第一次拉深系数极限值,零件的相对高度 h/d 小于表 4.17 所给的数值,则该零件可一次拉成。

反之,假若零件所给的拉深系数值小于表 4.16 中所给值或其相对高度 h/d 大于表 4.17 中所给值,则该零件需要多次拉深。除第一次外,以后各次的拉深本质上与拉深圆筒形件是一样的。多次拉深的方法是:按表 4.16 所给的第一次极限拉深系数或表 4.17 所给的相对拉深高度,拉成凸缘直径等于零件所需要的尺寸 d_F（含修边余量）的中间过渡形状,以后各次拉深均保持凸缘件直径 d_F 不变,只按表 4.18 中的拉深系数逐步减小筒形部分直径,直到拉成零件为止。

表 4.18　凸缘件以后各次的拉深系数（适用于 08、10 钢）

拉深系数 m	坯料相对厚度 $(t/D)\times 100$				
	2.0~1.5	1.5~1.0	1.0~0.6	0.6~0.30	0.30~0.15
m_2	0.73	0.75	0.76	0.78	0.80
m_3	0.75	0.78	0.798	0.80	0.82
m_4	0.78	0.80	0.82	0.83	0.84
m_5	0.80	0.82	0.84	0.85	0.86

以后各次工序的拉深系数按以下公式决定

$$m_n = \frac{d_n}{d_{n-1}}$$

从表 4.16 可以明显地看出,当 $d_F/d < 1.1$ 时,带凸缘零件的极限拉深系数与拉深普通圆筒形零件时的相同,而 $d_F/d = 3$ 时,带凸缘零件的极限拉深系数很小（$m = 0.33$）,但是这并不表示需要完成很大的变形,因为当 $m = m/D = 0.33$ 时,可以得出:

$$D = \frac{d}{0.33} = 3d = d_F$$

即坯料的初始直径等于凸缘直径,这相当于变形程度为零的情况,即坯料直径在变形时不收缩,而靠局部变薄成型。

在拉深宽凸缘件时要特别注意的是:在形成凸缘直径 d_F 之后,在以后的拉深中,凸缘直径 d_F 不再变化,因为凸缘尺寸的微小变化(减小)都会引起很大的变形力,而使底部危险断面处拉裂。这就要求正确计算拉深高度和严格控制凸模进入凹模的深度。

各次拉深高度确定如下:

第一次拉深高度为

$$h_1 = \frac{0.25}{d_1}(D^2 - d_F^2) + 0.43(r_1 + R_1) + \frac{0.14}{d_1}(r_1^2 - R_1^2)$$

以后各次的拉深高度为

$$h_n = \frac{0.25}{d_n}(D^2 - d_F^2) + 0.43(r_n + R_n) + \frac{0.14}{d_n}(r_n^2 - R_n^2) \tag{4.7}$$

凸缘件拉深时,凸、凹模圆角半径的确定与普通圆筒形件一样。

除了精确计算拉深件高度和严格控制凸模进入凹模的深度以外,为了保证以后各次拉深时凸缘不再收缩变形,通常使第一次拉成的筒形部分金属表面积比实际需要的多 3%~5%,这部分多余的金属逐步分配到以后各次工序中去,最后这部分金属逐渐使筒口附近凸缘加厚,但这不会影响零件质量。

4.2.4 拉深模工作部分结构参数的确定

4.2.4.1 拉深凸、凹模的圆角半径

凹模、凸模圆角半径对拉深工作影响很大,以凹模圆角半径 r_A 为甚。在拉深过程中,坯料在凹模圆角部位滑动时产生较大的弯曲变形,而当坯料由凹模圆角半径区进入直壁部分时,又被重新拉直,或者在通过凸模与凹模之间的间隙时受到校直作用。假如凹模的圆角半径过小,则坯料在经过凹模圆角部位时的变形阻力以及在模具间隙里通过的阻力都要增大,结果势必引起总拉深力的增大和模具寿命的缩短。例如,厚度为 1 的低碳钢零件,拉深试验结果表明,当凹模圆角半径由 6 减到 2 时,拉深力增加将近一倍。因此,当凹模圆角半径过小时,必须采用较大的极限拉深系数。在生产中,一般应尽量避免采用过小的凹模圆角半径。

凹模圆角半径过大,使在拉深初始阶段不与模具表面接触的坯料宽度加大,因而这部分坯料很容易起皱。在拉深后期,过大的凹模圆角半径也会使坯料外缘过早地脱离压边圈的作用而起皱,尤其是当坯料的相对厚度小时,这个现象十分突出。因此,在设计模具时,应该根据具体条件选取适当的圆角半径值。

凸模圆角半径 r_T 对拉深工件的影响不像凹模圆角半径 r_A 那样显著。但是过小的凸模圆角半径会使坯料在这个部位上受到过大的弯曲变形,结果降低了坯料危险断面(底与直壁交接部分)的强度,这也使极限拉深系数增大。另外,即使坯料在危险断面不被拉裂,过小的凸模圆角半径也会引起危险断面附近的坯料厚度局部变薄,而且这个局部变薄和弯曲的痕迹经过后续的拉深工序以后,还会在冲件的侧壁上遗留下来,以致影响冲件的质量。在多工序拉深时,后续工序的压边圈的圆角半径等于前次工序的凸模的圆角半径,所以当凸模圆角半径过小时,在后续的拉深工序里坯料沿压边圈的滑动阻力也要增大,这对拉深过程的进行是不利的。若

凸模圆角半径过大,也会使在拉深初始阶段不与模具表面接触的坯料宽度加大,因而这部分坯料容易起皱。

(1) 拉深凹模圆角半径的确定

$$r_A = 0.8 \sqrt{(D - d_A) \times r} \tag{4.8}$$

式中 r_A——凹模圆角半径;

       $D - d_A$——坯料直径;

       r——凹模内径。

式(4.8)适用于 $D - d_A \leqslant 30$,当 $D - d_A > 30$ 时,应取较大的 r_A 值。

当冲件直径 $d > 200$ 时,r_A 可按下式确定:

$$r_{A\min} = 0.039d + 2$$

第一次拉深的 r_A 也可按表 4.19 选取。

表 4.19   第一次拉深凹模圆角半径

形式	厚度(t)				
	2.0~1.5	1.5~1.0	1.0~0.6	0.6~0.3	0.3~0.1
无凸缘拉深	$(4~7)\delta$	$(5~8)\delta$	$(6~9)\delta$	$(7~10)\delta$	$(8~13)\delta$
有凸缘拉深	$(6~10)\delta$	$(8~13)\delta$	$(10~16)\delta$	$(12~18)\delta$	$(15~22)\delta$

注:材料拉深性能好,且使用适当润滑剂时可取小值。

对以后各次拉深,r_A 可由下式决定:

$$r_{A2} = (0.6~0.8)r_{A1}$$

$$r_{An} = (0.7~0.9)r_{A(n-1)}$$

上两式中 r_{A2}——第二次拉深凹模圆角半径;

       r_{An}——第 n 次拉深凹模圆角半径。

(2) 凸模圆角半径

单次或多次拉深中的第一次:

$$r_T = (0.7~1.0)r_A$$

多次拉深中的以后各次:

$$r_{T(n-1)} = \frac{d_{n-1} - d_n - 2r}{2}$$

式中 d_{n-1}、d_n——前后两次工序中工序件的过渡直径。

最后一次拉深的凸模圆角半径即等于冲件的圆角半径,但不得小于$(2~3)r$。如冲件的圆角半径要求小于$(2~3)r$,则凸模圆角半径仍应取$(2~3)r$,最后用一次整形来得到冲件要求的圆角半径。

在生产中,时常要根据具体条件对以上所列数值做必要的修正。例如,当坯料相对厚度大而不用压边圈时,凹模圆角半径还可以加大;当拉深系数较大时,可以适当地减小凹模的圆角半径。在实际设计工作中也可以先选取比表中略小一些的数值,然后在试模调整时再逐渐地加大,直到冲成合格零件为止。

4.2.4.2　拉深间隙

（1）间隙对拉深过程的影响

拉深模的间隙 $2Z$ 是凹模与凸模之间横向尺寸差值，间隙的大小影响着拉深力的大小与拉深件的质量。

拉深模的凸模、凹模之间的单面间隙 Z 大，则摩擦小，能减少拉深力，但间隙大精度不易控制。间隙过大时拉深后冲件的高度小于要求得到的高度，冲件呈侧凹状。

拉深模的凸、凹模之间的单面间隙小，则摩擦大，增加拉深力，因此许用拉深系数 m 数值较大。凸模和凹模的单面间隙小于材料厚度时，受变薄拉深的影响，拉深件的精度及表面质量较高。

（2）拉深模的间隙

拉深时，凸模与凹模间的单面间隙一般都大于材料厚度，以减小摩擦力，单面间隙 Z 可按下式计算

$$Z = t_{max} + Kt$$

式中　t_{max}——材料的最大厚度；

　　　t——材料的公称厚度；

　　　K——系数，见表 4.20。

表 4.20　间隙系数 K

拉深工序数		材料厚度（t）		
		0.5～2	2～4	4～6
1	第一次	0.2	0.1	0.1
2	第一次	0.3	0.25	0.2
	第二次	0.1	0.1	0.1
3	第一次	0.5	0.4	0.35
	第二次	0.3	0.25	0.2
	第三次	0.1	0.1	0.1
4	第一、二次	0.5	0.4	0.35
	第三次	0.3	0.25	0.2
	第四次	0.1	0.1	0.1
5	第一、二、三次	0.5	0.4	0.35
	第四次	0.3	0.25	0.2
	第五次	0.1	0.1	0.1

矩形件拉深时，由于材料在角落部分变厚较多，圆角部分的间隙应较直边部分间隙大 $0.1t$。

取向的规则对于最后一次拉深工序规定如下：

①当工件外形尺寸要求一定时，以凹模为准，凸模尺寸按凹模减小以取得间隙。

②当工件内形尺寸要求一定时，以凸模为准，凹模尺寸按凸模放大以取得间隙。

除最后一次工序外，对其他工序间隙的取向不作规定。

4.2.4.3 拉深凸、凹模工作部分尺寸及其制造公差

对于多次拉深的第一次拉深及中间各次拉深,工序尺寸没有必要严格要求,其凸、凹模尺寸取工序件尺寸即可,若以凹模为基准,则

$$D_A = D_0^{+\delta_A} \tag{4.9}$$

$$D_T = (D - 2Z)_{-\delta_T}^0 \tag{4.10}$$

上两式中　D_A——凹模的基本尺寸;

　　　　　D_T——凸模的基本尺寸;

　　　　　D——工序件的基本尺寸;

　　　　　Z——凸、凹模的单面间隙;

　　　　　δ_T、δ_A——凸、凹模的制造公差。

最后一次拉深模的尺寸公差决定了冲件的尺寸精度,故其尺寸、公差应按冲件要求来确定。

当冲件外形尺寸有要求时[图 4.25(a)],以凹模为基准件,考虑到凹模易磨损,可取

$$D_A = (D_{max} - 0.75\Delta)_0^{+\delta_A} \tag{4.11}$$

$$D_T = (D_A - 2Z) = (D_{max} - 0.75\Delta - 2Z)_{-\delta_T}^0 \tag{4.12}$$

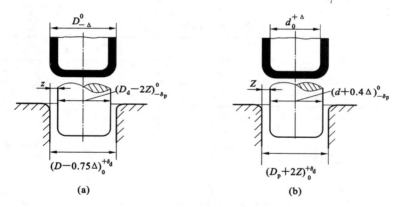

图 4.25　拉深件尺寸与模具尺寸

(a) 外形有要求时;(b) 内形有要求时

当冲件内形尺寸有要求时[图 4.25(b)],以凸模为基准件,考虑到工件的回弹及凸模几乎不磨损,可取

$$d_T = (d_{min} + 0.4\Delta)_{-\delta_T}^0 \tag{4.13}$$

$$d_A = (d_T + 2Z) = (d_{min} + 0.4\Delta + 2Z)_0^{+\delta_A} \tag{4.14}$$

上四式中　D_A、d_A——凹模的基本尺寸;

　　　　　D_T、d_T——凸模的基本尺寸;

　　　　　D_{max}、d_{min}——拉深件最大外径和最小内径尺寸;

　　　　　Δ——冲件的公差;

　　　　　Z——凸、凹模的单面间隙;

　　　　　δ_T、δ_A——凸、凹模的制造公差。

凸、凹模的制造公差,可按 IT6～IT9 级选取,或查表 4.21,也可按冲件公差的 1/3～1/4 选取。

与冲裁模类似,凸、凹模若采用配作时,只在凸模或凹模上标注公差,另一方则按间隙配作。如拉深件是标注外形尺寸时,则在凹模上标注公差;反之,标注内形尺寸时,则在凸模上标注公差。

表 4.21　凸、凹模制造公差

材料厚度 t	拉深直径					
	≤20		20~100		>100	
	δ_A	δ_T	δ_A	δ_T	δ_A	δ_T
≤0.5	0.02	0.01	0.03	0.02	—	—
0.5~1.5	0.04	0.02	0.05	0.03	0.08	0.05
>1.5	0.06	0.04	0.08	0.05	0.10	0.06

4.2.5　拉深模的典型结构

拉深模按其工序顺序可分为首次拉深模和后续各工序拉深模,它们之间的本质区别在于压边圈的结构和定位方式的差异。按拉深模使用的冲压设备又可分为单动压力机用拉深模、双动压力机用拉深模及三动压力机用拉深模,它们的本质区别在于压边装置的不同(弹性压边和刚性压边)。按工序的组合来分,又可分为单工序拉深模、复合模和级进拉深模。此外还可按有无压边装置可分为无压边装置拉深模和有压边装置拉深模等。下面将介绍几种常见的拉深模典型结构。

4.2.5.1　首次拉深模

(1)无压边圈的首次拉深模

如图 4.26 所示为无压边圈的首次拉深模典型结构,适于坯料塑性好、相对厚度$(t/D) \times 100 \geqslant 2$、$m_1 > 0.6$ 的拉深工作。由图可以看出,圆坯料由定位板 5 定位,凸模 2 下行,坯料通过凹模孔成型,凸模回程时,冲件被凹模内壁的台阶卸下。为了使坯料容易进入凹模,凹模口部应做成30°锥度或抛物线形。模具设计时,应设法减少拉深件和凹模直壁间的摩擦,以提高拉深件的表面质量。为此,凹模直壁高度 h 不能太大,在一般拉深时,h 取 9~13;精度要求高时,取 6~10;变薄拉深时,取 3~6。凸模中心有气孔,以便于卸件与保证冲件质量。

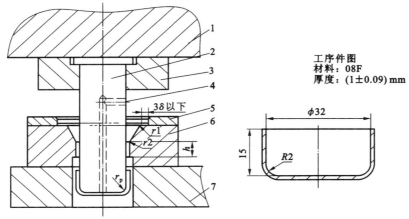

图 4.26　无压边圈的首次拉深模
1—上模座;2—凸模;3—固定板;4—出气孔;5—定位板;6—凹模;7—下模座

（2）带压边圈的首次拉深模

如图 4.27 所示为带固定压边圈的首次拉深模。压边圈 5 用螺钉固定在凹模 7 上，它与凹模之间间隙是不变的，略大于坯料厚度（$1.2t$）。拉深时，坯料变形区在固定压边圈和凹模的间隙间流动，可以防止坯料的失稳起皱。固定压边圈能承受的压力很大，所以这种模具适于厚板拉深。

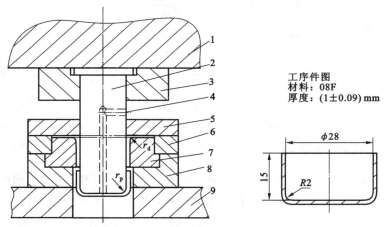

工序件图
材料：08F
厚度：(1 ± 0.09) mm

图 4.27　有压边圈的首次拉深模

1—上模座；2—凸模；3—凸模固定板；4—出气孔；5—压边圈；6—定位板；7—凹模；8—凹模固定板；9—下模座

如图 4.28 所示为具有弹性压边圈的首次拉深模。压边圈 8 与弹簧 1、螺栓 5 和限位螺栓 9 等零件组成弹性压边装置，坯料由定位板 10 定位。上模下行时，压缩弹簧 1 产生的压力作用在坯料上。上模继续下行，弹簧不断被压缩，凸模将坯料拉入凹模 11 成型。对于直壁较大的拉深件，弹簧的压缩量也大，压边力也会急剧线性增加。为了防止压边力过大引起冲件破裂，在压边上装有 3～4 个限位螺栓 9，使弹簧 1 在压缩过程中产生的一部分压边力通过限位

工序件图
材料：08F
厚度：(1 ± 0.09) mm

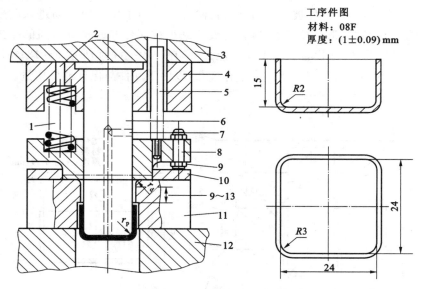

图 4.28　带弹性压边圈的首次拉深模

1—弹簧；2—通孔；3—上模座；4—凸模固定板；5—螺栓；6—凸模；

7—凸模气孔；8—压边圈；9—限位螺栓；10—定位板；11—凹模；12—下模座

螺栓作用在下模上,保持作用在坯料上的压边力仍为一定值。为了提高拉深件表面质量,应减少拉深件与凹模直壁的摩擦,对于一般精度的拉深件,凹模直壁高度可为 9～13。

（3）落料首次拉深复合模

如图 4.29 所示为落料和首次拉深复合模的典型结构,适于圆形、矩形或正方形冲件的拉深。

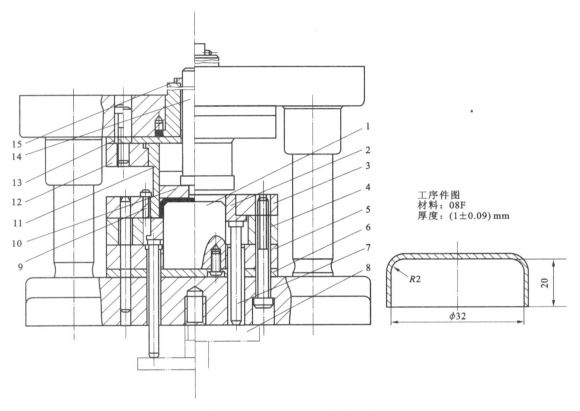

工序件图
材料：08F
厚度：(1±0.09) mm

图 4.29　落料和首次拉深复合模

1—凸模；2—顶板；3—落料凹模；4—垫板；5—固定板；6—下垫板；7—顶杆；8—顶板；
9—定位钉；10—推板；11—凸凹模；12—固定板；13—上垫板；14—打杆；15—销钉

冲压时,上模下行,凸凹模 11 与落料凹模 3 冲出坯料外形,上模继续下行,拉深凸模 1 将坯料拉入凸凹模 11 成型。上模回程后,由顶板 2 和推板 10 将拉深件推出。

（4）双动压力机上使用的首次拉深模

双动压力机由内、外两个滑块组成。外滑块沿机身导轨滑动,在拉深中往往用来安装压边圈,落料拉深时安装落料凸模(兼作压边圈)。内滑块沿外滑块内导轨滑动,用来安装拉深凸模。两个滑块同时作用,可对坯料进行拉深或落料拉深。由于双动压力机和单动压力机的工作方式不同,所以拉深模的结构也不同。采用双动压力机拉深,因外滑块和内滑块是单独运动的,因此外滑块压边力可单独调整,以控制冲件起皱。但由于双动压力机外滑块产生的压边力,有时受到坯料厚度的波动和操作方面等因素的影响,只靠压边力防皱不很可靠。因此,对于形状复杂的零件,常在压边圈上设置压料筋,以有效地防止起皱。

如图 4.30 所示是双动压力机首次拉深模结构,压边圈 8 安装在双动压力机的外滑块上,凸模 7 及凸模固定板 11 安装在双动压力机内滑块上。工作时,把预先冲剪成的坯料置于凹模上,用压边圈 8 压紧,然后内滑块带动凸模 7 进行拉深。

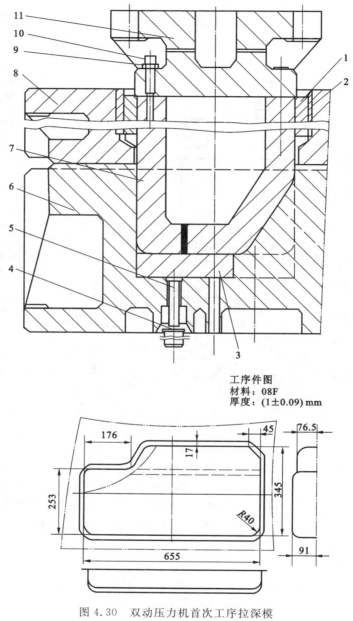

工序件图
材料:08F
厚度:(1±0.09)mm

图 4.30　双动压力机首次工序拉深模

1—顶板;2—导板;3—顶板;4—大顶杆;5—小顶杆;6—凹模;7—凸模;

8—压边圈;9—垫片;10—螺杆;11—凸模固定板

4.2.5.2　后续各次拉深模

如图 4.31(a)所示为无压边圈的再次拉深模。凸、凹模分别固定在上、下模上,首次拉深后的工序件由定位板 6 定位,凸模下行将工序件拉入凹模成型,拉深后凸模回程,工序件由凹模孔台阶卸下。凹模口部形状及尺寸如图 4.31(b)所示。为减少拉深件与凹模的摩擦,凹模

直边高度 h 取 9～13 mm。该模具适于变形程度不大、拉深件直径和壁厚要求均匀的再次拉深工作。

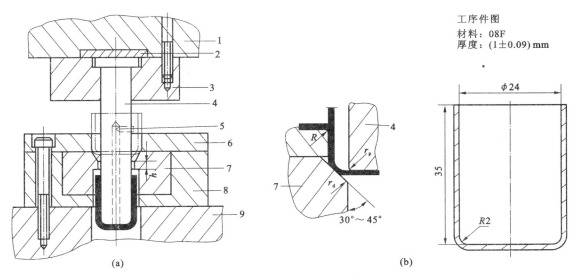

图 4.31　无压边圈的再次拉深模

1—上模座；2—垫板；3—凸模固定板；4—凸模；5—凸模气孔；6—定位圈；7—凹模；8—凹模座；9—下模座

　　如图 4.32 所示为带弹性压边圈的再次拉深模。凸模 7 和压边圈 8 在下模，凹模固定在上模，首次拉深后的工序件由压边圈 8 外径定位。上模下行，凹模 6 和压边圈 8 压料后向下移动，将工序件拉入凹模成型。拉深后，凸模回程，拉深件从凹模中推出。该模具的压边圈在下模，可以选用大弹簧、橡皮或气垫压边。如图 4.32(b)(侧视图)所示的模具上装有限位销 10，用以防止凸模下行时弹簧或橡皮不断被压缩，压边力急剧增加引起的零件破裂。这种模具结

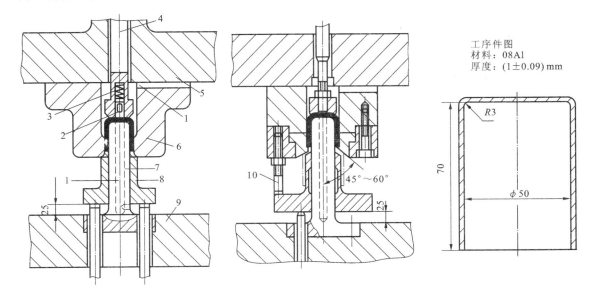

图 4.32　带弹性压边圈的再次拉深模

1—气孔；2—圆销；3—弹簧；4—打料杆；5—上模座；6—凹模；7—凸模；8—压边圈；9—下模座；10—限位销

构合理,使用方便,在冲压生产中广泛应用。

4.2.5.3　带料连续拉深模

如图 4.33 所示为有工艺切口的带料连续拉深模。按工步顺序进行工艺切口、第一道拉深、第二道拉深、冲底孔、底孔翻孔、落料六道工序。由于第一道拉深压料力较大,故采用碟形弹簧 4 压料以防起皱。卸件采用装在下模的弹压卸料装置。该模具冲孔废料和工件均经上模内的孔道逐个地顶出。在冲底孔时,以外套 6 定位;而在底孔翻孔工位上则以定位销 7 定位,定位销 7 同时还能防止推板压料而阻碍翻孔变形。

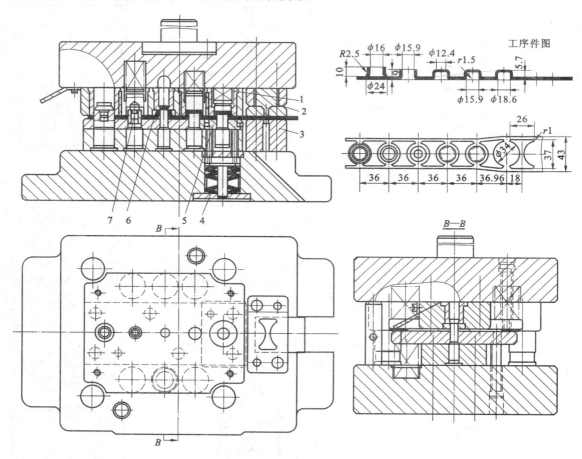

图 4.33　带料连续拉深模

1—拉深凹模;2—冲工艺切口模;3—冲工艺切口凹模;4—碟形弹簧;5—压料圈;6—外套;7—定位销

4.3　项目实施

参见图 4.1 所示零件,材料为 08 钢,厚度 $t=1$,大批量生产。该零件为带凸缘筒形件,零件的形状简单、对称,底部圆角半径 $r=2>t$,凸缘处的圆角半径 $R=2=2t$,满足拉深工艺对形状和圆角半径的要求;尺寸 $\phi20.1_0^{+0.1}$ 为 IT12 级,其余尺寸为未注公差,满足拉深工艺对精度等级的要求;零件所用材料 08 钢的拉深性能较好,易于拉深成型。

综上所述,该零件的拉深工艺性较好,可用拉深工序加工。

（1）工艺方案确定

为了确定零件的成型工艺方案,先应计算拉深次数及有关工序尺寸。板料厚度 $t=1$,按中线尺寸计算。

① 计算坯料直径

根据零件尺寸,查表 4.7 得切边余量 $\Delta R=2.2$,故实际凸缘直径 $d_T=55.4+2\times2.2=59.8$。由表 4.8 查得带凸缘圆筒件的坯料直径计算公式为:

$$D=\sqrt{d_1^2+6.28rd_1+8r^2+4d_2h+6.28Rd_2+4.56R^2+d_4^2-d_3^2}$$

确定各参数为 $d_1=16.1,R=r=2.5,d_2=21.1,h=27,d_3=26.1,d_4=59.8$,代入上式得:

$$D=\sqrt{3200+2895}\approx78$$

式中　3200 mm² ——筒形部位的表面积;

　　　2895 mm² ——凸缘部位的表面积。

② 判断可否一次拉深成型

根据 $d/D=1/78=1.28\%,d_t/d=59.8/21.1=2.83,H/d=32/21=1.52,m_t=d/D=21.1/78=0.27$,查表 4.9 可知 $m_1=0.35$,说明该零件不能一次拉深成型,需要多次拉深。

③ 确定首次拉深工序件尺寸

初定 $d_t/d_1=1.3$,查表 4.9 得 $m_1=0.51$,取 $m_1=0.52$,则:

$$d_1=m_1\times D=0.52\times78=40.5$$

取 $r_1=R_1=5.5$。

为了使以后各次拉深时凸缘不再变形,取首次拉入凹模的材料面积比最后一次拉入凹模的材料面积(即筒形部位的表面积)增加 5%,故坯料直径修正为:

$$D=\sqrt{3200\times105\%+2895}\approx79$$

可得首次拉深高度为:

$$H_1=\frac{0.25}{d_1}(D^2-d_t^2)+0.43(r_1+R_1)+\frac{0.14}{d_1}(r_1^2-R_1^2)$$

$$=\frac{0.25}{40.5}\times(79^2-59.8^2)+0.43\times(5.5+5.5)=21.2$$

验算所取 m_1 是否合理:根据 $d/D=1/78=1.28\%,d_t/d_1=59.8/40.5=1.48$,查表 4.10 可知 $H_1/d_1=0.58$。因为 $H_1/d_1=21.2/40.5=0.52<H_1/d_1$,因此所取 m_1 是合理的。

④ 计算以后各次拉深的工序件尺寸

查表 4.9,得到 $m_2=0.75,m_3=0.78,m_4=0.80$,则:

$$d_2=m_2\times d_1=0.75\times40.5=30.4$$

$$d_3=m_3\times d_2=0.78\times30.4=23.7$$

$$d_4=m_4\times d_3=0.80\times23.7=19.0$$

因为 $d_3=23.7>21.1,d_4=19.0<21.1$,故共需四次拉深。

调整以后各次拉深系数,取 $m_2=0.77,m_3=0.80,m_4=0.844$(必须保证 $d_4=21.1$)。所以以后各次拉深工序件的直径为:

$$d_2=m_2\times d_1=0.77\times40.5=31.2$$

$$d_3=m_3\times d_2=0.80\times31.2=25.0$$

$$d_4=m_4\times d_3=0.844\times25.0=21.1$$

以后各次拉深工序件的圆角半径取：

$$r_2 = R_2 = 4.5, r_3 = R_3 = 3.5, r_4 = R_4 = 2.5$$

设第二次拉深时多拉入 3% 的材料(其余 2% 的材料返回到凸缘上)，第三次拉深时多拉入 1.5% 的材料(其余 1.5% 的材料返回到凸缘上)，则第二次和第三次拉深的假想坯料直径分别为：

$$D' = \sqrt{3200 \times 103\% + 2895} = 78.7$$

$$D'' = \sqrt{3200 \times 101.5\% + 2895} = 78.4$$

以后各次拉深工序件的高度为：

$$H_2 = \frac{0.25}{d_2}(D'^2 - d_t^2) + 0.43(r_2 + R_2) + \frac{0.14}{d_2}(r_2^2 - R_2^2)$$

$$= \frac{0.25}{31.2} \times (78.7^2 - 59.8^2) + 0.43 \times (4.5 + 4.5) = 24.8$$

$$H_3 = \frac{0.25}{d_2}(D''^2 - d_t^2) + 0.43(r_3 + R_3) + \frac{0.14}{d_3}(r_3^2 - R_3^2)$$

$$= \frac{0.25}{31.2} \times (78.4^2 - 59.8^2) + 0.43 \times (3.5 + 3.5) = 28.7$$

最后一次拉深后达到零件的高度，上一道工序多拉入的 1.5% 的材料全部返回到凸缘，拉深工序结束。

将上述中线尺寸计算的工序件尺寸换算成与零件图相同的标注形式后，所得各工序件的尺寸如图 4.34 所示。

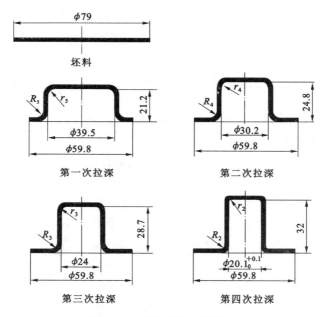

图 4.34　各次拉深工序尺寸

⑤ 工艺方案

根据上述计算结果，本零件需要落料(制成 $\phi79$ 的坯料)、四次拉深和切边(达到零件要求的凸缘直径 $\phi55.4$)共六道冲压工序。考虑到该零件的首次拉深高度较小，且坯料直径($\phi79$)

与首次拉深后的简体直径(ϕ39.5)的差值较大,为了提高生产效率,可将坯料的落料与首次拉深复合。因此,该零件的冲压工艺方案为落料与首次拉深复合→第二次拉深→第三次拉深→第四次拉深→切边。

以下仅以落料与首次拉深复合为例介绍拉深模设计过程。

(2) 落料与首次拉深复合工序力的计算

① 冲裁力

取 08 钢的强度极限为 σ_b=400 MPa,因此:
$$\text{冲裁力 } F = Lt\sigma_b = 79\pi \times 1 \times 400 = 99274 \text{ N} \approx 100 \text{ kN}$$

板厚 t=1,可以采用刚性卸料板卸料。

② 拉深力与压料力

拉深力
$$F_L = K_2 d_1 t\sigma_b = 0.70 \times 3.14 \times 40.5 \times 1 \times 400 = 35608 \text{ N} \approx 36 \text{ kN}$$

压料力
$$F_Y = \pi(D^2 - d_1^2)\frac{p}{4} = 3.14 \times (79^2 - 40.5^2) \times \frac{2.5}{4} = 9029 \text{ N} \approx 9 \text{ kN}$$

③ 初选压力机标称压力

确定机械式拉深压力机标称压力时必须注意,当拉深工作行程较大,特别是落料拉深复合时,由于滑块的受力行程大于压力机的标称压力行程(即曲柄开始受力时的工作转角 α 大于标称压力角),必须使落料拉深力曲线位于压力机滑块的许用负荷曲线之下,而不能简单地按压力机标称压力大于拉深力(或拉深力与压料力之和)的原则去确定规格。

实际生产中可以按下式初步确定拉深工序所需的压力机标称压力:
$$F_g \geqslant (1.8 \sim 2.0)(F_L + F_Y)$$

本例拉深的高度不大(H_1=21.2),因此有:
$$F_g \geqslant 1.8(F_L + F_Y) = 81 \text{ kN}$$

由于此复合模工作时落料工序和拉深工序是先后进行的,并未产生落料力和拉深力的叠加。按落料力初选的压力机标称压力为:
$$F_g \geqslant 1.25F = 125 \text{ kN}$$

综合以上两方面,初步确定所需压力机的标称压力:$F_g \geqslant$125 kN。待确定压力机型号后再校核。

(3) 模具工作部分尺寸的计算

落料凸模、凹模的刃口尺寸计算参见冲裁模设计计算过程。

拉深凸模、凹模工作部分尺寸计算如下:

① 凸、凹模间隙

凸、凹的单边间隙为 $Z = t_{max} + Kd$,由表 4.20 查得 K=0.2,取 $Z = 1.2t = 1.2$。

② 凸、凹模圆角半径

由前述计算,凸模圆角半径 r_T=5,凹模圆角半径 r_A=5。

③ 凸、凹模工作尺寸及公差

由于此次拉深为中间工序,由凸、凹模工作尺寸及公差计算式,取凸模制造公差 δ_T=0.02,凹模制造公差 δ_A=0.04,有:

$$d_T = d^0_{(\min-\delta_T)} = 39.5^0_{-0.02}$$

$$d_A = (d_{\min} + 2Z)^{+\delta_A}_0 = (39.5 + 2 \times 1.05)^{+0.04}_0 = 41.6^{+0.04}_0$$

④ 凸模通气孔

根据凸模直径大小,取通气孔直径为 $\phi5$。

(4) 模具的总体设计(图 4.35)

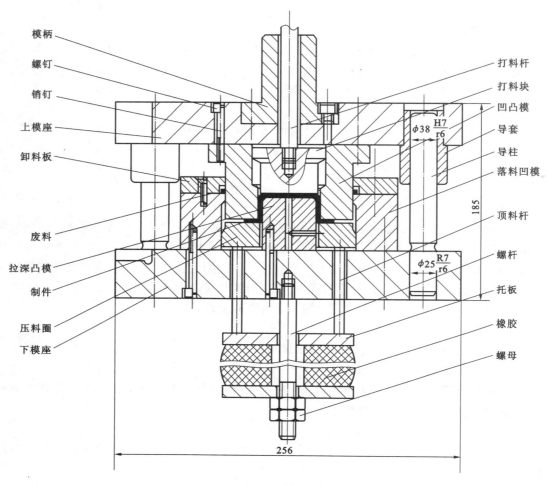

图 4.35 落料首次拉深复合模

(5) 压力机选择

根据标称压力 $F_g \geqslant 125$ kN,滑块行程 $S \geqslant 2h_{工件} = 2 \times 21.2 = 42.4$,及模具闭合高度 185,确定选择型号为 JC 23—35 型开式双柱可倾压力机。

校核过程如下:确定所选型号压力机的滑块许用负荷图,根据工艺安排、设备参数和模具结构确定模具工作过程中对应的落料拉深力曲线,若落料拉深力曲线处于许用负荷曲线之下,则所选设备符合工作要求;若落料拉深力曲线超出许可范围,则需选择标称压力更大型号的压力机,继续以上校核过程。

本例中,落料拉深力曲线处于 JC 23—35 压力机滑块许用负荷曲线以下,符合设备安全工作要求。

（6）模具零件设计

根据模具总装图结构、拉深工序要求及前述模具工作部分的计算，设计出模具各零件。

4.4 知 识 拓 展

4.4.1 其他形状零件的拉深特点

4.4.1.1 阶梯形拉深

（1）一次拉深

阶梯形零件的拉深与圆筒形件的拉深基本相同，即每一阶梯相当于相应圆筒形件的拉深。而其主要问题是要决定该阶梯形零件是否可以一次拉成，还是需要多次才能拉成。

用近似方法判断能否一次拉出零件，即求出零件的高度与最小直径之比 $h/d_{n(\min)}$，再按前面所述圆筒形件拉深相对高度表 4.6 查得其工序次数，如工序次数为 1，则可一次拉出。

【例 4.2】 如图 4.36 所示，材料：08 钢，板厚：$t=1.5$。

按表 4.8 式，求得坯料直径 $D=107$，则 $(t/D)\times100=1.4$，$h/d=0.6$，查表 4.6 可知，该零件可以一次直接拉出。

（2）多次拉深

多次拉深的阶梯形件，其一般拉深方法如下：

① 假若任意两相邻阶梯直径的比值 d_n/d_{n-1} 都不小于相应的圆筒形件的极限拉深系数时，则其拉深方法为由大阶梯到小阶梯依次拉出（图 4.37），而其拉深次数则等于阶梯数目，即各阶梯拉深次数之和。

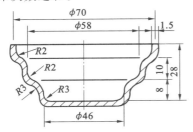

图 4.36 阶梯零件示例

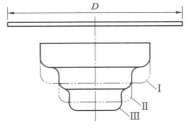

图 4.37 拉深次序

【例 4.3】 某冲件外罩（图 4.38），材料：H62 软黄铜，板厚：$t=1$。

该冲件系拉深之后切底而成，属于阶梯形拉深件。求出该冲件两阶梯直径之比为：

$$\frac{d_2}{d_1}=\frac{24}{48}=0.5 \quad \frac{t}{D}\times100\approx1.0$$

查相应圆筒形件拉深系数（表 4.9）得知，该值接近相应圆筒形件的极限拉深值，但根据经验，其拉深办法如图 4.39 所示，即分两次拉深，每次拉出一个阶梯。

② 假若某相邻两阶梯直径比值 d_n/d_{n-1} 小于相应圆筒形件的极限拉深系数时，则由直径 d_{n-1} 到 d_n 按凸缘件的拉深办

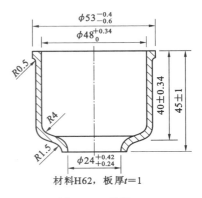

材料H62，板厚$t=1$

图 4.38 外罩

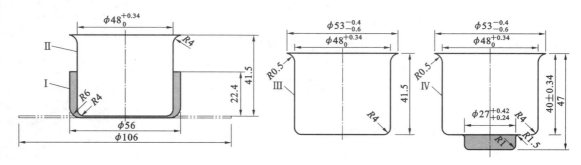

图 4.39　外罩的拉深过程

法,其拉深顺序由小阶梯到大阶梯依次拉深。

4.4.1.2　盒形件拉深

（1）盒形件的拉深特点

盒形件可以认为是由圆角部分和直边部分组成的,其拉深变形可以近似地认为:圆角部分相当于圆筒形件的拉深,而其直边部分相当于简单的弯曲。但是,由于直边部分和圆角部分并不是截然分开的,而是连在一块的整体,因此必须通过实验观察分析。

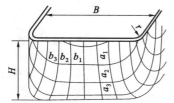

图 4.40　盒形件拉深时的金属流动

如在盒形坯料上画上方格网,其纵向间距为 a,横向间距为 b,且 $a=b$。拉深后方格网发生变化,如图 4.40 所示,即横向间距缩小,而且越靠近角部缩小越多,即 $b>b_1>b_2>b_3$;纵向间距增大,而且越向上,间距增大越多,即 $a_1>a_2>a_3>a$。

这说明,直边部分不是单纯的弯曲,因为圆角部分的材料要向直边部分流动,故直边部分还受挤压。同样,圆角部分也不完全与圆筒形零件的拉深相同,由于直边部分的存在,圆角部分的材料可以向直边部分流动,这就减轻了圆角部分材料的变形程度(与半径和其圆角半径相同的圆筒形件比)。

从拉深力观点看:由于直边部分和圆角部分的内在联系,直边部分除承受弯曲应力外,还承受挤压应力;而圆角部分则由于变形程度减小(与相应圆筒形件比),则需要克服的变形阻力也就减小,从而使圆角部分所承担的拉深力较相应圆筒形件的拉深力小,其应力状态如图 4.41 所示。

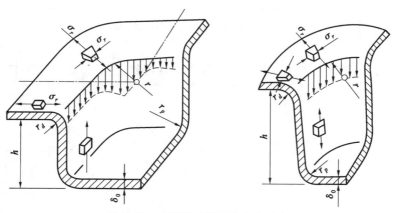

图 4.41　盒形件拉深时的应力分布

由以上观察分析可知,盒形件拉深的特点如下:

径向拉应力 σ_r 沿盒件周边的分布是不均匀的,在圆角部分最大,在直边部分最小,而 σ_r 的分布也是一样。其次,以角部来说,由于应力分布不均匀,其平均拉应力与相应的圆筒形零件(后者的拉应力是平均分布的)相比要小得多。因此,就危险断面处的载荷来说,盒形件的要小得多。故对于相同材料,盒形件的拉深系数可取小些。

由于压(挤压)应力 σ_t 在角部最大,向直边部分逐渐减小,因此,与角部相等的圆筒形件相比,材料稳定性加强了,起皱的趋势减少,直边部分很少起皱。

直边和圆角互相影响的大小,随着盒的形状不同而不同。如果相对圆角半径 r/B 和相对高度 H/B(B 为矩形件短边)不同,在坯料计算和工序计算的方法上都有很大的不同。

（2）坯料尺寸的计算

盒形件拉深时,某些圆角部分的金属被挤向直边,r/B 越小,这种现象越严重。在决定坯料尺寸时,必须考虑这部分材料的转移。

对于一次拉深成型的矩形盒,其坯料尺寸可计算如下:

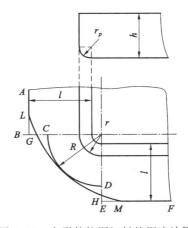

先将直边按弯曲计算,圆角部分按 1/4 圆筒拉深计算,于是得出坯料外形 $ABCDEF$,如图 4.42 所示;然后过 BC 和 DE 的中点 G 和 H 作圆弧 R 的切线,再用圆弧将切线和直边展开线连接起来,便得最后修正的坯料外形 $ALGHMF$。

按弯曲展开的直边部分的长度为

$$l=h+0.57r_p$$

式中　h——矩形盒高度(包括修边余量 Δh);

　　　r_p——矩形盒底部圆角半径。

Δh 值可按表 4.22 选取。

图 4.42　盒形件拉深坯料的概略计算

表 4.22　盒形件修边余量 Δh

所需拉深次数	1	2	3	4
修边余量 Δh	$(0.03\sim0.05)h$	$(0.04\sim0.06)h$	$(0.05\sim0.08)h$	$(0.06\sim0.1)h$

圆角部分按 1/4 圆筒拉深计算,当 $r>r_p$ 时,得:

$$R=\sqrt{r^2+2rh-0.86r_p(r+0.16r_p)}$$

若方形盒高度较大,需多次拉深,可采用圆形坯料如图 4.43 所示,其直径为:

$$D=1.13\sqrt{B^2+4B(h-0.43)r_p-1.72r(h+0.5r)-4r_p(0.11r_p-0.18r)} \tag{4.15}$$

对于高度与角部圆角半径较大的矩形盒,可采用如图 4.44 所示的长圆形或椭圆形坯料。坯料窄边的曲率半径按半个方盒计算,即取 $R=D/2$,圆弧中心离零件短边的距离为 $B/2$。当高度较大需要多次拉深时,也可采用圆形坯料,如图 4.45 所示,各中间工序拉深成直壁椭圆形,最后拉成矩形盒。

（3）盒形件初次拉深的极限变形程度

盒形件初次拉深的极限变形程度,可用其相对高度 h/r 表示。由平板坯料一次拉深成型

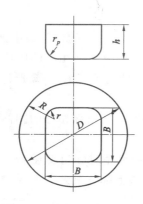

图 4.43　高方形盒的坯料形状与尺寸

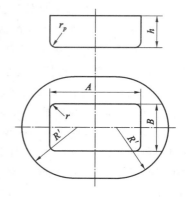

图 4.44　高矩形盒的坯料形状与尺寸

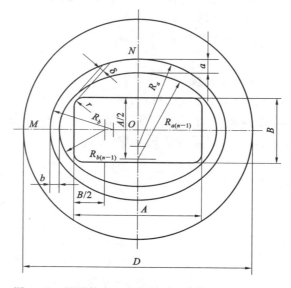

图 4.45　矩形件多工序拉深时工序件的形状与尺寸

的盒形件,其最大相对高度值与 r/B、δ/B、板料性能等有关,其值见表 4.23。当 $\delta/B<0.01$,且 $A/B\approx1$ 时,取较小值;当 $\delta/B>0.015$,且 $A/B\geqslant2$ 时,取较大值。表中数据适用于低碳钢板的拉深。

表 4.23　盒形件初次拉深最大相对高度值

相对角部圆角半径 r/B	0.4	0.3	0.2	0.1	0.05
相对高度 h/r	2~3	2.8~4	4~6	8~12	10~15

若 h/r 不超过表中极限值,则可一次拉深成型,否则需多次拉深。

4.4.2　拉深过程的润滑及处理

为了保证拉深工艺过程的顺利进行,提高拉深零件的尺寸精度和表面质量,延长模具的使用寿命,需要安排一些必要的辅助工序,如坯料或工序件的热处理、酸洗和润滑等。实践证明,拉深过程的这些辅助工序是拉深乃至其他冲压工艺过程不可缺少的工序。

（1）润滑

在冲压中，材料与模具接触面上总是有摩擦力存在。摩擦对于板料成型不总是有害的，也有有益的一面。在某些成型工序或成型工序的某些部位，需要借助摩擦力，达到预期的成型目的。例如圆筒形零件的拉深工序、压料圈和凹模与板料间的摩擦力 F_1、凹模圆角与板料的摩擦力 F_2、凹模侧壁与板料间的摩擦力 F_3 等不但增大了侧壁传力区的拉应力，并且会刮伤模具和零件的表面，因而对拉深成型不利，应尽量减小。而凸模侧壁和圆角与板料之间的摩擦力 F_4 和 F_5 都会阻止板料在危险断面处的变薄，因而对拉深成型是有益的，不应过小。又如曲面零件的拉深，如果压料圈和凹模与板料间的摩擦力过小，径向拉应力 σ_1 减小，拉深过程中坯料容易起皱；凸模与板料间摩擦力过小，则容易引起破裂。

由此可见，在拉深成型中，需要摩擦力小的部位，必须润滑，模具表面粗糙度应该小，以降低摩擦系数，减小拉应力，提高极限变形程度；而摩擦力不必过小的部位，可不润滑，模具表面粗糙度不宜很小。其他成型工序也存在这种情况。

冲压用润滑剂可查有关手册。

（2）热处理

对于拉深等成型工序，金属材料产生较大的加工硬化，致使继续变形困难甚至不可能，为了后续成型工序的顺利进行，或消除工件的内应力，必要时应进行工序间的热处理或最后消除应力的热处理。

冲压用的原材料按硬化强度可分为普通硬化金属材料（如 08 钢、10 钢、15 钢、黄铜和退火过的铝等）和高度硬化金属（如不锈钢、耐热钢、退火紫铜等）。对于普通硬化的金属，若工艺过程正确，模具设计合理，一般可不进行中间热处理；而对高度硬化金属，一般拉深一、二道工序后就要进行中间热处理。不需要进行中间热处理能完成的拉深次数见表 4.24。表 4.24 所列不需要热处理所能完成的拉深次数不是绝对的，如果在工艺和模具方面采取有效措施，可以减少甚至不需要中间热处理工序。例如通过增大各次拉深系数而增加拉深次数，让危险断面沿侧壁逐次上移，可以使拉裂的矛盾得到缓和，就有可能在较大总变形程度情况下不进行中间热处理。

表 4.24　不需热处理所能完成的拉深次数

材料	08 钢、10 钢、15 钢	铝	黄铜 H68	不锈钢	镁合金	钛合金
次数	3～4	4～5	2～4	1～2	1	1

为消除加工硬化而进行的热处理方法，对于一般金属材料是退火，对于奥氏体不锈钢、耐热钢则是淬火。退火又分为低温退火和高温退火，低温退火是把加工硬化的冲件加热到再结晶温度，使之得到再结晶组织，消除硬化，恢复塑性。由于温度较低，表面质量较好，这是冷冲压中常用的方法。

高温退火是把加工硬化的冲件加热到临界点以上（钢加热到 A_{C3} 以上）一定的温度，得到经过相变的新的平衡组织，完全消除了硬化现象，塑性得到更好恢复，但温度高，表面质量较差。高温退火用于加工硬化严重的情况。

中间热处理或最后消除应力的热处理，应尽量及时进行，以免长期存放造成冲件变形或裂纹，尤其是不锈钢、耐热钢、黄铜更要注意这一点。

由于冷冲压过程进行热处理的对象是工序件或工件，而且多为板料零件，如果安排了热处理工序,就必须进行酸洗等消除氧化物或其他污物的工作,因此,应尽量避免或减少热处理工序。即使需要进行热处理,也应根据材料性质和加工硬化程度,正确确定热处理方法及其处理规范,正确选择加热方法及采取防止氧化的保护措施。

思 考 题

4.1 拉深变形的特点是什么?拉深的基本过程是怎样的?

4.2 什么情况下会产生拉裂?

4.3 影响拉深时坯料起皱的主要因素是什么?防止起皱有哪些方法?

4.4 什么是拉深系数?拉深系数对拉深有何影响?影响拉深系数的因素有哪些?

4.5 采用压边圈的条件是什么?

4.6 什么是拉深间隙?拉深间隙对拉深工艺有何影响?

4.7 拉深过程中工件热处理的目的是什么?

4.8 拉深过程中润滑的目的是什么?如何合理润滑?

4.9 计算图 4.46 中拉深件的坯料尺寸、拉深次数及各次拉深半成品尺寸,并用工序图表示出来。材料为 08F。

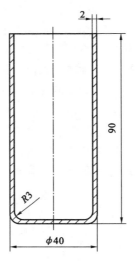

图 4.46 思考题 4.9 图

项目 5 其他冲压工艺及模具设计

❖ **项目目标**

(1) 能分析胀形、翻边、缩口、校平、整形成型工艺的变形特点。
(2) 会进行胀形、翻边工艺的工艺参数计算；能进行胀形、翻边模具结构设计。
(3) 会分析缩口、校平、整形、旋压等成型工序模具的工作原理和结构特征。

5.1 项 目 分 析

在冲压生产中，除冲裁、弯曲、拉深等工序外，还有胀形、翻边、缩口、扩口、校形、旋压等一些工序，通常称为成型工序。成型工序是指用各种局部变形的方法来改变坯料或工序件形状的加工方法，常和其他冲压工序组合在一起，加工某些复杂形状的零件。根据变形特点，可分为伸长类变形和压缩类变形，如胀形和翻圆孔属于伸长类变形，常因变形区拉应力过大而出现拉裂破坏；而缩口和外缘翻凸边属于压缩类变形，常因变形区压应力过大而产生失稳起皱；对于校平和整形，由于变形量不大，一般不会产生拉裂或起皱，主要解决回弹的问题。

因不同的成型工序呈现不同的变形特点，所以在制定工艺和设计模具时，要根据不同的成型工序特点来确定合理的工艺参数，并且合理地设计模具结构。

如图 5.1 所示为罩盖零件图，分析其形状，侧壁凸出成鼓状(即凸肚)，底部向内突出形成凸包，这两部分的形状皆是由胀形而成，零件选用的材料为料厚 0.5 的 10 钢，中批量生产，要求设计出胀形模结构。

胀形与其他冲压成型工序的主要不同之处是，胀形时变形区在板面方向呈双向拉应力状态，在板厚方向是减薄，即厚度减薄，表面积增加。胀形主要用于加强筋、花纹图案、标

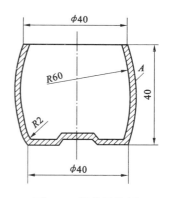

图 5.1 罩盖零件图

记等平板毛坯的局部成型，波纹管、高压气瓶、球形容器等空心毛坯的胀形，飞机和汽车蒙皮等薄板的拉张成型。

罩盖侧壁的凸肚胀形和底部的凸包胀形是有区别的，凸肚属于空心毛坯胀形，是将空心件或管件沿径向向外扩张，胀出所需凸起曲面的一种加工方法；而底部凸包是由平板毛坯胀形而成。虽是两种胀形形式，但可以在一副模具上将这两种胀形同时成型，可以在充分掌握成型相关知识后再进行模具的设计。

5.2　相　关　知　识

5.2.1　胀形

冲压生产中,一般将空心件或管状件沿径向向外扩张的成型工序称为胀形,该成型工序和平板坯料的局部凸起变形,在变形性质上基本相同,因此,可以把在坯料的平面或曲面上使之凸起或凹进的成型统称为胀形,图 5.2 所示为各种胀形件。

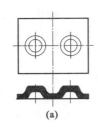  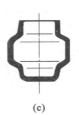 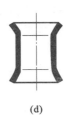

(a)　　　　　　　　　(b)　　　　　　　　　(c)　　　　　　　　　(d)

图 5.2　各种胀形件

5.2.1.1　胀形成型特点

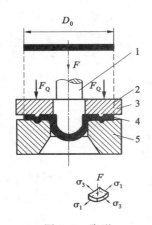

图 5.3　胀形

1—凸模;2—压料筋;
3—压边圈;4—坯料;5—凹模

利用图 5.3 所示的球形凸模对平板坯料进行胀形可说明胀形的基本特点。胀形属于伸长类变形,由于坯料被有压料筋的压边圈压住,变形区限制在凹模口内。在凸模的作用下,变形区大部分材料受双向拉应力作用而变形,其厚度变薄、表面积增大,形成一个凸起。一般情况下,胀形变形区内金属不会产生失稳起皱,故表面光滑、质量较好。由于胀形变形区内金属处于双向受拉的应力状态,因而其成型极限受拉裂的限制。材料塑性越好,硬化指数 n 值越大,可达到的极限变形程度越大。此外,模具结构、零件形状、润滑条件及材料厚度等也影响胀形区金属的变形。因此凡是能使变形均匀、降低危险部位拉应变值的各种因素,均可提高极限变形程度。

根据不同的毛坯形状胀形可分为有平板毛坯的胀形(又称起伏成型)、圆柱形毛坯的胀形及平板毛坯的拉胀成型。

平板坯料在模具的作用下,产生局部凸起的冲压方法称为起伏成型。其主要用于提高零件的刚度和强度,如压加强筋、压加强窝,也可按零件要求压凸包、压字、压花纹等。

图 5.4 所示是起伏成型的一些例子,起伏成型常采用金属冲模。

① 压加强筋(或加强窝)　因压筋后零件惯性矩的改变和材料加工后的硬化,可提高零件的刚度和强度,故压加强筋的工艺在生产中应用广泛。

在平板坯料上压加强筋,变形区材料主要承受拉应力,塑性差的材料或变形过大时,则可能产生裂纹。

对于形状较复杂的加强筋,成型时的应力应变情况比较复杂,其危险部位和极限变形程度一般可通过试验方法确定。

对于一般的形状较简单的加强筋零件(图 5.5),按下式近似确定其极限变形程度:

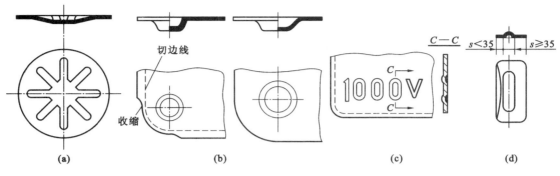

图 5.4　起伏成型举例

$$\frac{l - l_0}{l_0} < (0.7 \sim 0.75)[\delta] \tag{5.1}$$

式中　l、l_0——起伏成型前后的材料长度(图 5.5)；

　　　$[\delta]$——材料的许用伸长率。

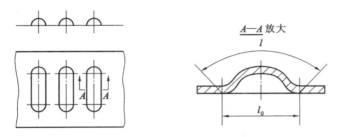

图 5.5　起伏成型前后材料的长度

　　若计算满足上述条件,则可一次成型。否则,应先压制成弧形过渡形状,再压出零件所需形状。

　　表 5.1 列出了加强筋的形状、尺寸及加强筋与工件边缘间的距离,可供参考。当加强筋与边缘距离小于$(3 \sim 5)t$ 时,在成型过程中,边缘材料要向内收缩,成型后需增加切边工序,因此应预先留切边余量。

表 5.1　加强筋的形状和尺寸

形状	简　图	R	h	r	B 或 D	α
压筋		$(3 \sim 4)t$	$(2 \sim 3)t$	$(1 \sim 2)t$	$(7 \sim 10)t$	—
压窝		—	$(1.5 \sim 2)t$	$(0.5 \sim 1.5)t$	$\geqslant 3h$	$15° \sim 30°$

续表 5.1

简　图	D	L	l
	6.5	10	6
	8.5	13	7.5
	10.5	15	9
	13	18	11
	15	22	13
	18	26	16
	24	34	20
	31	44	26
	36	51	30
	43	60	35
	48	68	40
	55	78	45

冲压加强筋的变形力按下式计算：

$$F = KLt\sigma_b \tag{5.2}$$

式中　　F——变形力；

　　　　K——系数，$K = 0.7 \sim 1$（加强筋形状窄而深时取大值，宽而浅时取小值）；

　　　　L——加强筋的周长；

　　　　t——料厚；

　　　　σ_b——材料的抗拉强度。

若在曲轴压力机上冲压厚度小于 1.5、成型面积小于 2000 mm² 的小零件加强筋或压筋同时兼校形时，所需冲压力 F 按下式估算：

$$F = KAt^2 \tag{5.3}$$

式中　　F——变形力；

　　　　K——系数，对于钢，$K = 200 \sim 300$，对于铜、铝，$K = 150 \sim 200$；

　　　　A——起伏成型的面积；

　　　　t——料厚。

② 压凸包　有效坯料直径与凸模直径的比值 $\dfrac{D}{d_T}$ 应大于 4。此时坯料外区是相对的强区，不会向里收缩。变形也属于局部胀形，否则为拉深。

冲压凸包的高度因受材料塑性的限制不能太大，表 5.2 列出了平板坯料压凸包时的许用成型高度。凸包成型高度还与凸模形状与润滑有关，球形凸模较平底凸模成型高度大，润滑条件较好时成型高度也大。

表 5.2　平板局部冲压凸包时的许用成型高度

简　图	材　料	许用凸包成型高度 h
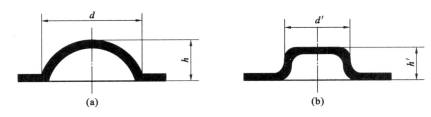	软铜	$\leqslant (0.15 \sim 0.2)d$
	铝	$\leqslant (0.1 \sim 0.15)d$
	黄铜	$\leqslant (0.15 \sim 0.22)d$

若零件凸包高度超出表 5.2 中数值,则可采用如图 5.6 所示方法,第一道工序用大直径的球形凸模胀形,达到在较大范围内聚料和均匀变形的目的,第二道工序最后成型得到所要求的尺寸。

图 5.6　深度较大的局部胀形法

（a）预成型；（b）最后成型

5.2.1.2　胀形的成型极限

胀形时,材料受切向拉伸,其极限变形程度受最大变形处材料许用伸长率的限制。生产中常用胀形系数 K 表示空心坯料变形程度,胀形系数的表达式为:

$$K = \frac{d_{max}}{D}$$

式中　d_{max}——胀形处最大直径(非极限值),如图 5.7 所示;

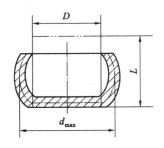

　　　　D——空心坯料原来的直径(一般为中径)。

胀形系数 K 和材料伸长率的关系为:

$$\delta = \frac{d_{max} - D}{D} = K - 1$$

或

$$K = 1 + \delta$$

图 5.7　空心坯料胀形尺寸

由于坯料的变形程度受材料伸长率的限制,所以通过材料的伸长率便可求出相应的极限胀形系数,表 5.3 所列是一些材料的极限胀形系数的近似值。如果在对坯料径向加压的同时,也进行轴向加压,胀形的变形程度可增大。若对变形部分局部加热,则可增大胀形系数,表 5.4 所示为铝管在不同情况下的胀形系数,可供参考。

表 5.3　极限胀形系数 $[K]$ 的近似值

材　料	坯料相对厚度 $(L/D) \times 100$			
	$0.45 \sim 0.35$		$0.32 \sim 0.28$	
	未退火	退火	未退火	退火
10 钢	1.10	1.2	1.05	1.15
铝	1.2	1.25	1.15	1.2

表 5.4　铝管坯料的试验极限胀形系数

胀 形 方 法	极限胀形系数[K]
用橡皮的简单胀形	1.2～1.25
用橡皮并对坯料轴向加压的胀形	1.6～1.7
局部加热至 200～250 ℃ 时的胀形	2.0～2.1
加热至 300 ℃ 用锥形凸模的端部胀形	～3.0

5.2.1.3　胀形成型方法及模具结构

（1）空心坯料胀形

空心坯料胀形是迫使材料沿径向伸展，胀出所需的凸起曲面，可用于制造形状较复杂的零件，如壶嘴、带轮、波纹管、各种接头等。图 5.8 是自行车中接头胀形的示意图。

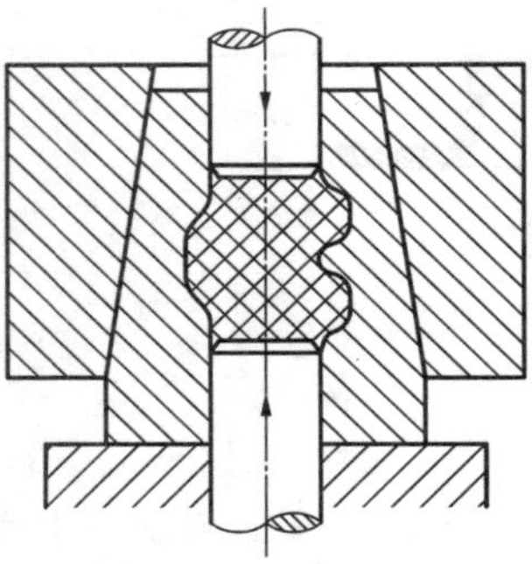

根据模具的不同空心坯料胀形分成两类：一类是刚性凸模胀形，如图 5.9 所示，利用锥形芯块将分块凸模向四周顶开，使坯料形成所需的形状，分块凸模数多有助于提高零件精度，但模具结构复杂，成本较高，且难以得到精度较高的旋转体零件；另一类是软模胀形，其原理是利用橡胶、液体、气体或钢丸等代替刚性凸模。橡胶胀形如图 5.10 所示，以橡胶作为凸模，在压力作用下使橡胶变形，把坯料沿凹模内壁胀开成所需的形状。

图 5.8　自行车中接头的胀形

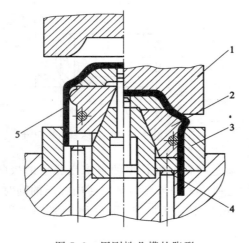

图 5.9　用刚性凸模的胀形

1—凸模；2—分瓣凸模；3—拉簧；4—锥形芯块；5—零件

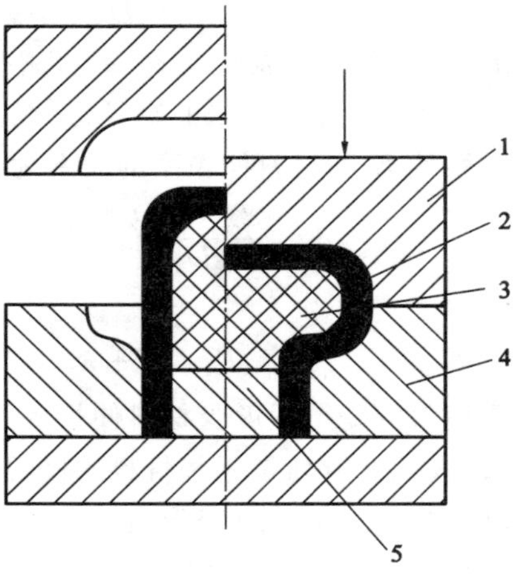

图 5.10　软模胀形

1—上凸模；2—零件；3—橡胶凸模；4—下凹模；5—塞垫块

橡胶胀形的模具结构简单，坯料变形均匀，能成型形状复杂的零件。近年来广泛采用聚氨酯橡胶胀形，与一般橡胶相比，具有强度高、弹性好、耐油性好和使用寿命长的优点。

如图 5.11 所示为液体胀形。液体胀形时，凹模内的坯料在高压液体作用下直径胀大，最终贴靠凹模内壁成型。液体胀形可加工大型零件，且液体的传力均匀，零件表面质量好。

如图 5.12 所示是采用轴向压缩和高压液体联合作用的胀形方法。首先将管坯置于下模，然后将上模压下,再使两端的轴头压紧管坯端部,继而从两轴头孔内通入高压液体,在高压液体和轴向压缩力的作用下胀形成型,可加工高精度零件。

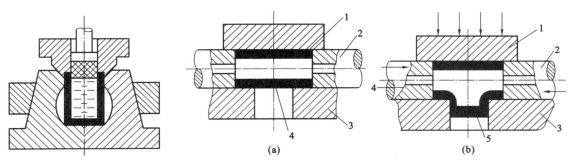

图 5.11　液体胀形　　　　　　　　图 5.12　加轴向压缩的液体胀形

1—上模；2—轴头；3—下模；4—管坯；5—零件

（2）胀形模结构

胀形模的凹模一般采用钢、铸铁、锌基合金、环氧树脂等材料制造,其结构可分为整体式和分块式。整体式凹模必须有足够的强度。受力较大的胀形凹模,可带有铸造加强筋;也可以在凹模外面套上一个或几个加强环箍,凹模和环箍间采用过盈配合,组成预应力组合凹模。

分块式胀形凹模必须根据零件合理选择分模面,分块数应尽量减少。在闭合状态下,分模面应紧密贴合,形成完整的凹模型腔,在对缝处不应有间隙和不平。分模块用整体模套固紧并采用圆锥面配合,其锥角应小于自锁角,保证在工作状态下越压越紧。一般取 $\alpha=5°\sim10°$ 为宜。为了防止模块错位,模块之间应用定位销连接,如图 5.13 所示。

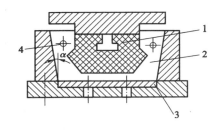

图 5.13　橡胶胀形模

1—橡胶凸模；2—组合凹模；3—推板；4—定位销

橡胶胀形凸模的结构尺寸设计需合理。由于橡胶凸模是主要的承力和传力件,必须采用具有一定强度、硬度和弹性的橡胶。橡胶凸模一般在封闭状态下工作,其形状和尺寸应根据零件而定,不仅保证能顺利进入空心坯料,还有利于压力的合理分布,使零件的各部位都能很好地紧靠凹模腔。为了制作方便,橡胶凸模最好简化成柱形、锥形和环形等简单的几何形状,橡胶凸模的直径应略小于坯料的内径,如图 5.14 所示。圆柱形橡胶凸模的直径和高度可按下式计算:

$$d = 0.895D \qquad (5.4)$$

$$h_1 = \frac{LD^2}{d^2} \qquad (5.5)$$

上两式中　d——橡胶凸模直径；

　　　　　D——空心坯料内径；

　　　　　h_1——橡胶凸模高度；

　　　　　L——空心坯料长度。

考虑橡胶棒受压体积缩小及两端承力面上因摩擦作用,影响局部变形力的发挥,橡胶凸模还应适当增加高度,其总的高度应为:

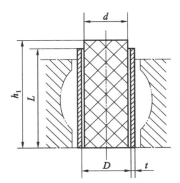

图 5.14　圆柱橡胶凸模与坯料关系

$$H = h_1 + h_2 + h_3$$

式中　　h_1——橡胶凸模的高度；

　　　　h_2——压缩后体积缩小的高度；

　　　　h_3——为提高零件两端变形力而增加的高度。

如图 5.15 所示为管接头胀形模。该胀形模是用管状坯料,采用聚氨酯橡胶作凸模 8,在油压机上进行胀形。其工作原理是:在上模下行时,导向件 1 首先对管坯轴向加压,橡胶凸模 8 与毛坯间的摩擦作用,使材料处于轴向压缩的胀形变形状态。上模继续下行,在凸模垫块 6 的作用下,圆柱橡胶凸模 8 在凸模垫块 6 和限位块 17 的轴向双向挤压下沿凹模壁径向向外胀出,在径向力的作用下,管坯上部发生变形,使得制件被挤压贴紧在凹模内壁上,形成制件。导向件 1 到达最低位置时,被卸件钩 12 钩住,使管坯在封闭环境中成型。随后,在杠杆 15 的作用下,通过卸件器 18、卸件钩 12 和限位器 11、导向件 1 完成工作成型后退件。

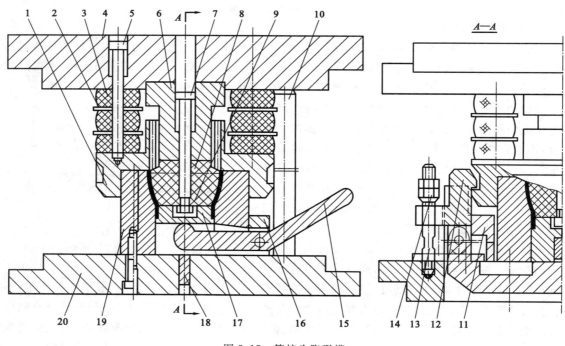

图 5.15　管接头胀形模

1—导向件；2—垫片；3—橡胶；4—上模座；5、7—卸料螺钉；6—凸模垫块；8—凸模；9—夹紧块；10、11—限位器；12—卸件钩；13—双头螺栓；14—带肩球面螺母；15—杠杆；16—支架；17—限位块；18—卸件器；19—凹模；20—下模座

5.2.2　翻边

翻边是在模具的作用下,将坯料的孔边缘或外边缘翻成竖立直边的成型方法,图 5.16 所示为翻边后的零件。

翻边是冲压生产中的常用工序之一。根据冲件边缘的形状和应力、应变状态的不同,翻边可以分为内孔翻边和外缘翻边,也可分为伸长类翻边和压缩类翻边等。内孔翻边是在预先打好孔的毛坯上(有时也可不预先打孔),依靠材料的拉伸,沿一定的曲线翻成竖立凸缘的冲压方法。外缘翻边是沿毛坯的曲边,借材料的拉伸或压缩,形成高度不大的竖边。

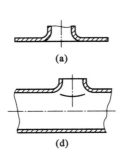
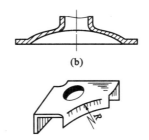
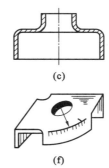

图 5.16　翻边后的零件

(a)、(b)、(c)、(d) 内孔翻边；(e)、(f) 外缘翻边

5.2.2.1　圆孔翻边

(1) 圆孔翻边的变形特点和翻边系数

如图 5.17 所示，翻边前坯料孔径为 d，翻边变形区是内径为 d、外径为 D 的环形部分。当凸模下行时，d 不断扩大，凸模下面的材料向侧面转移，最后使平面环形变成竖边。

圆孔翻边时的变形情况可以通过观察变形前后网格的变化来进行分析，如图 5.17 所示。变形区坐标网格由扇形变成矩形，说明变形区材料沿切向伸长，越靠近孔口伸长越大，接近于线拉伸状态，是三向主应变中最大的主应变。同心圆之间的距离变化不大，即其径向变形很小，径向尺寸略有减小。竖边的壁厚有所减薄，尤其在孔口处，减薄较为严重。圆孔翻边的主要危险在于孔口边缘被拉裂，破裂的条件取决于变形程度的大小。

圆孔翻边的变形程度以翻边前孔径 d 与翻边后孔径 D 的比值 K 来表示。即：

$$K = \frac{d}{D}$$

K 为翻边系数。K 值越小，则变形程度越大。翻边时孔边不破裂所能达到的最小 K 值称为极限翻边系数，以 $K_{\min}$ 表示。极限翻边系数主要与材料的塑性、底孔的断面质量、板料的相对厚度、翻边凸模的形状等因素有关。图 5.18 为球形（抛物线或锥形）凸模和平底凸模对极限翻边系数的影响。由图可见，球形（抛物线或锥形）凸模较平底凸模对翻边有利，因为前者在翻边时，孔边圆滑地逐渐张开，极限翻边系数可小些。

表 5.5 所列的是低碳钢圆孔翻边的极限翻边系数。

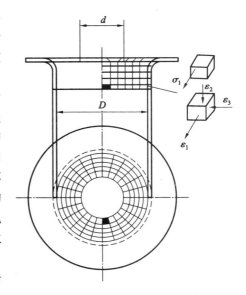

图 5.17　圆孔翻边变形区的应力与应变

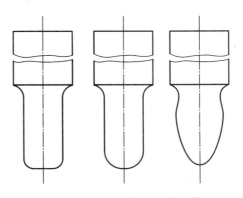

图 5.18　翻边凸模的头部形状

表 5.5　低碳钢圆孔极限翻边系数

凸模形式	孔的加工方法	比　值 d/t										
		100	50	35	20	15	10	8	6.5	5	3	1
球形	钻孔去毛刺	0.70	0.60	0.52	0.45	0.40	0.36	0.33	0.31	0.30	0.25	0.20
	冲孔	0.75	0.65	0.57	0.52	0.52	0.45	0.44	0.43	0.42	0.42	
圆柱形平面	钻孔去毛刺	0.80	0.70	0.60	0.50	0.45	0.42	0.40	0.37	0.35	0.30	0.25
	冲孔	0.85	0.75	0.65	0.60	0.55	0.52	0.50	0.50	0.48	0.47	

（2）圆孔翻边的工艺计算

进行翻边工艺计算时，需要根据零件的尺寸 D 计算出预冲孔直径 d，并核算其翻边高度 H，如图 5.19 所示。当采用平板坯料不能直接翻出所要求的高度 H 时，则应预先拉深，然后在此拉深件的底部冲孔，再进行翻边，如图 5.20 所示。有时也可进行多次翻边。由于翻边时材料主要是切向拉伸，厚度变薄，而径向变形不大，因此，在进行工艺计算时可以根据弯曲件中性层长度不变的原则近似地进行预冲孔直径大小的计算，实践证明这种计算方法误差不大，分别对平板坯料翻边和拉深后翻边两种情况进行如下讨论。

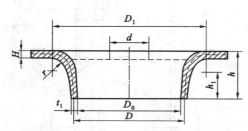

图 5.19　平板坯料翻边尺寸计算

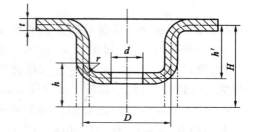

图 5.20　预先拉深的翻边

① 平板坯料翻边的工艺计算

当在平板坯料上翻边时，其预冲孔直径 d 按弯曲展开的原则求出：

$$d = D_1 - 2\left[\frac{\pi}{2}\left(r + \frac{t}{2}\right) + h_1\right]$$

因为

$$D_1 = D + t + 2r, \quad h_1 = h - r - t$$

以此代入上式，并化简得：

$$d = D - 2(h - 0.43r - 0.72t) \tag{5.6}$$

由式（5.6）可以得到翻边高度 h 的表达式

$$h = \frac{D - d}{2} + 0.43r + 0.72t$$

或

$$h = \frac{D}{2}\left(1 - \frac{d}{D}\right) + 0.43r + 0.72t = \frac{D}{2}(1 - K) + 0.43r + 0.72t$$

若将 K_{min} 代入上式，则可得到一次翻边可达到的极限高度为：

$$h_{max} = \frac{D}{2}(1 - K_{min}) + 0.43r + 0.72t \tag{5.7}$$

当零件要求高度 $h > h_{max}$ 时,就不能直接由平板坯料翻边成型,这时可以采用加热翻边,多次翻边或先拉深后冲底孔再翻边的方法。采用多次翻边时,应在每两次工序间进行退火。第一次翻边后的极限翻边系数 $[K']$ 可取为:

$$[K'] = (1.15 \sim 1.20)[K] \tag{5.8}$$

多次翻边所得冲件竖边壁部有较严重的变薄,若对竖边壁部厚度有要求时,则可采用拉深后再冲孔翻边的方法,如图 5.20 所示。

② 先拉深后冲孔再翻边的工艺计算

在拉深件底部冲孔翻边时,应先决定翻边所能达到的最大高度 h,然后根据翻边高度 h 及工件高度 H 来确定拉深高度 h'。由图 5.20 可知,翻边高度 h 可按板厚中线尺寸计算如下:

$$h = \frac{D-d}{2} - \left(r + \frac{t}{2}\right) + \frac{\pi}{2}\left(r + \frac{t}{2}\right) \approx \frac{D}{2}\left(1 - \frac{d}{D}\right) + 0.57r$$

若以 K_{min} 代入上式中的 $K = \dfrac{d}{D}$,即可求得极限翻边高度 h_{max} 为:

$$h_{max} = \frac{D}{2}(1 - K_{min}) + 0.57r \tag{5.9}$$

其预冲孔直径 d 应为:

$$d = D - 2h + 1.14 \tag{5.10}$$

其拉深高度 h 应为:

$$h' = H - h_{max} + r \tag{5.11}$$

翻边时,竖边口部变薄现象较为严重。其近似厚度 t' 可按下式计算:

$$t' = t\sqrt{\frac{d}{D}} \tag{5.12}$$

③ 圆孔翻边力的计算

翻边力 F 一般不大,需要时可按下式计算:

$$F = 1.1\pi(D-d)t\sigma_s$$

式中　D——翻边后直径(按中线计);

　　　d——翻边预冲孔直径;

　　　t——材料厚度;

　　　σ_s——材料的屈服点。

(3) 翻边模

如图 5.21 所示是圆孔翻边模,采用倒装结构,使用大圆角圆柱形翻边凸模 7,零件预冲孔套在定位销 9 上定位,压边力由压力机及装于下模座下方的标准弹顶器提供,零件若留在上模,由打料杆推动推件板推下。

翻边模的结构与拉深模相似。凹模圆角对翻边成型影响不大,可按冲件圆角确定。翻边凸模圆角半径一般较大,对于平底凸模一般取 $r_T \geqslant 4t$,翻边模采用压边圈时,凸模台肩可以不用。为改善翻边时塑性流动条件,可采用抛物形凸模或球形凸模。

如图 5.22 所示是四种常用的圆孔翻边凸模形状。其中:图 5.22(a)可用于冲孔和翻边(竖边内径 $d \leqslant 4$);图 5.22(b)所示适于竖边内径 $d \leqslant 10$ 的翻边;图 5.22(c)适于竖边内径 $d > 10$ 的翻边;图 5.22(d)可用于任意孔的翻边。

翻边凸、凹模的间隙为:

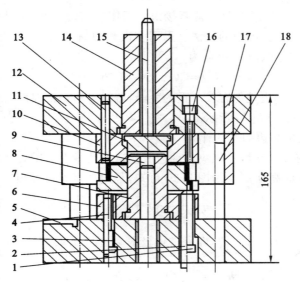

图 5.21 圆孔翻边模

1—限位钉；2—顶杆；3、16—螺栓；4、13—销钉；5—下模板；6—下固定板；7—凸模；8—托料板；9—定位销；10—凹模；
11—上顶出器；12—上模板；14—模柄；15—打料杆；17—导套；18—导柱

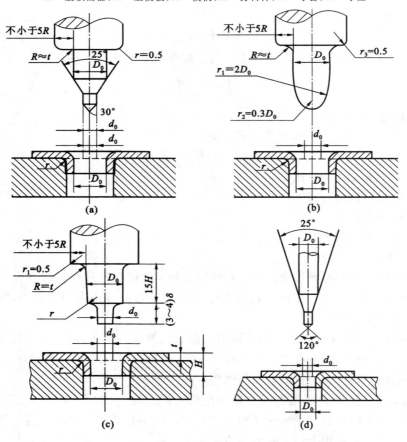

图 5.22 圆孔翻边凸模的结构

$$Z=\frac{D-d}{2}$$

式中　D——凹模直径；

　　　d——凸模直径。

由于翻边后材料要变薄，所以一般可取单边间隙 Z 为：

$$Z=(0.75\sim0.85)t$$

5.2.2.2　外缘翻边

（1）变形程度

平面外缘翻边如图 5.23 所示。图 5.23(a)所示为外凸的外缘翻边，其变形情况近似于浅拉深，变形区主要为切向受压；在变形过程中，材料容易起皱；图 5.23(b)所示为内凹的外缘翻边，其变形特点近似于圆孔翻边，变形区主要为切向拉深，边缘容易拉裂。

外缘翻边的变形程度可用下面式子表示。

外凸的外缘翻边变形程度为：

$$\varepsilon_p=\frac{b}{R+b}$$

内凹的外缘翻边变形程度为：

$$\varepsilon_d=\frac{b}{R-b}$$

（2）坯料计算

外缘翻边可根据翻边形式来计算，对于外凸的外缘翻边，坯料形状按浅拉深件坯料的计算方法计算；对于内凹的外缘翻边，坯料形状按一般孔的翻边方法计算。由于外缘翻边是沿不封闭的曲线翻边，坯料变形区内应力、应变的分布不均匀，中间变形大，两端变形小。若采用宽度一致的坯料形状，则翻边后，零件的高度就不是平齐的，竖边的端线也不垂直。为得到平齐的翻边高度，应对坯料的轮廓线做必要的修正，采用图 5.23 虚线所示的形状，其修正值根据变形程度的大小而不同。如果翻边的高度不大，而且翻边沿线的曲率半径很大时，则可不作修正。

5.2.2.3　非圆孔翻边

如图 5.24 所示为非圆孔翻边，从变形情况看，可以沿孔分成Ⅰ、Ⅱ、Ⅲ三种性质不同的变形区，其中只有Ⅰ区属于圆孔翻边变形，Ⅱ区为直边，可视为弯曲变形，而Ⅲ区和拉深变形情况相似。由于Ⅱ、Ⅲ区的变形可以减轻Ⅰ区翻边部分变薄拉伸的变形程度，因此非圆孔翻边系数 K_f（一般指最小圆角部分的翻边系数）可小于相应的圆孔翻边系数 K，两者的关系大致是：

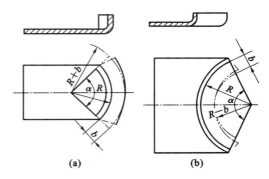

图 5.23　外缘翻边

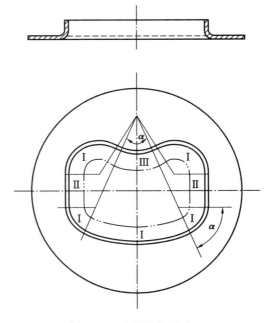

图 5.24　非圆孔的翻边

$$K_f = (0.85 \sim 0.95)K \tag{5.13}$$

非圆孔的极限翻边系数可根据各圆弧段的圆心角 α 的大小,由表 5.6 查得。非圆孔翻边坯料的预制孔,可以按圆孔、弯曲和拉深各区分别展开,然后用作图法把各展开线交接处光滑连接起来。

表 5.6　低碳钢非圆孔极限翻边系数

$\alpha(°)$	比　　值 d/t						
	50	33	20	12.5~8.3	6.6	2.5	3.3
180~360	0.8	0.6	0.52	0.5	0.48	0.46	0.45
165	0.73	0.55	0.48	0.46	0.44	0.42	0.41
150	0.67	0.5	0.43	0.42	0.4	0.38	0.375
135	0.6	0.45	0.39	0.38	0.36	0.35	0.34
120	0.53	0.4	0.35	0.33	0.32	0.31	0.3
105	0.47	0.35	0.30	0.29	0.28	0.27	0.26
90	0.4	0.3	0.26	0.25	0.24	0.23	0.225
75	0.33	0.25	0.21	0.21	0.2	0.19	0.185
60	0.27	0.2	0.17	0.17	0.16	0.15	0.145
45	0.2	0.15	0.13	0.13	0.12	0.12	0.11
30	0.14	0.1	0.09	0.08	0.08	0.08	0.08
15	0.07	0.05	0.04	0.04	0.04	0.04	0.04
0	压弯变形						

5.2.3　缩口与扩口

5.2.3.1　缩口

缩口是将先拉深好的圆筒形件或管件坯料,通过缩口模具使其口部直径缩小的一种成型工序。若用缩口代替拉深工序加工某些零件,可以减少成型工序。如图 5.25 所示的冲件,原来采用拉深工艺需要五道工序,现改用管料缩口工艺后只要三道工序。

(1) 变形特点

缩口的变形特点如图 5.26 所示,在压力 F 的作用下,模具工作部分压迫坯料的口部,使变形区的材料基本上处于两向受压的平面应力状态和一向压缩、两向伸长的立体应变状态。在切向压缩主应力 σ_3 的作用下,产生了切向压缩主应变 ε_3。由此引起的材料转移导致高度和厚度方向的伸长应变 ε_1 和 ε_2,变形主要是直径因切向受压而缩小,同时高度和厚度有相应的增加。

坯料端部直径在缩口前后不宜相差太大,否则切向压应力值过大,易使变形区失稳起皱。在非变形区的筒壁部分由于承受缩口压力,也有可能失稳而弯曲变形。所以防止失稳起皱和弯曲变形是缩口工艺要解决的主要问题。

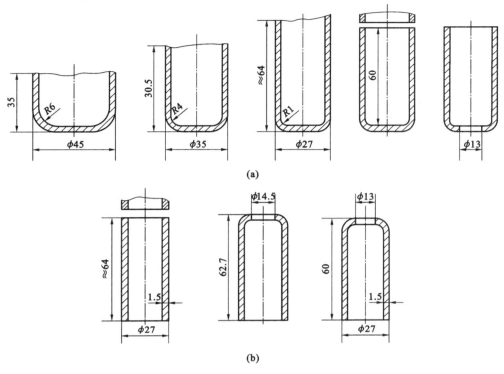

图 5.25　缩口与拉深工艺比较

（a）拉深工艺；（b）缩口工艺

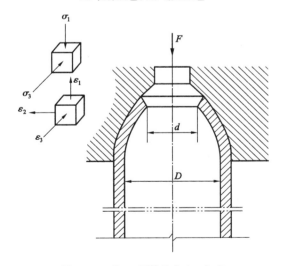

图 5.26　缩口变形的应力、应变

（2）缩口系数

缩口变形程度用缩口系数 m 表示：

$$m = \frac{d}{D} \tag{5.14}$$

式中　d——缩口后直径；

D——缩口前直径。

材料的塑性好、厚度大,模具对筒壁的支承刚性好,极限缩口系数就小。此外,极限缩口系数还与模具工作部分的表面形状和粗糙度、坯料的表面质量、润滑等有关。不同材料和厚度的平均缩口系数见表 5.7,不同支承方式所允许的第一次缩口的极限缩口系数 $[m]$ 见表 5.8。

表 5.7　平均缩口系数 m_0

材　料	材　料　厚　度 t		
	$0\sim0.5$	$0.5\sim1$	>1
黄铜	0.85	$0.8\sim0.7$	$0.7\sim0.65$
钢	0.85	0.75	$0.7\sim0.65$

表 5.8　不同支承方式的极限缩口系数 $[m]$

材　料	支　承　方　式		
	无　支　承	外　支　承	内外支承
软铜	$0.70\sim0.75$	$0.55\sim0.60$	$0.30\sim0.35$
黄铜(H62、H68)	$0.65\sim0.70$	$0.50\sim0.55$	$0.27\sim0.32$
铝	$0.68\sim0.72$	$0.53\sim0.57$	$0.27\sim0.32$
硬铝(退火)	$0.73\sim0.80$	$0.60\sim0.63$	$0.35\sim0.40$
硬铝(淬火)	$0.75\sim0.80$	$0.68\sim0.72$	$0.40\sim0.43$

缩口模具对缩口件筒壁的支承形式有三种:如图 5.27(a)所示是无支承形式,此类模具结构简单,但坯料筒壁的稳定性差;图 5.27(b)所示是外支承形式,此类模具较前者复杂,对坯料筒壁的支承稳定性好,极限缩口系数可取得小些;图 5.27(c)所示为内外支承形式,此类模具最为复杂,对坯料筒壁的支承稳定性最好。极限缩口系数可取得更小时,则需多次缩口,每次缩口工序后最好进行中间退火。

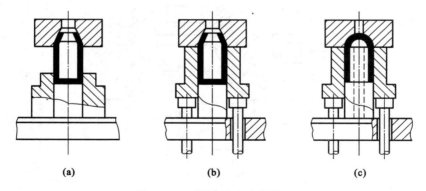

(a)　　　　　　　　(b)　　　　　　　　(c)

图 5.27　不同支承方式的缩口

首次缩口系数 $m_1=0.9m_0$,以后各次缩口系数 $m_n=(1.05\sim1.1)m_0$,缩口次数为:

$$n=\frac{\ln d-\ln D}{\ln m_0} \tag{5.15}$$

(3)坯料尺寸计算

缩口坯料尺寸主要是指缩口前坯料的高度,一般根据变形前后体积不变的原则计算,各种形状工件缩口前高度 H 的计算公式见表 5.9。

表 5.9　缩口坯料的计算公式

零 件 简 图	计 算 公 式
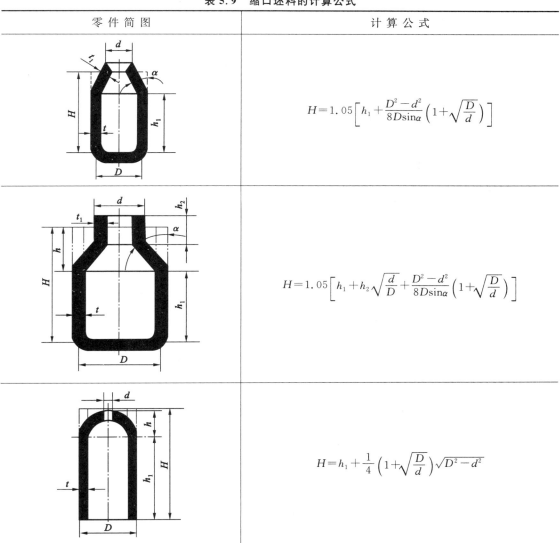	$H=1.05\left[h_1+\dfrac{D^2-d^2}{8D\sin\alpha}\left(1+\sqrt{\dfrac{D}{d}}\right)\right]$
	$H=1.05\left[h_1+h_2\sqrt{\dfrac{d}{D}}+\dfrac{D^2-d^2}{8D\sin\alpha}\left(1+\sqrt{\dfrac{D}{d}}\right)\right]$
	$H=h_1+\dfrac{1}{4}\left(1+\sqrt{\dfrac{D}{d}}\right)\sqrt{D^2-d^2}$

缩口后颈口部的厚度略微变厚,一般可忽略不计,精确时按下式计算:

$$t_1 = t\sqrt{\dfrac{D}{d}} \tag{5.16}$$

$$t_n = t_{n-1}\sqrt{\dfrac{d_{n-1}}{d_n}} \tag{5.17}$$

上两式中　t_n——各次缩口后的材料厚度;

　　　d_n——各次缩口后的颈部直径;

　　　t——缩口前材料的厚度;

　　　D——缩口前口部的直径。

（4）缩口冲压力 F

无心柱支承的缩口压力按下式计算:

$$F = K\left[1.1\pi Dt\sigma_b\left(1 - \frac{d}{D}\right)\frac{1 + \mu\cot\alpha}{\cos\alpha}\right] \tag{5.18}$$

式中　F——缩口力；

σ_b——材料的抗拉强度；

d——缩口后直径；

D——缩口前口部直径；

μ——凹模与冲件之间的摩擦因数；

α——凹模圆锥孔的半锥角；

t——缩口前材料壁厚；

K——速度系数，曲柄压力机取 $K=1\sim1.15$。

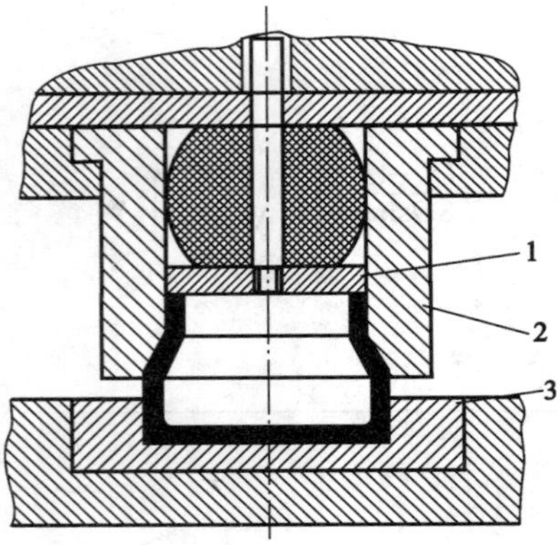

（5）缩口模结构

如图 5.28 所示为无支承衬套缩口模，适用于管子高度不大、带底零件的锥形缩口。

如图 5.29 所示为气瓶缩口模。缩口前先采用拉深工艺制成圆筒形件，再进行缩口成型，缩口模采用外支承式一次缩口成型。缩口凹模工作面要求表面粗糙度为 $R_a0.4$，使用标准下弹顶器，采用后侧导柱模架，导柱、导套加长。

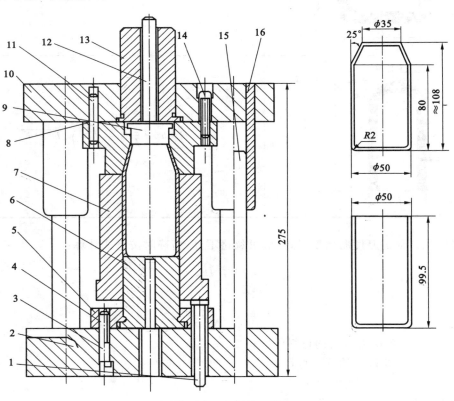

图 5.28　无支承衬套缩口
1—卸料板；2—缩口凹模；3—定位座

图 5.29　气瓶缩口模
1—顶杆；2—下模座；3、4、11、14—螺栓；5—下固定板；6—垫板；7—外支承套；8—缩口凹模；
9—顶出器；10—上模座；12—打料杆；13—模柄；15—导柱；16—导套

5.2.3.2　扩口

（1）扩口

扩口也称扩径，是对管子毛坯、平板坯料冲压成的空心件或毛坯的口部直径用扩口模加以扩大的冲压成型工序。这种工序的变形过程如图 5.30 所示。在扩口过程中，整个坯料可分为三个区域，显然，变形区是中间的锥形部分。

扩口模一般有冲头而没有凹模。待变形区（传力区）有的不用支承固定，但多数为用支承固定的。

（2）变形特点

① 应力应变关系　在冲头施加力的作用下，扩口毛坯口部直径扩大、坯料高度变短。如图 5.31 所示，扩口变形区受到双向应力的作用：切向拉应力与轴向压应力，其中切向拉应力值更大。相对应的应变为：因孔径扩大，切向拉伸应变最大；径向压缩变形；板厚方向是压应变，厚度减薄，变形区体积不变。

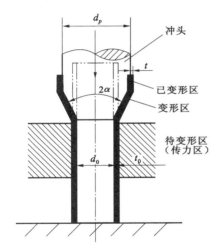

图 5.30　扩口变形示意

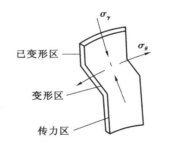

图 5.31　变形区应力应变关系

② 变形程度的度量　扩口变形程度用扩口系数来表示。扩口系数定义为冲头直径 d_T 与工件原始直径 d_0 之比，即：

$$K_\varepsilon = \frac{d_T}{d_0} \qquad (5.19)$$

极限扩口系数是在传力区不压缩失稳条件下变形区不开裂时，所能达到的最大扩口系数，用 $K_{\varepsilon \cdot c}$ 来表示。

极限扩口系数的大小取决于材料的种类、坯料的厚度和扩口角度 α 等因素。扩口角 α 常取为 $20° \sim 30°$。图 5.32 给出了用 15 钢、扩口角 $\alpha = 20°$ 时的极限扩口系数值。

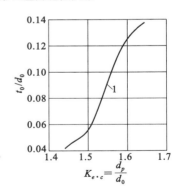

图 5.32　极限扩口系数

（3）坯料尺寸计算

最近的研究，依据体积不变条件和有关几何关系的推导，并经生产实践初步验证，提出扩口件坯料长度的计算实验公式如下：

对于锥口形扩口件（图 5.33）有

$$H_0 = (0.97 \sim 1.0)\left[h_1 + \frac{1}{8}\frac{d^2 - d_0^2}{d_0 \sin\alpha}\left(1 + \sqrt{\frac{d_0}{d}}\right)\right] \tag{5.20}$$

对于带圆筒形部分扩口件(图 5.34)有

$$H_0 = (0.97 \sim 1.0)\left[h_1 + \frac{1}{8}\frac{d^2 - d_0^2}{d_0 \sin\alpha}\left(1 + \sqrt{\frac{d_0}{d}}\right) + h\sqrt{\frac{d}{d_0}}\right] \tag{5.21}$$

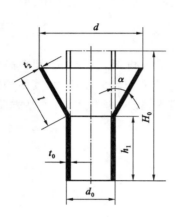

图 5.33 锥口形扩口件

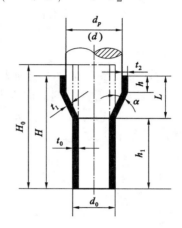

图 5.34 带圆筒形扩口件

对于平口形扩口件(图 5.35)有

$$H_0 = (0.97 \sim 1.0)\left[h_1 + \frac{1}{8}\frac{d^2 - d_0^2}{d_0}\left(1 + \sqrt{\frac{d_0}{d}}\right)\right] \tag{5.22}$$

对于整体扩径件(图 5.36)有

$$H_0 = H\sqrt{\frac{d}{d_0}} \tag{5.23}$$

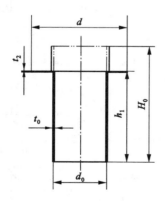

图 5.35 平口形扩口件

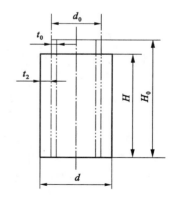

图 5.36 整体扩径件

5.2.4 校平与整形

5.2.4.1 校平

把不平整的冲件放入模具内压平的校形称为校平,主要用于提高冲件的平面度。冲裁件受模具作用呈现出的拱弯(特别以斜刃冲裁和无压料的连续冲裁更为严重),无压料的弯曲件底部也常有拱弯,以及坯料的平面度误差太大时,都需进行校平。

（1）校平变形特点与校平力

校平的变形情况如图 5.37 所示,在校平模的作用下,坯料产生反向弯曲变形而被压平,并在压力机的滑块到达下极点时被强制压紧,使材料处于三向压应力状态。校平的工作行程不大,但压力很大。

校平力 F 用下式估算:

$$F = pA \qquad (5.24)$$

式中　p——单位面积上的校平压力,见表 5.10;

　　　A——滑块与坯料的接触面积。

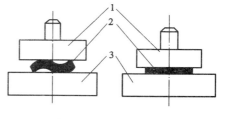

图 5.37　校平的变形
1—上模;2—冲件;3—下模

校平力 F 的大小与零件的材料性能、材料厚度、校平模齿形等有关。

表 5.10　校形和整形单位压力

不同类型件校平	p（MPa）
光面校平模校平	50～80
细齿校平模校平	80～120
粗齿校平模校平	100～150
敞开形冲压件校平	50～100
拉深件减小圆角及对底面、侧面整形	150～200

（2）平板校平模

平板冲件的校平模分光面校平模和齿面校平模两种。

如图 5.38（a）所示为光面校平模,模具的压平面是光滑的,因而作用于平板料的有效单位压力较小,对改变材料内部应力状态的效果较弱,卸载后零件有一定的回弹,对于高强度材料的零件效果更差。为使校平不受板厚偏差或压力机滑块运动精度的影响,光面校平模可采用如图 5.39 所示的浮动模柄或浮动凹模的结构。光面校平模主要用于平面度要求不高,表面不许有压痕的落料件和软金属（如铝、软黄铜等）制成的小型零件的校平。

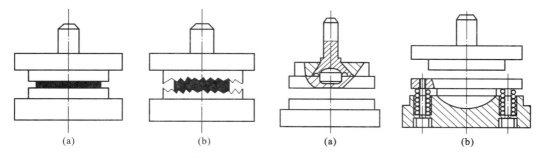

图 5.38　平板冲件校平模　　　　　图 5.39　平面浮动校平
　　（a）光面校平;（b）齿面校平　　　　　（a）上模浮动;（b）下模浮动

如图 5.38（b）所示为齿面校平模,由于齿压入坯料形成许多塑性变形的小网点,有助于彻底地改变材料原有的应力应变状态,故能减少回弹,因而校平效果好。根据齿形不同,齿面校平又有尖齿校平和平齿校平之分。尖齿齿形如图 5.40 所示,有方形和菱形两种,工作时上模齿与下模齿应错开,否则校平作用较差,且易使齿尖过早磨平。尖齿压入零件表面的压痕深,零件易粘在模具上,这种模具主要用于平面度要求较高、强度大且硬的材料、表面允许有压痕或板料厚($t=3\sim15$)的冲件校平。平齿齿形如图 5.41 所示,齿尖被削成具有一定面积的平齿,因而压入坯料表面的压痕浅,生产中常用此校平模,尤其是薄材料和软金属的冲件校平。当零件表面单面不许有压痕时,可采用一面平板、一面齿板的校平。

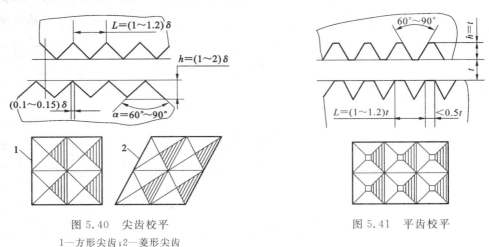

图 5.40　尖齿校平　　　　　　　　　　图 5.41　平齿校平
1—方形尖齿;2—菱形尖齿

校平模结构比较简单,多采用通用结构。如图 5.42 所示为带有自动弹出器的平板件校平模,它可更换不同的压板,校平不同要求、不同材料、不同尺寸的平板件。在上模上升时,自动弹出器将平板件从下模板上弹出,顺流道离开模具。

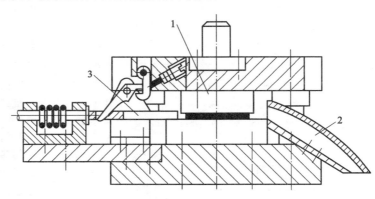

图 5.42　通用校平模
1—上模;2—工件流道;3—自动弹出器

(3) 校平方式及设备

校平方式有多种,如模具校平、手工校平和在专门设备上校平等。模具校平多在摩擦压力机上进行;厚料校平多在精压机或摩擦压力机上进行;大批量生产中,厚板件可成沓地在液压机上校平,此时压力稳定并可长时间保持;当校平与拉深、弯曲等复合时,可采用曲轴或双动压力机,但须在模具或设备上安置保险装置,以防材料的厚度波动而损坏设备;对于不大的平板件或带料校正可采用滚轮碾平。当零件的两个面都不许有压痕或校平面积较大,而对其平面度有较高要求时,可采用加热校平。将成沓的零件用夹具压平,然后整体入炉加热,坯料温度升高使其屈服强度下降,压平时反向弯曲变形引起的内应力也随之下降,从而回弹大为减少,保证较高的校平精度。加热温度,铝件为 300～320 ℃,黄铜件为 400～450 ℃。

总之,根据坯料的厚度、平面度要求、工序安排等可采用不同的校平方式、模具以及设备。

5.2.4.2　整形

整形一般用于拉深、弯曲或其他成型工序之后,可提高拉深件或弯曲件的尺寸和形状精度,减小圆角半径。整形模与一般成型模相似,只是工作部分的精度和表面粗糙度要求更高,圆角半径和凸、凹模之间的间隙值更小。

（1）弯曲件整形

弯曲件的整形方法主要有压校和镦校两种。

① 压校　如图 5.43 所示压校中由于材料沿长度方向无约束,整形区的变形特点与该区弯曲时相似,材料内部应力状态的性质变化不大,因而整形效果一般。

② 镦校　如图 5.44 所示镦校前的冲件长度尺寸应稍大于零件的长度,这样变形时沿长度方向的材料在补入变形区的同时,还受到极大的压应力作用而产生微小的压缩变形,从而在本质上改变了材料内原有的应力状态,使之处于三向压应力状态中,厚度方向上压应力分布也较均匀,整形效果好。但常受零件形状的限制,对带大孔和宽度不等的弯曲件都不用此法,否则造成孔形和宽度不一致的变形。

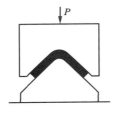

图 5.43　弯曲件压校

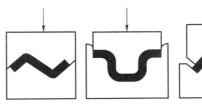

图 5.44　弯曲件的镦校

（2）拉深件整形

如图 5.45 所示为拉深件的整形。拉深件上整形的部位不同,所采用的整形方法也不同。

① 拉深件筒壁整形　对于直壁拉深件的整形,一般采用负间隙拉深整形法,整形模凸、凹模间隙 $Z=(0.9～0.95)t$,整形时直壁稍有变薄。经常把整形工序和最后一道拉深工序相结合,这时拉深系数应取得大些。

② 拉深件圆角整形　圆角包括凸缘根部和筒底

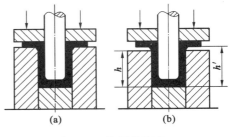

图 5.45　拉深件整形

(a) 高度不变的整形；(b) 高度减小的整形

部的圆角。如果凸缘直径大于筒壁直径 2～2.5 倍时,整形中圆角区及其邻近区两向受拉,厚度变薄,以此实现圆角整形。此时,材料内部产生的拉应力均匀,圆角区变形相当于变形不大的胀形,所以整形效果好且稳定。圆角区材料的伸长量以 2%～5% 为宜,过小,拉应力状态不足且不均匀;过大,又可能发生破裂。若圆角区变形伸长量超过上述值,整形前冲件的高度稍微大于零件的高度,如图 5.45(b) 所示,以补充材料的流动不足,防止圆角区胀形过大而破裂。冲件的高度也不能过大,否则因冲件面积大于或等于零件面积,使圆角区不产生胀形变形,整形效果不好。更有甚者因材料过剩,在筒壁等非整形区形成较大的压应力,使冲件表面失稳起皱。

各种冲压件的整形力按下式估算：

$$F = pA$$

式中　F——整形力（N）；

　　　p——整形单位压力（MPa），查表 5.10；

　　　A——整形面的投影面积（mm^2）。

5.2.5　旋压

将平板坯料或空心坯料固定在旋压机的模具上，在坯料随同机床主轴转动的同时，用旋轮或赶棒加压于坯料，使其逐渐变形并紧贴于模具，从而获得所要求的零件，此种成型称为旋压，如图 5.46 所示。旋压能加工各种形状复杂的旋转体零件（图 5.47）。旋压所用的设备和工具都较简单，旋压机还可用于车床改装。旋压广泛应用于日用品和铝制品的生产中。

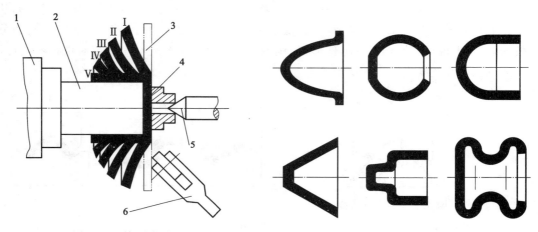

图 5.46　旋压成型　　　　　　　　　图 5.47　各种旋压零件

1—主轴；2—模具；3—坯料；4—顶块；5—顶尖；6—赶棒或旋轮

（1）不变薄旋压

坯料的厚度在旋压过程中不发生强制性变薄的旋压为不变薄旋压，又叫普通旋压。

① 变形特点

如图 5.46 所示为平板坯料旋压成圆筒件的变形过程。顶块 4 把坯料压紧在模具 2 上，旋转时赶棒 6 与坯料 3 点接触并对其施加压力，由点到线、由线到面地反复赶碾，使坯料逐步紧贴于模具而成型。坯料在赶棒的作用下，向赶棒加压的方向倒伏。前种变形使坯料螺旋式由筒底向外缘发展，致使坯料切向收缩和径向延伸而最终成型。倒伏则易使坯料失稳而产生皱褶和颤动。另外，圆角处坯料容易变薄旋裂。旋压在瞬间是坯料的局部点变形，所以可用较小的力加工尺寸大的零件。

② 旋压系数

旋压的变形程度以旋压系数表示：

$$m = \frac{d}{D} \qquad\qquad (5.25)$$

式中　m——旋压系数；

D——坯料直径；

d——零件直径，零件为锥形件时，d 取圆锥的最小直径。

极限旋压系数见表 5.11。

表 5.11 极限旋压系数

制件形状	$[m]$
圆筒件	0.6~0.8
圆锥件	0.2~0.3

（2）变薄旋压

坯料的厚度在旋压过程中被强制变薄的旋压即为变薄旋压，又叫强力旋压。变薄旋压主要用于加工形状复杂的大型薄壁旋转体零件，加工质量比普通旋压好。

图 5.48 所示是锥形件的变薄旋压。旋压机的尾架顶块把坯料压紧在模具上，使其随同模具一起旋转，旋轮通过机械或液压传动以强力加压于坯料，其单位压力可达 2500~3000 MPa。由于旋轮沿给定的轨道移动并与模具保持一定的间隙，迫使坯料厚度产生预定的变薄并贴模成型。

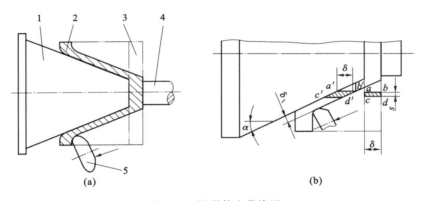

图 5.48 锥形件变薄旋压
1—模具；2—零件；3—坯料；4—顶块；5—旋轮

5.3 项 目 实 施

5.3.1 罩盖胀形模具设计

5.3.1.1 胀形工艺计算

罩盖零件图如图 5.49 所示。

（1）底部平板坯料胀形计算

凸包胀形的许用成型高度为（表 5.2）

$$h=(0.15~0.2)d=2.25~3$$

此值大于零件底部凸包的实际高度，所以可一次胀形成型。

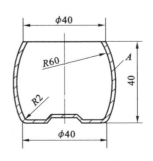

图 5.49 罩盖零件图

胀形力由式(5.3)计算(取 $K=250$)

$$F_1 = KAt^2 = 250 \times \frac{\pi}{4} \times 15^2 \times 0.5^2 = 11039 \text{ N}$$

(2) 侧壁胀形计算

已知 $D=40$，$d_{max}=46.8$，由式 $K = \dfrac{d_{max}}{D}$ 算得零件侧壁的胀形系数为：

$$K = \frac{d_{max}}{D} = \frac{46.8}{40} = 1.17$$

查表5.3得极限胀形系数$[K]=1.20$，该零件的胀形系数小于极限胀形系数，故侧壁可一次胀形成型。

零件胀形前的坯料长度 L 由下式计算：

$$L = l[1 + (0.3 \sim 0.4)\delta] + b$$

式中　δ——坯料伸长率，其值为 $\delta = \dfrac{d_{max} - D}{D} = \dfrac{46.8 - 40}{40} = 0.17$；

　　　l——零件胀形部位母线长度，即图 5.49 中 A 所指的 $R60$ 的一段圆弧的长，由几何关系可以算出 $l=40.8$；

　　　b——切边余量，取 $b=3$。

则：

$$L = 40.8 \times [1 + (0.3 \sim 0.4) \times 0.17] + 3 = 40.8 \times (1 + 0.35 \times 0.17) + 3 = 46.23$$

取整数 $L=46$。

橡胶胀形凸模的直径及高度分别由式(5.4)、式(5.5)计算

$$d = 0.895D = 0.895 \times (40 - 1) \approx 35$$

$$h_1 = K \frac{LD^2}{d^2} = 1.1 \times \frac{46 \times 39^2}{35^2} \approx 63$$

侧壁的胀形力近似按两端不固定的形式计算，$\sigma_b = 430$ MPa，由式 $p = 1.15 \times \sigma_b \dfrac{2t}{d_{max}}$ 得单位胀形力 p 为：

$$p = 1.15 \times \sigma_b \frac{2t}{d_{max}} = 1.15 \times 430 \times \frac{2 \times 0.5}{46.8} = 10.6 \text{ MPa}$$

故胀形力为：

$$F_2 = pA = p\pi d_{max} l = 10.6 \times \pi \times 46.8 \times 40.8 = 63554 \text{ N}$$

总胀形力为：

$$F = F_1 + F_2 = 11039 \text{ N} + 63554 \text{ N} = 74593 \text{ N} \approx 75 \text{ kN}$$

5.3.1.2　模具结构设计

图 5.50 所示为罩盖胀形模，该模采用聚氨酯橡胶进行软膜胀形，为使工件在胀形后便于取出，将胀形凹模分成上凹模 6 和下凹模 5 两部分，上、下凹模之间通过止口定位，单边间隙取 0.05。工件侧壁靠橡胶 7 直接胀开成型，底部由橡胶通过压包凸模 3 成型。上模下行时，先由弹簧 13 压紧上、下凹模，然后上固定板 9 压紧橡胶进行胀形。

5.3.1.3　压力机的选用

虽然总胀形力不大(75 kN)，但由于模具的闭合高度较大(202)，故压力机的选用应以模

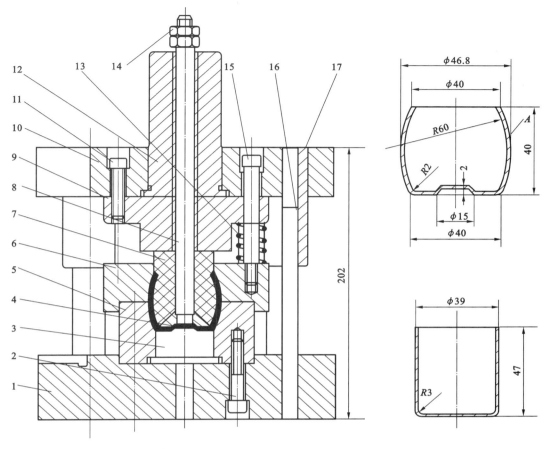

图 5.50　罩盖胀形模

1—下模座；2—螺栓；3—压包凸模；4—压包凹模；5—胀形下模；6—胀形上模；7—聚氨酯橡胶；8—拉杆；9—上固定板；
10—上模板；11—螺钉；12—模柄；13—弹簧；14—螺母；15—拉杆螺钉；16—导柱；17—导套

具尺寸为依据。选用型号为 J23-25 的开式双柱可倾压力机，其公称压力为 250 kN，最大装模高度为 220。

5.3.2　翻边模具设计

图 5.51 所示为固定套翻孔件，材料为 08 钢，厚度为 1，中批量生产，试设计翻孔模。

5.3.2.1　工艺分析

由固定套零件形状可知，$\phi 40$ 由圆孔翻孔成型，翻孔前应先冲预孔，$\phi 80$ 是圆筒形拉深件，经计算可一次拉深成型。因此，该零件的冲压工序安排为：落料、拉深、冲预孔、翻孔。翻孔前为直径 $\phi 80$、高 15 的圆筒形工序件，如图 5.52 所示。

5.3.2.2　翻孔工艺计算

（1）预孔直径 d

翻孔前的预孔直径根据式（5.6）计算。由图 5.51 可知，$D=39$，$h=18.5-15+1=4.5$，则：

$$d=D-2(h-0.43r-0.72t)=39-2\times(4.5-0.43\times1-0.72\times1)=32.3$$

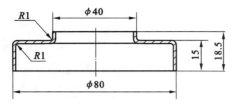

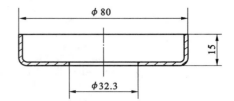

图 5.51 固定套翻孔模图   图 5.52 翻孔前的工序件

（2）判断可否一次翻孔成型

设采用圆柱形平底翻孔凸模，预孔由冲孔获得，而 $d/t=32.3/1=32.3$，查表得 08 钢圆空翻孔的极限翻孔系数 $K_{min}=0.65$，则由式（5.9）可求出一次翻孔可达到的极限高度为：

$$h_{max}=\frac{D}{2}(1-K_{min})+0.43r+0.72t=\frac{39}{2}\times(1-0.65)+0.43\times1+0.72\times1=7.98$$

因零件的翻孔高度 $h=4.5<h_{max}$，所以该零件能一次翻孔成型。

（3）翻孔力

08 钢的屈服点 $\sigma_s=196$ MPa，由式 $F=1.1\pi(D-d)t\sigma_s$ 可算得圆孔翻孔力为：

$$F=1.1\pi(D-d)t\sigma_s=1.1\times3.14\times(39-32.3)\times1\times196=4536\text{ N}$$

5.3.2.3 模具结构设计

图 5.53 所示为该固定套的翻孔模。采用大圆角圆柱形平底翻孔凸模 7，工序件利用预孔套在定位销 9 上定位，压料力由装在下模的气垫或弹顶器提供。上模下行时，在翻孔凸模 7 和凹模 10 的作用下，将工序件顶部翻孔成型。开模后工件由压料板 8 顶出，若工件留在上模，则由推件块 11 推下。

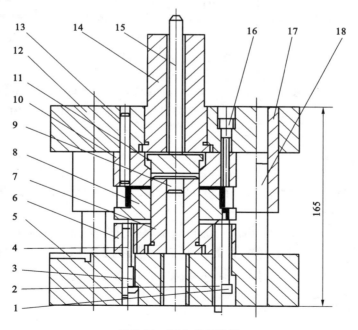

图 5.53 固定套翻孔模

1—阶形螺钉；2—顶杆；3、16—螺钉；4、13—销钉；5—下模座；6—凸模固定板；7—凸模；8—压料板；

9—定位销；10—凹模；11—推件块；12—上模座；14—模柄；15—打杆；17—导套；18—导柱

5.3.2.4　压力机的选用

因翻孔力较小,故主要根据固定套零件尺寸和模具闭合高度选择压力机。选用 J23-16 双柱可倾式压力机,其标准压力为 160 kN,最大装模高度为 180。

5.4　知　识　拓　展

在汽车、仪器仪表等许多行业,与此相关的冲压生产需要大量的碳素钢板材、卷材,不锈钢或有色金属板材、卷材,油漆或镀层板材、卷材。许多机械自动化生产过程都要求具有专门的板材预先处理设备,这样一方面可以降低对板材在包装运输过程中的较高要求,另一方面还可以提高制件的加工精度和质量。处理的方法是将宽卷料经过卷材开卷校平纵向剪切线或横向剪切线,加工成所需要尺寸的窄卷料或单张板料,然后送至生产部门使用。

卷材开卷校平生产线的主要设备由卷材的供料装置(包括卷料支架、托架和开卷机)和多辊板料校平装置两部分组成。多辊板料校平装置用于对弯曲变形的板材施加交变载荷,使其产生正反方向的多次弯曲,材料的变形逐渐减小或消失。它可以加工厚度达 10、宽度大于 2000、质量达 40 kg 的宽板料。

多辊板料校平机是由上下两排交错排列的工作辊和支承辊组成,工作原理如图 5.54 所示。

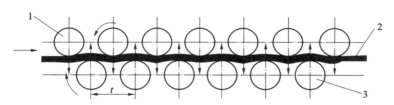

图 5.54　多辊板料校平机工作原理
1—上工作辊;2—校平板材;3—下工作辊

常见的卷材开卷校平生产线的结构类型如下。

(1)卷材开卷校平纵向剪切线

卷材开卷校平纵向剪切线如图 5.55 所示。

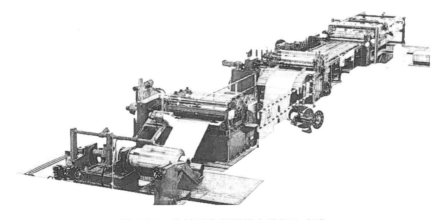

图 5.55　卷材开卷校平纵向剪切生产线

　　将宽的卷材吊起放进装载小车,小车启动进入开卷机的适当位置,液压缸活塞顶起卷材,使卷材内孔中心与开卷机的卷筒中心重合,开动装载小车,使开卷机的卷筒进入卷材内孔,卷筒胀开,撑紧卷材并支撑卷材质量,液压缸活塞退回,装载小车离开开卷机,停在一定位置并装进另一卷料,以备下次使用。

　　开卷机上的卷材用压紧辊压紧,松卷并处理好料头,使其进入送料辊,经多辊卷料校平机校平,经料架、送料辊,进入多条带料剪切机,根据所需带料宽度,调整好相邻刀盘之间的距离及上下刀盘之间的间隙,即可剪切出所需的带料。经分离装置进入重卷机,即将较宽的卷材改制成数条宽度相同或不同的卷材,以便用于各种压力机生产线。

　　(2) 卷材开卷校平横向剪切线

　　卷材开卷校平横向剪切线的生产能力可达 80 m/min。

　　卷材经开卷机、校平单元进行开卷校平处理后,由送料单元送进飞剪机,将板料剪切成所需长度的单张板料,然后进入堆料装置进行打捆或送进冲压线上使用,如图 5.56 所示。

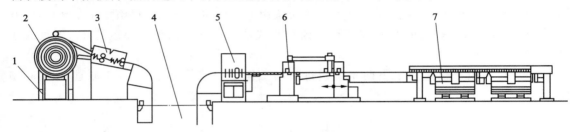

图 5.56　卷材开卷校平横向剪切生产线

1—开卷机;2—卷材;3—板料校平单元;4—储料坑;5—送料单元;6—机械压力机;7—堆料装置

　　(3) 卷材开卷校平冲压生产线

　　卷材开卷校平冲压生产线如图 5.57 所示。

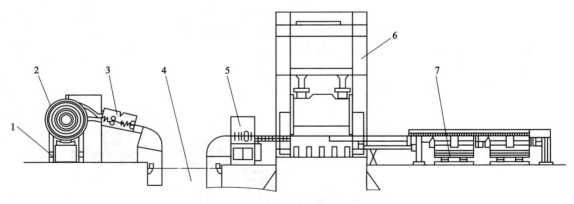

图 5.57　卷材开卷校平冲压生产线

1—开卷机;2—卷材;3—板料校平单元;4—储料坑;5—送料单元;6—机械压力机;7—堆料装置

　　卷材经开卷机、校平单元进行开卷校平后进入储料坑,由送料单元按需要的长度送进机械压力机进行冲压,冲压后的坯料由输送带送至堆料装置,然后集中运到下一道工序。这种大型冲压生产线多用于汽车行业,例如,为车门自动生产线或其他大型覆盖件冲压准备毛坯等。

思 考 题

5.1   什么是胀形工艺？胀形工艺有何特点？胀形方法有哪几种？

5.2   什么是孔的翻边系数 K？影响孔极限翻边系数大小的因素有哪些？

5.3   什么是缩口？缩口有何特点？

5.4   什么是校形？校形的作用是什么？

5.5   什么是局部起伏成型？局部起伏成型有何特点？

5.6   计算题：如图 5.58 所示的工件，判断该零件内形是否可以冲底孔、翻边成型？计算底孔冲孔尺寸及翻边凸、凹模工作部分的尺寸，材料为 10 钢。

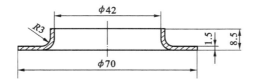

图 5.58   思考题 5.6 图

项目6　多工位级进模

❖ **项目目标**

(1) 了解多工位级进模结构设计、排样设计的相关内容。

(2) 初步具备多工位级进模排样设计、结构设计的能力。

6.1　项目分析

图 6.1 所示为插接片零件图,其外形尺寸精度要求一般为 IT12 级,材料为 10 号钢板,厚度为 0.8,年产量为 20 万件。其实体图见图 6.2。

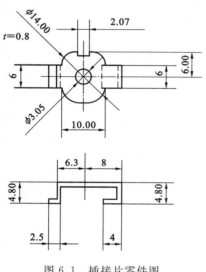

图 6.1　插接片零件图

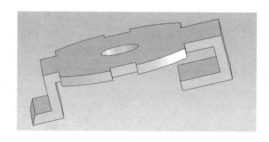

图 6.2　插件片三维实体图

6.1.1　项目工艺分析

如图 6.1 所示零件尺寸均无特殊要求,精度要求一般为 IT12 级,零件未标注粗糙度、位置精度要求,符合一般级进冲压的经济精度要求,模具精度取为 IT9 级即可。图示零件材质为 10 号钢板,抗剪强度为 340 MPa,具有良好的冲压性能,价格适中。

外形落料的工艺性:零件属于中小尺寸零件,料厚为 0.8,外形复杂程度一般,尺寸精度要求一般,因此,可用落料工艺。

冲孔的工艺性:孔径为 ϕ3.05,孔尺寸精度要求一般,可采用冲孔。

弯曲的工艺性:图示零件包括 4 个弯曲部位。各弯曲处的弯曲半径均为 1,根据弯曲工艺性数据知,各弯角均可一次弯成。

结论：如图 6.1 所示的零件主要冲压工序工艺性良好，适合冲压生产。

6.1.2　项目工艺方案制定

冲压图 6.1 所示零件所需的基本工序为落料、冲孔和弯曲，可拟出如下两种工艺方案：

方案一（单工序模）：分四道工序做，先落料，再冲孔，后一次弯曲，再弯曲，采用四副单工序模具生产。

方案二（级进模）：用级进模冲制。

方案一模具结构简单，但需要四副模具，成本高，效率低，难以满足中批量生产的要求；方案二采用级进模加工，级进模比单工序模效率高，减少了模具和设备的数量，工件精度也较高，便于操作和实现生产自动化。比较以上两种方案，现选用级进模加工方案。

6.2　相　关　知　识

多工位级进模是在级进模基础上发展起来的精密、高效、长寿命的模具。它适用于冲压小尺寸、高精度、薄材料、复杂形状和大批量生产的冲压零件。多工位级进模的工位数可高达几十个，甚至上百个，一般都配置自动送料、自动出件、自动检测与保护等装置，以实现自动化生产。多工位精密自动级进模常用于高速冲压，因此，生产效率极大地提高了，并减少了手工送料的误差，减少了冲压设备和工人，具有较高的技术经济效益。

6.2.1　多工位级进模的分类

6.2.1.1　按级进模所包含的工序性质分类

多工位级进模不仅能完成所有的冷冲压工序，而且能进行装配等，但冲裁是最基本的工序。按工序性质，它可分为冲裁多工位级进模、冲裁拉深多工位级进模、冲裁弯曲多工位级进模、冲裁成型（胀形、翻边、翻孔、缩口、校形等）多工位级进模、冲裁拉深弯曲多工位级进模、冲裁拉深成型多工位级进模、冲裁弯曲成型多工位级进模、冲裁拉深弯曲成型多工位级进模等。

6.2.1.2　按冲压件成型方法分类

（1）封闭形孔级进模

这种级进模的各个工作形孔（除侧刃外）与被冲零件的各个形孔及外形（或展开外形）的形状完全一样，并分别设置在一定工位上，材料沿各工位经过连续冲压，最后获得成品或工序件（图 6.3）。

（2）切除余料级进模

这种级进模是对冲压件较为复杂的外形和孔形，采用逐步切除余料的办法（对于简单的形孔，模具上相应形孔与之完全一样），经过逐个工位的连续冲压，最后获得成品或工序件。显然，这种级进模工位一般比封闭形孔级进模多。如图 6.4 所示为 8 个工位冲压，获得一个完整的零件。

以上两种级进模的设计方法是截然不同的，但有时也可以把两种结合起来设计，既有封闭形孔又有切除余料的级进模，以科学地解决实际问题。

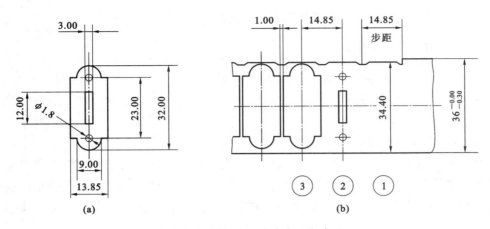

图 6.3　封闭形孔连续式多工位冲压

（a）冲件图；（b）条料排样图

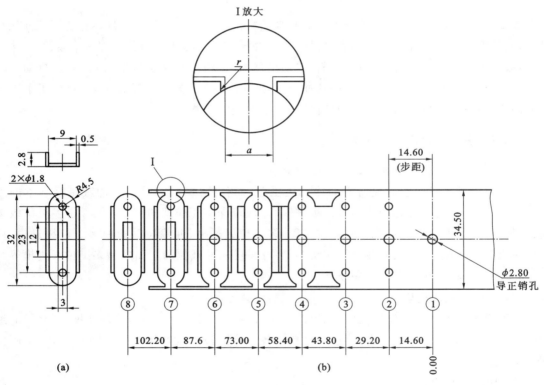

图 6.4　切除余料的多工位冲压

（a）零件图；（b）条料排样图

6.2.2　多工位级进模的设计步骤

多工位级进模的设计与普通冲模设计一样,都必须首先进行零件工艺性分析和冲压工艺设计,进而进行模具设计。但由于多工位级进模是集分离工序与成型工序中的许多冲压性质不同的工序于一副模具中,因而多工位级进模的设计与普通冲模设计有很大的不同,要求也高得多。具体来说,多工位级进模排样设计是多工位级进模设计的关键。排样设计之后即进行凸模、凹模、凸模固定板、垫板、卸料装置、导料、定距等零部件的结构设计。最后绘制总装图和零件图,并提出使用维护的相关说明。

6.2.2.1 多工位级进模的排样图设计

(1) 载体与搭扣的选择

载体的作用是运送冲件至各个工位进行连续冲压,保证冲件在动态中保持稳定准确的定位。而搭扣是起连接载体与冲件或冲件与冲件的作用。

载体的基本形式见图6.5。

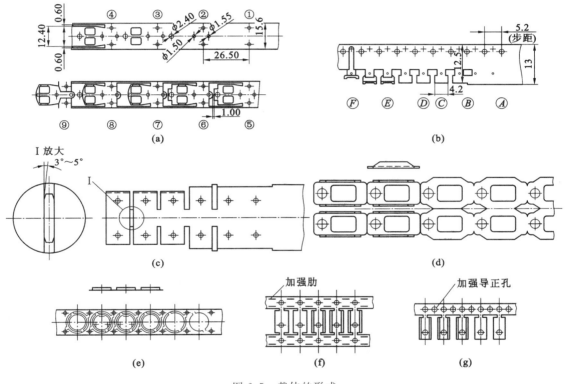

图6.5 载体的形式

(a) 等宽双侧载体;(b) 单侧载体;(c) 中间载体;(d) 原载体;(e) 边料载体;(f) 加强载体;(g) 加强导正载体

双侧载体[图6.5(a)]:条料送进平稳,送进步距精度高,可在载体上冲导正销孔,以提高送进步距精度。但材料利用率较低。双侧载体又可分为等宽双侧载体和不等宽双侧载体。对于板料薄的可采用双侧加强载体。

单侧载体[图6.5(b)]:条料刚度和送进步距精度不如双侧载体,宜用于板料厚度大于0.5和零件一端或几个方向都有弯曲的场合。对于细长件,为了增加条料刚度,采用单侧载体加上桥接载体。为了提高送进步距精度可采用加强导正载体。

中间载体[图6.5(c)]:这种载体节省材料,适用于对称性零件,尤其两外侧有弯曲的对称性零件,抵消了两侧弯曲时产生的侧压力。

原载体[图6.5(d)]:是在条料上撕切出工件的展开形状,留出载体搭扣,而后在各工位级进成型的一种载体。它适用于薄板多排的场合,省材料,宜采用拉式送料。

边料载体[图 6.5(e)]:边料载体是在搭边或余料处冲出导正孔的一种载体。它省料,适用于板料较厚、废料上具有导正孔位置的场合。

(2) 多工位级进模工位排列原则

① 排列数应根据产量、零件形状及尺寸、模具制造与维修水平、材料利用率等而定。产量大、零件外形简单且尺寸小、模具制造与维修水平高、材料利用率高的,可采用双排或多排;否则,应采用单排。

② 工序性质、数量与顺序的确定:除必须遵守普通级进模排样原则外,还应考虑多工位连续冲压的特点,参照实际生产中类似零件排样图,经认真分析与计算而定。特别强调如下几点:

a. 在多工位级进模中,为了提高工艺稳定性,弯曲、拉深、成型等工序的变形程度宜小些。

b. 在工序顺序安排方面,原则上宜先安排冲孔、切口、切槽等冲裁工序,再安排弯曲、拉深、成型等工序。但如果孔位于成型工序变形区,则在成型后冲出;对于精度要求高的,在成型之后应加校平或整形工序,最后切断或落料分离。

c. 工步安排必须保证零件形状及尺寸的准确性。精度要求高的部位(如孔心距、孔边距、两成型部位间)应尽量安排在一个工位上或相邻两工位上冲出。

d. 复杂内孔或外形分步冲出时,只要不受冲件精度和模具轮廓尺寸限制,应力求凸、凹模简单、规则,以便于模具制造,延长模具寿命,但也应注意控制工位数。

e. 工位设置应保证凹模有足够强度,凸模容易安装固定。为此,除设置必要的空工位外,还应当避免凹模孔口距离太近,凸、凹模出现尖角、狭槽等。

③ 空工位设置与工位数的控制:设置空工位的目的是为保证凹模强度,便于凸模安装调整和设置特殊结构或可能增设某一工位的需要。原则上:步距小(S>8)宜多设空工位,步距大(S>16)不宜多设空工位;导正销定位的可适当多设空工位,否则应少设空工位;冲件精度高的应少设空工位。这样做的目的是控制总的工位数,从而控制轮廓尺寸已经比较大的多工位级进模的外形尺寸;减少积累误差,提高冲件精度。

(3) 切除余料过程连接方法选择

在切除余料的多工位级进模中,分段切除必须保证各段连接平滑无毛刺。连接方式有三种:搭接(图 6.4 第 5 工位)、平接[图 6.5(c)]、切接(图 6.4 第 8 工位)。

由于平接和切接容易产生毛刺,因而前后两个工位应设导正销,以提高定位精度。

(4) 成型的方向问题

多工位级进冲压过程中必须保持条料的基本平面为一水平面,其成型部分只能向上或向下。

对于弯曲、拉深等成型工序究竟采用向上或向下成型,主要应考虑模具结构和送料方法以及卸料与顶件的可靠性,做到模具结构简单,送料方便,卸料顶件可靠稳定。

(5) 冲压力的平衡问题

排样图设计的结果应尽量使冲压力中心与模具中心重合,两者偏移量不能超过模板长(L)或宽(B)的 1/6。还要注意成型过程产生侧压力的部位、方向、大小及影响,采取必要措施予以平衡。

(6) 冲压毛刺方向问题

有的冲压件有毛刺方向的要求,无论采用双排或多排,必须保证冲出的冲件毛刺方向一致。对于弯曲件,毛刺朝内较好,从这个意义上讲,向下弯曲可以达到要求。

（7）侧刃与导正销设置

多工位级进模一般都设导正销精定位,侧刃则起粗定位作用。当使用送料精度较高的送料装置时,可不设侧刃,只设导正销即可;当送料精度较低或手工送料时,则设置侧刃粗定位,导正销精定位。

导正销孔在第一工位冲出,第二工位开始导正,以后根据零件精度要求,每隔适当工位设导正销。它可以是零件上的孔,也可以在载体或余料上冲出工艺导正孔。对于带料连续拉深,则可借助拉深凸模进行导正,但更多的是冲导正工艺孔。

（8）侧向冲压问题

需要侧向冲压时,应力求将凸模的侧向运动方向垂直于送料方向,以便侧向冲压机构设在送料方向的两侧。

多工位级进模排样图设计实例:图 6.6 所示为簧片的多工位级进冲压排样图。带料为锡磷青铜,$t=0.3$。

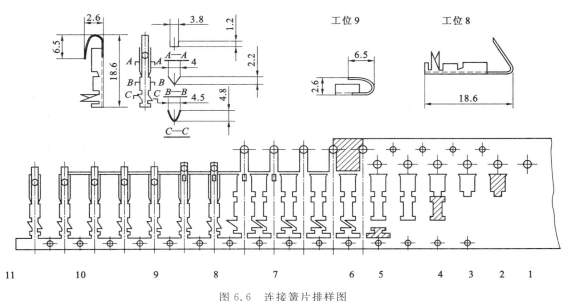

图 6.6　连接簧片排样图

1—冲导正孔;2—切除余料;3—冲小孔;4、5、6—切除余料;7—切舌;8—首次弯曲;
9—弯曲成型;10—切除桥接载体;11—切除载体

6.2.2.2　多工位级进模结构设计

（1）模架

多工位级进模要求模架刚度好、精度高,因而除小型模具可采用双导柱模架外,多采用四导柱模架。精密级进模一般采用滚珠导向模架,而且卸料板一般采用有导向的弹压导板结构,如图 6.7 所示。上、下模座的材料除小型模具用 HT200 外,多采用铸钢或锻钢或厚钢板（45钢甚至合金钢）。

（2）凸模

一般的粗短凸模可以按标准选用或按常规设计。而在多工位精密级进模模具中有许多冲小孔的细小凸模、冲窄长槽凸模、分解冲裁凸模和受侧向力的弯曲凸模等。这些凸模的设计应根据具体的冲压要求,如冲压材料的厚度、冲压速度、冲裁间隙和凸模的加工方法等因素来考

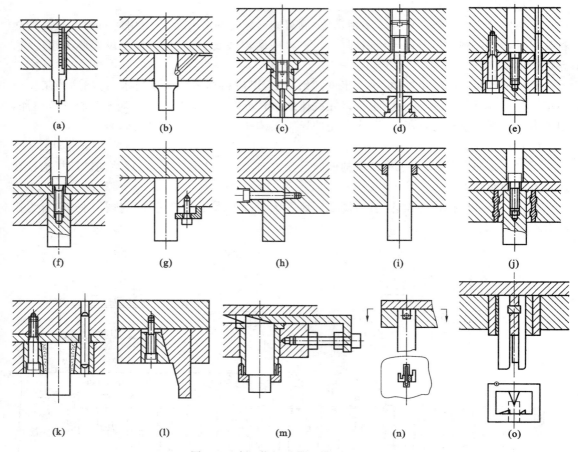

图 6.7　多工位级进模凸模及固定方法

(a) 圆凸模固定法;(b) 圆凸模快换固定法;(c)、(d) 快换凸模带护套;(e) 异形凸模用大小固定板套装结构;

(f) 异形直通式凸模快换固定;(g)、(h) 异形直通凸模压板固定;(i) 异形直通凸模焊接台阶固定;

(j)、(k) 异形凸模粘接固定;(l) 楔块固定;(m) 可调凸模高度安装结构;(n) 圆柱销固定;(o) 组合式凸模

虑凸模的结构及其凸模的固定方法。

在一幅多工位级进中,凸模种类都比较多,所以多工位级进模凸模的固定方法也很多,如图 6.7 所示。在同一幅级进模中应力求固定方法基本一致;小凸模力求以快换式固定,还应便于装配与调整。

(3) 凹模

除了工步较少,或纯冲裁的、精度要求不很高的级进模的凹模为整体式外,较多的级进模凹模都是镶拼式的结构,这样便于加工、装配、调整和维修,易保证凹模几何精度和步距精度。凹模镶拼原则与普通冲模的凹模基本相同。分段拼合凹模在多工位级进模中是最常用的一种结构,如图 6.8 所示。图 6.8(a)所示是由三段凹模拼块拼合而成,用模套框紧,并分别用螺钉、销钉紧固在垫板上。图 6.8(b)所示凹模是由五段拼合而成,再分别由螺钉、销钉直接固定于模座上(加垫板)。另外,对于复杂的多工位级进模凹模,还可采用镶拼与分段拼合综合的凹模。

在分段拼合时必须注意以下几点(图 6.8):

① 分段时最好以直线分割,必要时也可用折线或圆弧分割。

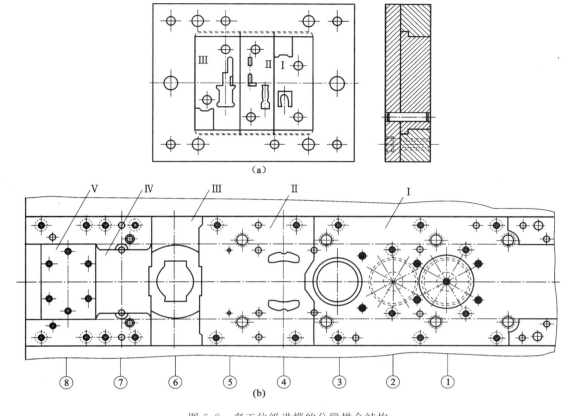

图 6.8　多工位级进模的分段拼合结构

(a) 分段拼合凹模示例之一；(b) 分段拼合凹模示例之二

② 同一工位形孔原则上分在同一段,一段也可包含两个以上工位,但不能包含太多工位。

③ 对于较薄弱易损坏的形孔宜单独分段。冲裁与成型工位宜分开,以便刃磨。

④ 凹模分段分割面到形孔应有一定距离,形孔原则上应为闭合形孔(单边冲压的形孔和侧刃除外)。

⑤ 分段拼合凹模,组合后应加一整体垫板。

(4) 多工位级进模的导料装置

多工位级进冲压要求条料在送进过程中无任何阻碍,因此,在完成一次冲压行程之后条料必须浮顶到一定高度,以便下一次无阻碍送料。这不仅对含有弯曲、拉深、成型等工步的多工位级进模是必要的,对纯冲裁的级进模也是必要的,因为需要防止毛刺阻碍顺利送进的可能。

完整的多工位级进模导料系统应包括:导料板、浮顶器(或浮动导料销)、承料板、侧压装置、除尘装置及检测装置。

① 带台导料板与浮顶器配合使用的导料装置[图 6.9(a)]:这是常用的导料装置,尤其料边为断续的条料送进导向。很明显,多工位级进模采用带台式导料板是为了在浮顶器的弹顶作用下,条料仍保持在导料板内运动。但在导正销装于两侧进行导正的级进模中,台阶必须做出让位口[图 6.9(b)]。

如图 6.9(a)中 H_0 为条料最大允许浮升高度;H_0' 为条料实际浮升高度;h_0 为工件最大成型高度。显然,H_0' 应比 h_0 大 1.0～3.5,条料才能顺利地送进。

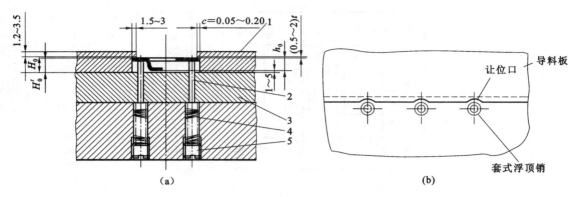

图 6.9　带台导料板与浮顶器配合使用的导料装置

(a) 装置的构成及尺寸；(b) 导料板上导正销让位口

1—带台式导料板；2—浮顶销；3—凹模；4—弹簧；5—平端紧定螺钉

　　浮顶销的种类见图 6.10。图 6.10(a)~图 6.10(c) 所示为圆柱形的浮顶销。其中图 6.10(a) 所示是细小浮顶销；图 6.10(b)、图 6.10(c) 所示是直径较大的浮顶销。图 6.10(d) 所示为套式浮顶销。另外还有块式浮顶器。浮顶器的工作原理如图 6.10(e) 所示。由图可见，套式浮顶销使导正销得到保护。浮顶器一般应左右对称布置，且在送料方向上间距不宜过大。条料较宽时，应在条料中间适当位置增加浮顶器。另外，应避免在送料方向不连续面上设置浮顶器。

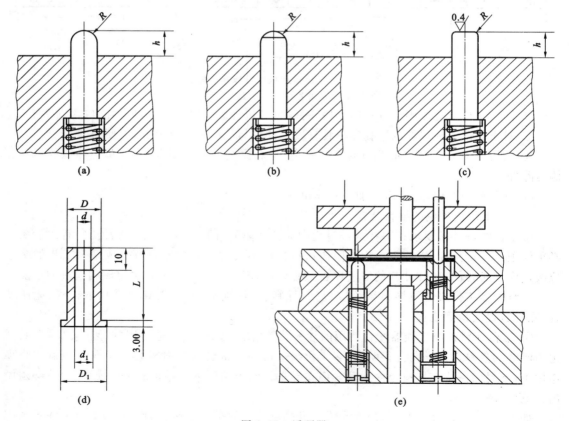

图 6.10　浮顶器

② 带槽浮动导料销的导料装置[图 6.11(a)]：带槽浮动导料销既起导料作用，又起浮顶条料的作用，这也是常用的结构形式。

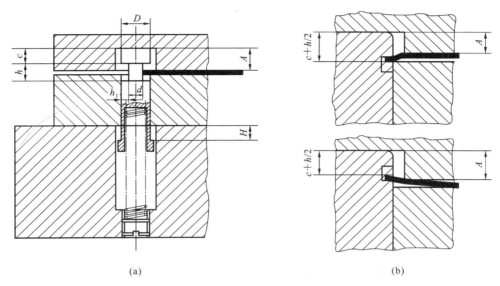

(a)   (b)

图 6.11   带槽浮动导料销导料装置

为了使这种装置能顺利地进行条料的送进导向，其结构尺寸应按下列算式计算：

$$h = t + (0.6 \sim 1.0) \quad (h \geqslant 1.5)$$
$$C = 1.5 \sim 3.0$$
$$A = C + (0.3 \sim 0.5)$$
$$H = h_0 + (1.3 \sim 4.0)$$
$$h_1 = (3 \sim 5)t$$

或

$$d = D - (6 \sim 10)t$$

式中 h——导向槽高度；

C——带槽导料销头部高度；

A——卸料板让位孔深度；

H——浮顶器活动量；

h_1——导向槽深度；

t——板料厚度；

h_0——冲件最大高度。

如果结构尺寸不正确，则在卸料板压料时将产生如图 6.11(b)所示的问题，即条料边产生变形，这是不允许的。

由于带导向槽浮动导料销与条料为点接触，间断性导料，不适于料边为断续的条料的导向，故在实际生产中常应用浮动导轨式的导料装置，如图 6.12 所示。

在实际生产中，根据条料在多工位级进冲压过程中料边及工序变形情况，往往采用两种导料装置联合使用，即条料一侧用带台导料板导料，另一侧用带槽浮动导料销导料。

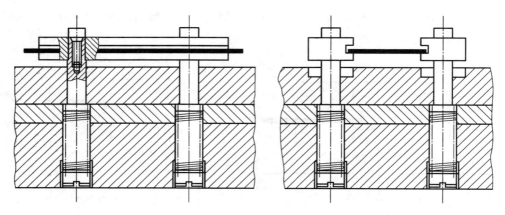

图 6.12 浮动导轨式导料装置

（5）多工位级进模导正销设置

在多工位级进模设计时，常将导正销和侧刃配合使用，侧刃作定距和初定位，导正销作精定位。此时侧刃长度应比步距大 0.05～0.1，以便导正销导入导正孔时使条料略向后退。当采用自动送料机构时，可不用侧刃，条料的准确定位由导正销来实现。

在设计模具时，作为精定位的导正孔，应安排在排样图中的第一工位冲出，导正销设置在紧随冲导正孔的第二工位，第三工位可设置检测条料送进步距误差的检测凸模。如图 6.13 所示。

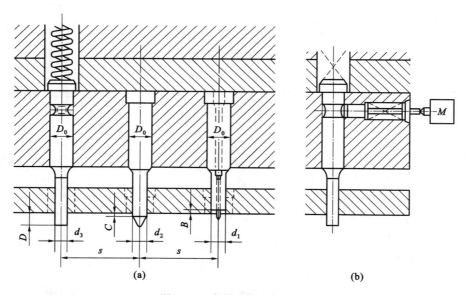

图 6.13 条料的导正与检测

按安装位置导正销分为两种：一种是凸模上的导正销；另一种是凸模式导正销，它与自动送料装置配合使用，广泛用于精密多工位级进模上。凸模式导正销结构形式如图 6.14 所示。图 6.14(a)所示与凸模固定方法是一样的；图 6.14(b)所示导正销带有弹压卸料块，可防止导正销把板料带上；图 6.14（c）所示是浮动式导正销，可防止因误送料而导致导正销折断；图 6.14(d)实际上与图 6.14(a)相同，但更换方便。

导正销露出卸料板底面的直壁高度（工作高度）一般取（0.5～0.8）t，材料较硬的可取小

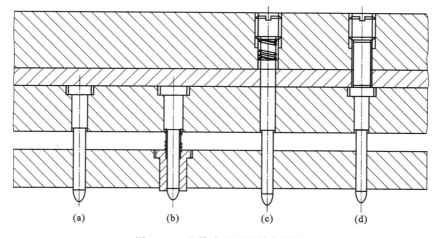

图 6.14　凸模式导正销结构形式

值。如果露出高度较长或薄板冲压,可采用图 6.15 所示结构。凹模板上导正销让位孔与导正销之间间隙取$(0.12\sim0.2)t$。

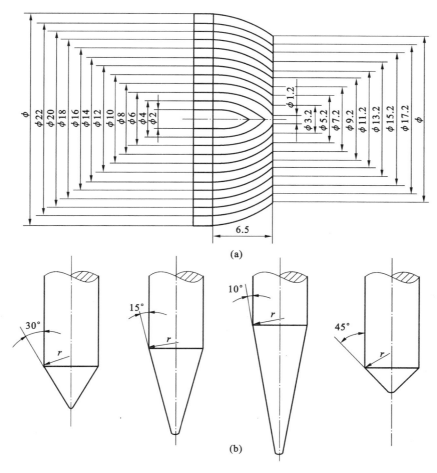

图 6.15　导正销头部结构

导正销头部形状如图 6.15 所示。如图 6.15(a)所示对导正孔直径大小不限,有良好的导正精度;图 6.15(b)所示为锥形导正销,小孔用小锥度的导正销,大孔用大锥度的导正销。

导正销直径的选取,要保证被导正定位的条料在导正销与导正孔有最大可能的偏心时,仍可得到导正,但不应过小,一般不小于 2。

导正销与导正孔的配合间隙直接影响到冲件精度。间隙大小可参考图 6.16。

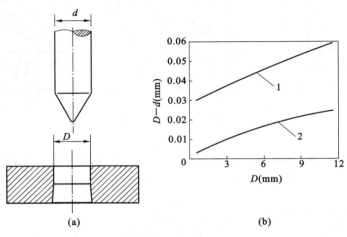

图 6.16　导正销与导正孔配合间隙
1—用于一般冲件;2—用于精密冲件

(6) 多工位级进模卸料装置(图 6.17)

一般采用弹压卸料,极少用固定卸料;卸料板一般装有导向装置,精密模具还用滚珠导向;为保证卸料平稳,卸料力较大,弹性元件多用强力弹簧或聚氨酯橡胶;卸料板一般用镶拼结构以保证孔精度、孔距精度及与凸模的配合间隙。卸料板用螺钉、销钉紧固于卸料板座上。设计多工位级进模卸料装置时还应注意以下几点:

① 卸料板对凸模起到导向与保护作用。为此,卸料板各形孔应与凹模形孔同轴,卸料板与凸模的配合间隙为凸、凹模冲裁间隙的 1/3～1/4。间隙小,导向效果好,但制造难,对于高速冲压很有必要,对于低速冲压的多工位级进模可以适当放宽。卸料板的导柱、导套配合间隙一般为卸料板与凸模配合间隙的 1/2。冲裁间隙、卸料板与凸模配合间隙、导柱与导套配合间隙三者关系参考表 6.1。由表可见,导柱、导套间隙很小,当冲裁间隙 $Z \leqslant 0.05$ 时导柱、导套间隙只有 0.006 以下,在这种情况下应该采用滚珠导向。

表 6.1　三种间隙关系　　　　　　　　　　　(单位:mm)

序号	模具冲裁间隙 Z	卸料板与凸模间隙 Z_1	辅助小导柱与导套间隙 Z_2
1	0.015～0.025	0.005～0.007	约为 0.003
2	0.025～0.05	0.007～0.015	约为 0.006
3	0.05～0.10	0.015～0.025	约为 0.01
4	0.10～0.15	0.025～0.035	约为 0.02

卸料板对凸模要有一定的导向高度,尤其是小凸模,必要时在卸料板上加保护套对凸模进行导向与保护。

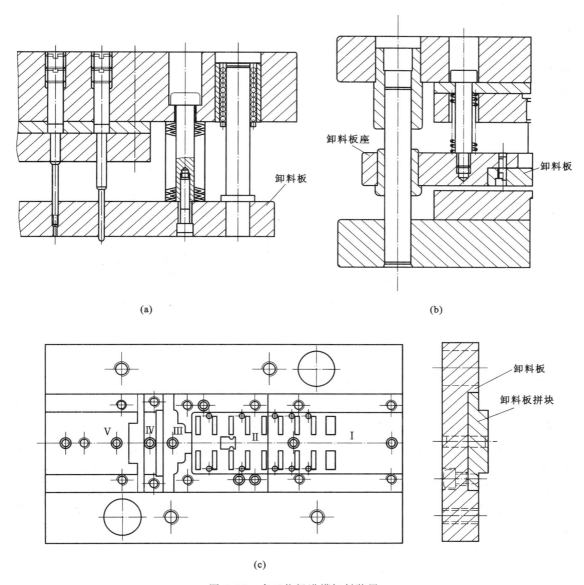

图 6.17 多工位级进模卸料装置

② 卸料板必须具有足够的强度与耐磨性。为此,卸料板和卸料板座应有一定厚度,卸料板应选用工具钢制造。高速冲压多工位级进模可选合金工具钢或高速钢,硬度为 56～58HRC;冲压速度不高的,可选碳素工具钢,硬度为 40～45HRC。卸料板各形孔必须具有小的粗糙度(R_a 0.4～0.1 μm),速度高,粗糙度取小值。在高速冲压过程中,卸料板与凸模、导正销以及导柱与导套应有良好的润滑状态。

③ 卸料力必须均衡。为此,卸料螺钉需均匀分布在工作形孔外围;弹性元件分布必须合理,卸料螺钉工作长度必须一致。

（7）多工位级进模限位装置

多工位级进模结构复杂,凸模较多,在存放、搬运、试模和冲压生产过程中,若凸模过多地进入凹模,会对模具造成较大的磨损。为此,在设计多工位级进模时应考虑安装限位装置,控制凸模进入凹模的深度。

如图 6.18 所示的限位装置由限位柱与限位垫块或限位套等零件组成。限位装置的总高度正是模具在镦压状态下的高度加上工件的料厚,这样安装调试模具时只要将限位垫放在两限位柱之间即可,模具对好后取下限位块即可冲压。当完成冲压后,可将限位套套在限位柱上,使上下模保持开启状态,便于搬运和存放,如图 6.18(b)所示。

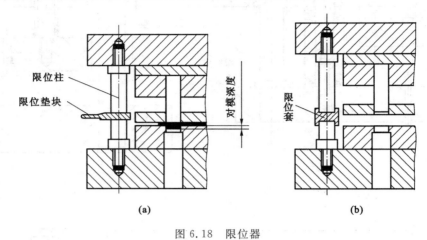

图 6.18　限位器

6.2.3　自动送料与检测保护装置

实现冲压生产的自动化,是提高冲压生产效率、保证冲压生产安全的根本途径和措施。自动送料装置则是实现多工位级进模自动冲压生产的基本机构。

在级进模中使用的送料装置,是将原材料按所需要的步距,将材料正确地送入模具工作面,在各个不同的冲压工位完成预先设定的冲压工序。级进模中常用的自动送料装置有:辊轴式送料装置、钩式送料装置、夹持式送料装置等。目前辊轴式送料装置和夹持式送料装置已经形成了一种标准化的冲压自动化周边设备。本节简单介绍这三种自动送料装置的特点及其应用。

6.2.3.1　辊轴式自动送料装置

（1）辊轴式送料装置的特点

辊轴式自动送料装置通用性强,适用范围广,宽度为 10~1300,厚度为 0.1~8 的条料、带料、卷料一般都能适用。送进步距误差较小,一般的驱动方法可达±0.05。凸轮驱动辊轴送料,即使是高速送料,误差也可以很小。允许的压力机每分钟行程数和送进速度视驱动辊轴间歇运动的机构而定。对于棘轮机构传动,压力机转速不宜太高;而对于凸轮传动,压力机转速则可以很高。

辊轴自动送料装置是通过一对辊轴定向间歇转动而进行间歇送料的,如图 6.19 所示。按辊轴安装的方式有立辊和卧辊,应用较多的卧辊又有单边和双边两种,单边卧辊一般是推式的,少数用拉式。双边卧辊是一推一拉的,其通用性更大,能用于很薄的条料、带料、卷料的送料,保证材料全长被利用。

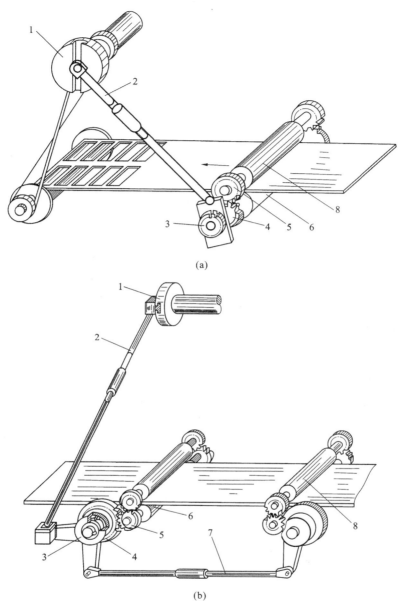

图 6.19 辊轴自动送料装置简图

（a）单边卧辊推式；（b）双边卧辊推拉式

1—偏心盘；2—拉杆；3—棘轮；4、5—齿轮；6、8—辊轴；7—推杆

（2）辊轴送料装置的工作过程

如图 6.20 所示为四杆机构传动的单边辊轴自动送料装置结构图。其工作过程如下：开始使用时，先将偏心手柄 8 抬起，通过吊杆 5 把上辊轴 4 提起，使上、下辊轴之间形成空隙，将条料从间隙穿过，然后按下偏心手柄，在弹簧的作用下，上辊轴将材料压紧。拉杆 7 上端与偏心调节盘连接。当上模回程时，在偏心调节盘的作用下，拉杆向上运动，通过摇杆带动定向离合器 2 反时针旋转，从而带动下辊轴（主动辊）和上辊轴（从动辊）同时旋转，完成送料工作。当上

模下行时,辊轴停止不动,到了一定位置(冲压工作之前),调节螺杆 6 撞击横梁 9,通过翘板 10 将铜套 3 提起,使上辊轴 4 松开材料,以便让模具中的导正销导正材料后再冲压。当上模再次回程时,又重复上述动作。照此循环工作,达到自动间歇送料的目的。

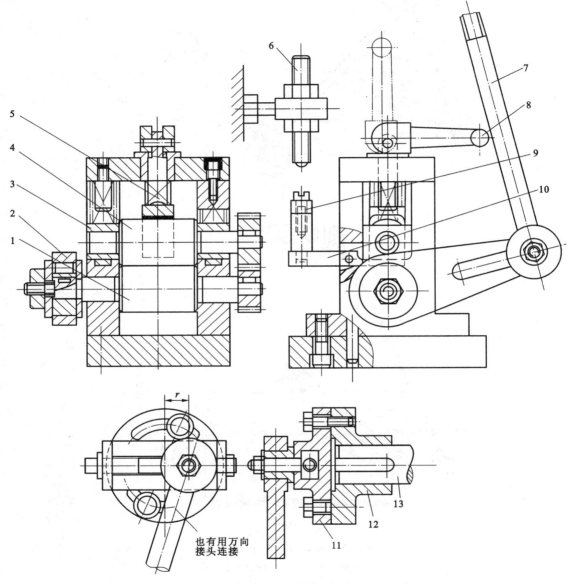

图 6.20　辊轴送料装置结构图

1—下辊轴;2—定向离合器;3—铜套;4—上辊轴;5—吊杆;6—调节螺杆;7—拉杆;
8—偏心手柄;9—横梁;10—翘板;11—偏心调节盘;12—法兰盘;13—曲柄

6.2.3.2　钩式送料装置

（1）钩式送料装置的特点

钩式送料装置是一种结构简单、制造方便、低制造成本的自动送料装置。各种钩式送料装置的共同特点是靠拉料钩拉动工艺搭边,实现自动送料。这种送料装置只能使用在有搭边且搭边具有一定的强度的冲压生产中,在拉料钩没有钩住搭边时,需靠手工送料。

（2）钩式自动送料装置的工作过程

在级进冲压中,钩式送料通常与侧刃、导正销配合使用才能保证准确的送料步距。该类装置送进误差约为±0.15,送进速度一般小于 15 m/min。钩式送料装置可由压力机滑块带动,也可由上模直接带动,后者应用比较广泛。钩式自动送料装置如图 6.21 所示。

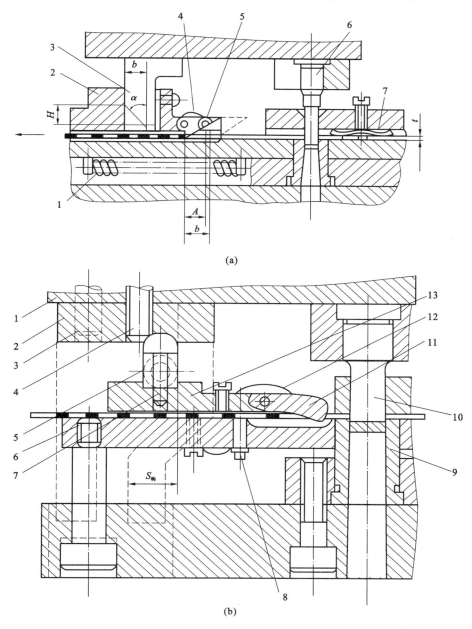

(a)

(b)

图 6.21　钩式自动送料装置

图 6.21 所示是由安装在上模的斜楔 3 带动的钩式送料装置。

其工作过程是:开始几个工件用手工送进,当达到送料钩位置时,上模下降,装于下模的滑动块 2 在斜楔 3 的作用下向左移动,铰接在滑动块上的拉料钩 5 将材料向左拉移一个步距 A,此后料钩停止不动(图示位置),上模继续下降,凸模 6 冲压,当上模回升时,滑动块 2 在拉簧 1 的作用下,向右移动复位,使带斜面的拉料钩跳过搭边进入下一孔位完成第一次送料,而条料则在止退簧片 7 的作用下静止不动。以此循环,达到自动间歇送进的目的。

钩式送料装置的送料运动一般是在上模下行时进行,因此送料必须在凸模接触材料前结束,以保证冲压时材料定位在正确的冲压位置。若送料是在上模上升时进行,材料的送进必须在凸模上升到脱离冲压材料后开始。

6.2.3.3　夹持式送料装置

夹持式送料装置在多工位级进冲压中,广泛地用于条料、带料和线料的自动送料。它是利用送料装置中滑块机构的往复运动来实现送料目的。夹持式送料装置可分为夹钳式、夹刃式和夹滚式;根据驱动方法的不一样,又分为机械式、气动式、液压式。最常用的是多工位精密级进模送料中的气动夹持式送料装置。

该装置安装在模具下模座或专用机架上。以压缩空气为动力,利用压力机滑块下降时由安装在上模或滑块上的固定撞块撞击送料器控制阀,形成整个压缩空气回路的导通和关闭。汽缸驱动固定夹板和活动夹板的夹紧和放松,并由送料活塞推动活动夹板的前后移动来完成间歇送料。气动送料器灵敏轻便,通用性强。因其送料长度和材料厚度均可调整,所以不但适用于大量制件的生产,也适用于多品种、小批量制件的生产。气动送料装置的最大特点是送料步距精度较高、稳定可靠、一致性好。在这里就不对它的典型装置做具体的介绍。

6.2.3.4　自动检测装置

为使冲压生产的自动化能够顺利进行,必须防止整个冲压工作过程发生故障,以免冲压工作中断和发生冲模或设备的损坏甚至造成人身事故。为此,在必要的环节必须采用各种监视和检测装置。当发生送料差错、材料重叠或弯曲、料宽超差、冲压件未推出、材料用完等现象时,检测装置便发出信号,使压力机自动停止运转,以实现冲压加工的自动控制,保证生产过程有节奏、稳定地进行。

如图 6.22 所示为自动模及其有关环节所具有的各种监视和检测装置。一般来说,检测与保护装置系统是由能感觉出差错的检测部分(如传感器等)及将检测出的信号向压力机发出紧急停止运转命令的控制部分组成的。

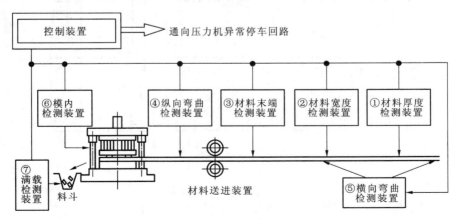

图 6.22　冲压自动化的监视与检测装置

目前常用的检测方法有:靠机械动作的限位开关或按钮开关进行检测,这是一种老方法;另一种方法是在电气系统回路中,用接触短路发出电信号并把电信号传给控制部分,这种方法动作准确、安全、耐用,应用广泛。利用传感器的方法(包括光电检测法)在现代冲压自动化生产中应用日益广泛。

6.3 项目实施

对于图 6.1 所示插接片零件来说,其冲压工序主要包括毛坯落料、冲孔、两侧弯曲。按照弯曲毛坯展开的原则进行计算,零件展开外形如图 6.23 所示。

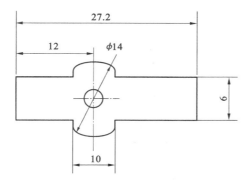

图 6.23 插接片零件图展开毛坯外形图

6.3.1 毛坯排样

典型毛坯排样方案有两种,如图 6.24 所示。

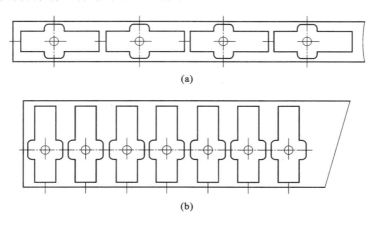

(a)

(b)

图 6.24 毛坯排样方案

(a) 毛坯排样方案 1;(b) 毛坯排样方案 2

第一种方案要求的条料宽度小,模具宽度也小,但模具长度会较长,采用这种方案不便于实现复杂弯曲工序。采用第二种方案,虽然模具宽度增加,但长度会缩短,便于弯曲,而且送进步距小,有利于提高生产率,但弯曲工序中工序件不便定位。两种方案材料利用率相当,但第二种方案的板料轧向不符合零件图要求,所以,优先考虑零件质量,拟选用第一种排样方案。

搭边值为:中央搭边1.5,侧搭边2,所以本零件的步距初定为28.7,条料宽度初定为24,一个步距内材料利用率不在此计算。

6.3.2　工序排样

6.3.2.1　工序排样类型

根据零件的冲压要求,由于含有弯曲工序,所以本零件的冲压不适于落料型工序排样。考虑到零件最后冲压完成后的出件,选切边型工序排样。

6.3.2.2　冲切刃口设计

(1)外形落料加工的冲切刃口设计,如图6.25所示。

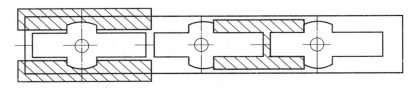

图6.25　外形落料加工的冲切刃口设计

(2)弯曲模刃口设计,如图6.26所示。

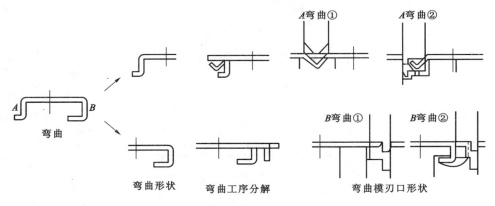

图6.26　弯曲模方案及凸、凹模刃口设计

(3)载体设计。为了保证弯曲过程中工序件的位置准确,选择双载体,取载体宽度为5。

(4)条料定位方式。X向:由于产品零件精度要求一般,所以条料送进方向的送进步距控制用侧刃。为了确保侧刃定位精度,选Ⅱ型侧刃。Z向:由于工序件在加工过程中有弯曲工序,而且弯曲刃口在条料中部,所以本例零件冲压过程中应采用双侧浮顶销。Y向:本零件涉及的弯曲工序多,采用的浮顶机构工作必须可靠协调,所以直接采用槽式浮顶销兼宽度方向的导料。

(5)导正方式。为了保证零件上孔的精度,采用间接导正。导正孔布置在两侧的载体上,导正孔直径取3。

(6)工序排样图。根据以上几方面的设计,经综合分析比较,可确定如图6.1所示零件的冲压工序排样图如图6.27所示,即零件的冲制用九工位级进模。

第一工位冲孔;第二工位冲缺;第三工位弯曲;第四工位弯曲;第五工位弯曲;第六工位弯曲;第七工位空位;第八工位切边;第九工位切边。

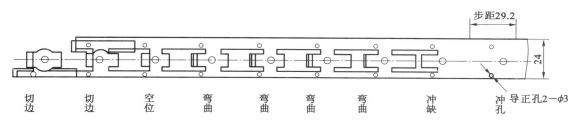

图 6.27　冲压工序排样图

（7）条料尺寸及步距精度。

条料宽度 24；步距 29.2；

步距精度：工位数 $n=9$；

由轮廓尺寸精度查得 $b=0.084$；

根据冲裁间隙得 $k=1.06$；

计算得步距精度 $\delta=\pm 0.0214$，取 $\delta=\pm 0.02$。

（8）产品零件材料成本。由于钢板尺寸规格为 1000 ×2000，考虑到零件对轧向的要求，可将板料按图 6.28 的所示方式裁成条料进行冲压。

这样每块板可裁成 40 条长度为 2000 的条料，每条可冲 68 个零件，每块钢板可冲的零件数为 2720 件。正常情况下每月生产需 74 张钢板。由于每张钢板约折合 12.56 kg，所以每月需 930 kg 的钢板。设每吨钢板 5000 元，则可算得每个零件的材料成本为 0.2308 元。

图 6.28　裁板方式

6.3.3　冲压力计算

按图 6.27 所示工序排样，本零件冲压力由多个部分构成。

（1）冲裁力　冲裁力由六部分组成，即：冲中央孔的力；冲导正孔力；冲缺力；切边力；侧刃切边力。

（2）弯曲力　本模具将产品零件的弯曲过程划分为四步，每一步都为 V 形弯曲，由 V 形弯曲的弯曲力计算公式可计算出 4 个弯曲力。

（3）卸料力　取冲裁力的 0.005 倍。

（4）总压力　可近似为冲裁力加弯曲力总和。

6.3.4　结构概要设计

6.3.4.1　基本结构形式

（1）模具结构

根据上述分析，本零件的冲制包含落料、冲孔、弯曲等工序，而且已确定采用级进模冲压，因此选正装式结构。

（2）导向方式

由于本零件是大批量生产，为了确保零件质量及稳定性，选用外导向模架。本零件的冲压精度要求一般,所以仅选外导向。由于已选定采用手工送料,为了提高开敞性,选用对角导柱式模架。

(3)卸料方式

本零件冲压工序中含落料和冲孔,所以,应有卸料机构。又由于零件冲压中还有弯曲工序,所以选用弹性卸料板。

6.3.4.2 基本尺寸

(1)模板尺寸

由图 6.27 所示工序排样图可知,凹模的工作区尺寸基本在 124×290 左右。取整后,取为 150×300。其他模板的尺寸取为与凹模板平面尺寸一致。

(2)工作行程

本零件冲压的最大行程是第六工位的弯曲工序,其弯曲行程为 4。在模具开启状态下,凸模下表面至凹模上表面的最小距离取为 6。

(3)模板厚度

凹模模板厚度:30;

卸料板厚度:30;

凸模固定板厚度:20;

垫板厚度:15;

凸模高度(冲孔凸模):60。

(4)模具工作区高度

模具工作区开启高度大于 110;工作区闭合高度约为 100。

(5)选模架

由于采用手工送料,考虑到开敞性和导向精度两方面的要求,选对角型滑动模架。根据模板平面尺寸和工作区高度要求,查冷冲模国家标准,选 A315×200×220-260 型对角模架。

上模座:315×200×45;

下模座:315×200×55;

导柱:32×210;35×210;

导套:32×115×43;35×115×43;

模具的开启高度为 260,闭合高度为 220。

(6)选冲床

由于采用了一般冲压,故选可倾式压力机。根据前面计算的冲压力要求,初选 J23-25 型压力机。

查 J23-25 型压力机规格,压力机参数如下。

公称压力:250 kN

滑块行程:65

最大闭合高度:270

连杆调节量:55

工作台尺寸(前后×左右):370×560

模柄尺寸(直径×深度):ϕ50×70

满足本零件模具尺寸要求。据此选定 J23-25 型压力机。

6.3.5 结构详细设计

(1) 工作单元结构

由于采用正装式结构,凸模一律用凸模固定板安装于上模,凹模采用整体式结构。用销钉定位,螺钉连接于下模座。

(2) 卸料机构设计

在结构概要设计中已确定采用弹性卸料板。卸料板为整体板。由于卸料板的工作行程为4.0,所以选普通弹簧提供弹压力。

(3) 定距机构设计

在工序排样中确定了侧刃定距方式。为了确保生产中侧刃的附度和条料送进的方便,选带导向段的ⅡC型侧刃。侧刃挡块固定于凹模面上。

(4) 导正销结构

本模具工位数不多,冲压精度要求一般,所以采用两个导正销。导正销采用普通的弹头形。固定结构采用丝堵顶住弹簧,迫使导正销复位。

(5) 浮顶机构

根据工序要求,选弹顶式浮顶销,浮顶销弹顶行程为5.0。在有导正销的工位上浮顶销带导正销避让孔。

(6) 送料机构与出件方式

本模具采用手工送料。由工序排样图知,本模具最后工位通过切断载体实现产品零件与条料的分离。产品零件在送料过程中,由条料端头顶出后从凹模左侧落下(送料方向为由右向左)。因此,使用中应注意从模具左侧收集冲制好的产品零件。

(7) 模具零件的固定

模板采用螺钉固定销钉定位。由于各凸模平面尺寸都比较小,所以用模板上的型孔配合定位,采用凸台或铆开式结构固定。

(8) 安全装置

本模具采用手工送料,但工人是在模具外操作,一般情况下应无安全的顾虑。为了使废料顺利落下,下模座的落料孔应比凹模落料孔大。

(9) 零件选材

该模具用于大批量生产,故工作零件选用较好的材料。凸模和凹模选用 Cr12MoV,卸料板选用 T10A。

(10) 模具零件的固定

模板采用螺钉固定销钉定位。

(11) 模具装配图

图 6.29 所示是综合前面各项设计结果后绘制的模具装配图。

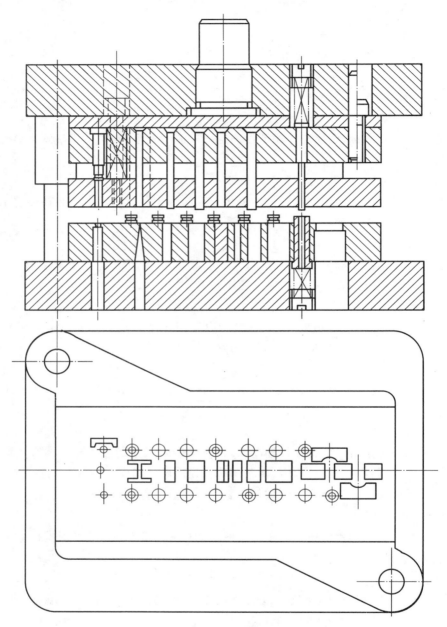

图 6.29　模具装配示意图

6.3.6　模具零件设计

6.3.6.1　工作零件设计

冲裁间隙:单边冲裁间隙为 0.016;凸模和凹模刃口尺寸计算略;冲孔凸模尺寸计算略;冲孔凹模尺寸计算略;冲缺凹模尺寸计算略。

6.3.6.2　凸模高度设计

以第六工位弯曲凸模高度 h 为基准;

冲中央孔的凸模高度为 3；冲导正孔的凸模高度为 3；

第三工位弯曲凸模高度为 h；第四工位弯曲凸模高度为 h；

第五工位弯曲凸模高度为 2.5；第八工位切边凸模高度为 3；

第九工位切边凸模高度为 3。

6.3.6.3　弹性元件设计

本模具弹性元件选用普通弹簧，用于提供卸料力和浮顶销的弹顶力。弹簧设计考虑的要素：卸料力或弹顶力；预压缩量；工作行程；尺寸要求。弹簧设计的具体计算略。

6.3.6.4　其他零件设计

由于在结构设计中已基本确定了其余各零件结构的基本尺寸，这里不再一一介绍它们的设计。

6.3.6.5　模具零件结构强度校核

级进模设计时主要校核对象为凸模抗压强度、抗弯刚度、凹模抗弯强度等。

6.4　知 识 拓 展

现代冲压技术作为制造业的主导工艺技术之一，得到了迅速发展。多工位级进模是在级进模基础上发展起来的模具，直接用板、带、条、卷等各种原材料，采用多工位连续模一模成型冲制成品零件，不仅大幅度提高了生产效率，降低了成本，而且改变了冲压加工的毛坯生产性质，用多工位连续式复合模一模成型冲制的各种复杂形状的立体成型件，是其他加工方法根本无法完成的。

6.4.1　带料连续拉深的分类及应用范围

在成批或大量生产中，外形尺寸在 60 以内，材料厚度在 2 以内的工件，采用普通拉深方法难以操作的小型空心件，可采用带料连续拉深。由于在带料连续拉深时，不能进行中间退火，允许的总拉深系数应小于零件成型需要的总拉深系数。材料允许的总拉深系数 m_z 见表 6.2。因此，连续拉深时所采用的材料，必须具有高塑性。H62、H68 黄铜，08F、10F 钢都适宜于带料连续拉深，LF21 软铝合金也适宜用于连续拉深。

表 6.2　连续拉深的极限总拉深系数 m_z

材　　料	抗拉强度 σ_b(MPa)	伸长率 δ(%)	极限总伸长系数 m_z		
			不带推件装置		带推件装置
			材料厚度 $t \leqslant 1.2$	材料厚度 $t = 1.2 \sim 2$	
08F 钢	300～400	28～40	0.40	0.32	0.16
黄铜 H62、H68	300～400	28～40	0.35	0.29	0.2～0.24
软铝	80～110	22～25	0.38	0.30	0.18

工艺切口的基本形式有多种，有的工艺切口还应根据零件成型过程，经分析试验后确定。带料连续拉深时，坯料变形特点与有凸缘圆筒形件相似，所以带料连续拉深工步尺寸计算与有

凸缘圆筒形件工序件尺寸计算相似。但考虑到工步间相互有影响,并为了工艺的稳定性,其极限拉深系数比对单个坯料进行多次拉深的极限拉深系数大,尤其是无切口连续拉深。

带料连续拉深的分类及应用范围见表 6.3。

表 6.3　带料连续拉深的分类及应用范围

分类	图　　示	应用范围	特　点
整带料连续拉深	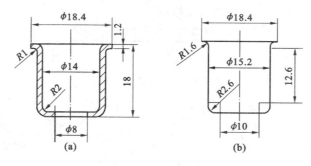	$\dfrac{t}{D} \times 100 > 1$ $\dfrac{d_t}{d} = 1.1 \sim 1.5$ $\dfrac{h}{d} \leqslant 1$ [①]	① 用这种方法拉深时,相邻两个拉深件之间互相影响,使得材料在纵向流动时困难,主要靠材料的伸长; ② 拉深系数比单工序大,拉深工步数增加; ③ 节省材料
有切口带料连续拉深		$\dfrac{t}{D} \times 100 < 1$ $\dfrac{d_t}{d} = 1.3 \sim 1.8$ $\dfrac{h}{d} > 1$	① 有了工艺切口,类似于有凸缘零件的单个拉深,但由于相邻两个拉深件间仍有部分材料相连,因此变形比单个带凸缘零件稍困难些; ② 拉深系数略大于单个零件的拉深系数; ③ 费料

注:表列中 t 为材料厚度;d 为零件内径;d_t 为零件凸缘直径;D 为包括修边余量的坯料直径;h 为零件高度。

①表示对于塑性好的材料 $\dfrac{h}{d} > 1$ 也适用。

6.4.2　带料连续拉深的应用

实例1:如图 6.30 所示材料厚度为 1.2 的 08F 钢工件的带料连续拉深。

图 6.30　窄凸缘筒形件

(a) 零件图;(b) 按料厚中线绘出的零件图

(1) 计算毛坯直径

① 先按中线绘出零件图,如图 6.30(b)所示。

② 计算毛坯的直径

$$D_1 = \sqrt{d_1^2 + 6.28rd_1 + 8r^2 + 4d_2h + 6.28r_1d_2 + 4.56r_1^2}$$
$$= \sqrt{10^2 + 6.28 \times 2.6 \times 10 + 8 \times 2.6^2 + 4 \times 15.2 \times 12.6 + 6.28 \times 1.6 \times 15.2 + 4.56 \times 1.6^2}$$
$$= \sqrt{1248} = 35.3$$

修边余量取 2.8。

实际毛坯直径为:

$$D = D_1 + \delta = 35.3 + 2.8 = 38.1$$

(2)计算总的拉深系数

$$m_{总} = \frac{d}{D} = \frac{15.2}{38.1} = 0.40 > (m_{总}) = 0.32$$

可不用中间退火进行连续拉深。

当 $\frac{d_t}{d} = \frac{18.4}{15.2} = 1.2$,$\frac{t}{D} \times 100 = \frac{1.2}{38.1} \times 100 = 3.2$ 时,取 $m_1 = 0.53$,$m_2 = 0.75$,$m = m_1 \times m_2$ $= 0.53 \times 0.75 = 0.396 < 0.40$,故可以两次拉出,增加整形工序。

(3)确定是否要工艺切口

$$\frac{t}{D} \times 100 = \frac{1.2}{38.1} \times 100 = 3.2$$
$$\frac{d_t}{d} = \frac{18.4}{15.2} = 1.2$$
$$\frac{h}{d} = \frac{16.8}{15.2} = 1.1$$

须采用工艺切口。

计算料宽 b、步距 s 和切口尺寸,查表得 $n_2 = 2$,$n = 1.8$,$r = 1$。

$$k_2 = 0.3D = 0.3 \times 38.1 = 11.5$$
$$c = 1.04D = 1.04 \times 38.1 = 39.5$$
$$s = D + n = 38.1 + 1.8 = 39.9$$
$$b = c + 2n_2 = 39.5 + 2 \times 2 = 43.5$$

(4)计算各工序拉深直径

确定拉深次数 $n = 3$,此时可省略整形工序,调整各工序的拉深系数,使各工序变形程度分配更为合理些,调整后的拉深系数为:

$$m_1 = 0.54, \quad m_2 = 0.83, \quad m_3 = 0.885$$

则

$$d_1 = m_1 D = 0.54 \times 38.1 = 20.6$$
$$d_2 = m_2 d_1 = 0.83 \times 20.6 = 17.1$$
$$d_3 = m_3 d_2 = 0.885 \times 17.1 = 15.1$$

(5)确定各工序凸、凹模圆角半径

拉深的凸、凹模圆角半径可根据经验取:

$$r_{T1} = 3t \approx 3$$
$$r_{T2} = 0.8r_{T1} \approx 2.4$$

$$r_{T3} = 2$$
$$r_{A1} = 2t \approx 2$$
$$r_{A2} = 0.8 r_{A1} \approx 1.5$$
$$r_{A3} = 1$$

（6）绘制工序图（图 6.31）

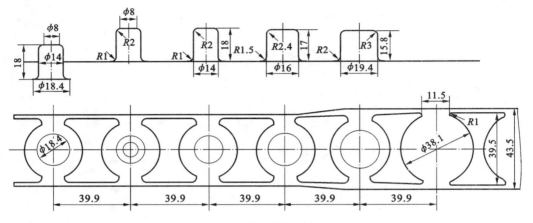

图 6.31　窄凸缘筒形件连续拉深工序图

思　考　题

6.1　多工位级进模有哪些种类？

6.2　试述多工位级进模的设计步骤。

6.3　多工位级进模排样图设计时应考虑哪些因素？

6.4　什么是载体？它的形式有哪些？各自应用在什么场合？

6.5　多工位级进模工位排列原则是什么？

6.6　多工位级进模结构设计包括哪几个方面的工作？

6.7　自动送料装置分哪三类？

6.8　气动送料装置有哪些特点？

6.9　试述辊轴式送料装置的特点及应用场合。

6.10　为什么要采用各种检测装置及保护装置？

6.11　试制定如图 6.32 所示制件的排样图，并设计该制件的级进模具（材料：H62；料厚：0.8）。

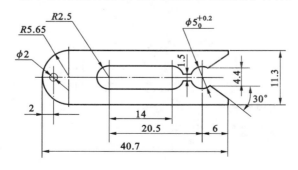

图 6.32　制件图

项目7 综合工艺分析与复杂模具设计

❖ **项目目标**

(1) 熟悉冲模设计的国家标准,会根据国家标准设计模具。

(2) 了解冲压工艺过程,通过项目训练掌握冲压工艺过程和模具设计方法、步骤。

(3) 了解模具设计必备的知识结构和能力结构。

7.1 项目分析

如图 7.1 所示为托架零件图,生产批量为 2 万件/年,材料为 08 冷轧钢板,试编制冲压工艺方案,设计模具结构。

制成该零件所需的基本工序为冲孔、落料和弯曲。其中冲孔和落料属于简单的分离工序,弯曲成型的方式可以有图 7.2 所示的三种。

零件上的孔尽量在毛坯上冲出,以简化模具结构,便于操作。该零件上的 $\phi10$ 孔的边与弯曲中心的距离为 6,大于 $1.0t(1.5)$,弯曲时不会引起孔变形,因此 $\phi10$ 孔可以在压弯前冲出,冲出的 $\phi10$ 孔可以做后续工序定位孔用。而 $4\text{-}\phi5$ 孔的边缘与弯曲中心的距离为 1.5,等于 $1.5t$,压弯时易发生孔变形,故应在弯后冲出。

完成该零件的成型,可能的工艺方案有以下几种。

方案一:落料与冲 $\phi10$ 孔复合,见图 7.3(a);压弯外部两角并使中间两角预弯 $45°$,见图 7.3(b);压弯中间两角,见图 7.3(c);冲 $4\text{-}\phi5$ 孔,见图 7.3(d)。

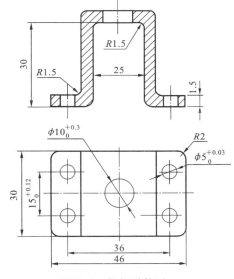

图 7.1 托架零件图

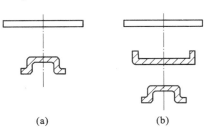
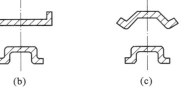

(a)	(b)	(c)

图 7.2 工艺方案

方案二:落料与冲 $\phi10$ 孔复合,见图 7.3(a);压弯外部两角,见图 7.4(a);压弯中间两角,见图 7.4(b);冲 $4\text{-}\phi5$ 孔,见图 7.3(d)。

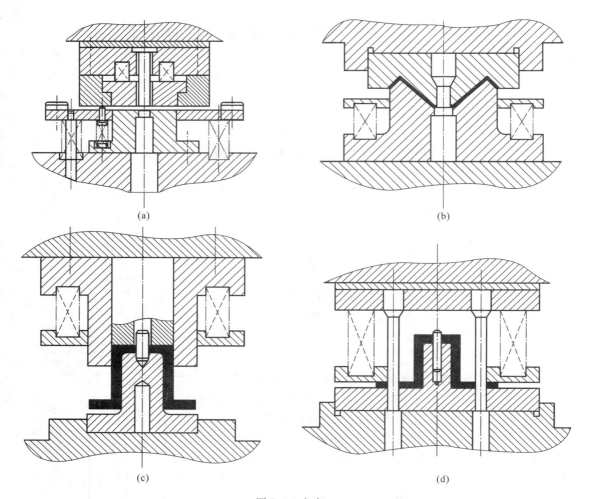

图 7.3　方案一

方案三:落料与冲 ϕ10 孔复合,见图 7.3(a);压弯四个角,见图 7.5;冲 4-ϕ5 孔,见图 7.3(d)。

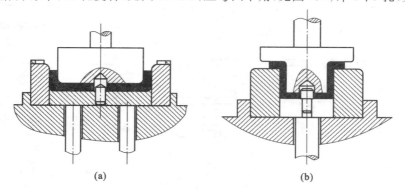

图 7.4　方案二

方案四:冲 ϕ10 孔,切断及弯曲外部两角,见图 7.6;压弯中间两角,见图 7.4(b);冲4-ϕ5 孔,见图 7.3(d)。

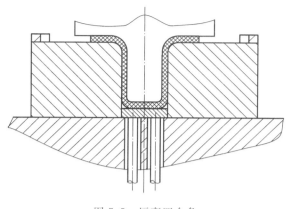

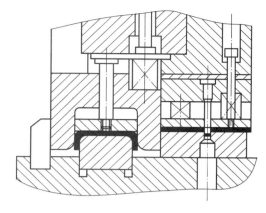

图 7.5　压弯四个角　　　　　　　　图 7.6　冲孔(ϕ10)、切断及弯曲外部
　　　　　　　　　　　　　　　　　　　　　　　两角连续冲压

方案五：冲 ϕ10 孔，切断及压弯四个角连续冲压，见图 7.7；冲 4-ϕ5 孔，见图 7.3(d)。

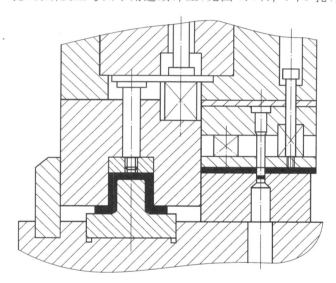

图 7.7　冲孔(ϕ10)、切断及压弯四个角连续冲压

方案六：全部工序组合采用带料连续冲压，如图 7.8 所示的排样图。

在上述列举的方案中，方案一的优点是：① 模具结构简单，制造周期短，投产快，模具寿命长；② 工件的回弹容易控制，尺寸和形状精确，表面质量高；③ 各工序(除第一道工序外)都能利用 ϕ10 孔和一个侧面定位，定位基准一致且与设计基准重合，操作也比较简单方便。缺点是：工序分散，需用压床、模具及操作人员多，劳动量大。

方案二的优点是模具结构简单，投产快，寿命长，但回弹难以控制，尺寸和形状不精确，且工序分散，劳动量大，占用设备多。

方案三的优点是工序比较集中，占用设备和人员少，但模具寿命短，工件质量(精度与表面粗糙度)低。

方案四的优点是工序比较集中，从工件成型角度看，本质上与方案二相同，只是模具结构较为复杂。

方案五本质上与方案三相同，只是采用了结构复杂的级进模。

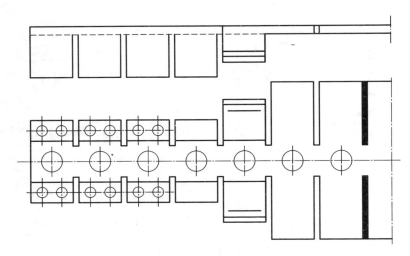

图 7.8　级进冲压排样图

　　方案六的优点是工序最集中,只用一副模具完成全部工序,由于它实质上是把方案一的各工序分别布置到连续模的各工位上,所以它还具有方案一的各项优点。缺点是模具结构复杂,安装、调试、维修困难,制造周期长。

　　综上所述,考虑到该零件的批量不大,为保证各项技术要求,选用方案一。其工序如下:① 落料和冲 $\phi 10$ 孔;② 压弯端部两角;③ 压弯中间两角;④ 冲 $4-\phi 5$ 孔。

7.2　相 关 知 识

　　一个产品从设计到生产的过程大致是这样的:产品设计—模具设计—模具制造—试模—产品。其中模具设计起到特殊的作用。

7.2.1　模具设计方案的确定

7.2.1.1　分析冲压件的工艺性

　　冲压件的工艺性是指冲压件对冲压工艺的适应性,即设计的冲压件在结构、形状、尺寸大小及公差和尺寸基准等各方面是否符合冲压加工的工艺要求。冲压件的工艺性好坏,直接影响到加工的难易程度。工艺性差的冲压件,材料损耗和废品率会大量增加,甚至无法生产出合格的产品。

　　产品零件图是编制和分析冲压工艺方案的重要依据。首先可以根据产品的零件图纸,分析研究冲压件的形状特点、尺寸大小、精度要求以及所用材料的机械性能、冲压成型性能和使用性能等对冲压加工难易程度的影响,分析产生回弹、畸变、翘曲、歪扭、偏移等质量问题的可能性。特别要注意零件的极限尺寸(如最小孔间距和孔边距、窄槽的最小宽度、冲孔最小尺寸、最小弯曲半径、最小拉深圆角半径)以及尺寸公差、设计基准等是否适合冲压工艺的要求。若发现冲压件的工艺性很差,则应会同产品的设计人员协商,提出建议。在不影响产品使用要求的前提下,对产品图纸作出适合冲压工艺性的修改。

7.2.1.2　确定冲压件的成型工艺方案

　　在对冲压件进行工艺分析的基础上,拟订出几套可行的工艺方案。通过对各种方案综合分析和比较,从企业现有的生产技术条件出发,确定出经济上合理、技术上切实可行的最佳工艺方案。确定冲压件的工艺方案时需要考虑冲压工序的性质、数量、顺序、组合方式以及其他辅助工序的安排。

(1)工序性质的确定

工序性质是指冲压件所需的工序种类,如分离工序中的冲孔、落料、切边,成型工序中的弯曲、翻边、拉深等。工序性质的确定主要取决于冲压件的结构形状、尺寸精度,同时需考虑工件的变形性质和具体的生产条件。

在一般情况下,可以从工件图上直观地确定冲压工序的性质。如平板状零件的冲压加工,通常采用冲孔、落料等冲裁工序;弯曲件的冲压加工,常采用落料、弯曲工序;拉深件的冲压加工,常采用落料、拉深、切边等工序。

但在某些情况下,需要对工件图进行计算、分析比较后才能确定其工序性质。如图 7.9(a)、图 7.9(b)所示分别为油封内夹圈和油封外夹圈,两个冲压件的形状类似,但高度不同,分别为 8.5 和 13.5。经计算分析,油封内夹圈翻边系数为 0.83,可以采用落料冲孔复合和翻边两道冲压工序完成。若油封外夹圈也采用同样的冲压工序,则因翻边高度较大,翻边系数超出了圆孔翻边系数的允许值,一次翻边成型难以保证工件质量。因此改用落料、拉深、冲孔和翻边四道工序,利用拉深工序弥补一部分翻边高度的不足。

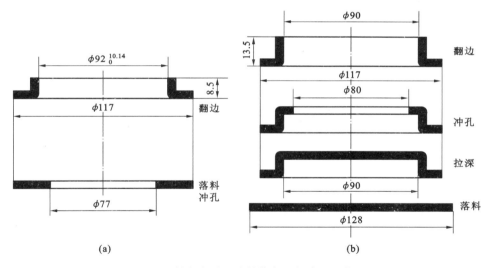

图 7.9 油封内夹圈和油封外夹圈的冲压工艺过程
(a)油封内夹圈;(b)油封外夹圈
材料:08 钢;厚度:0.8

(2)工序数量的确定

工序数量是指冲压件加工整个过程中所需要的工序数目(包括辅助工序数目)的总和。冲压工序的数量主要根据工件几何形状的复杂程度、尺寸精度和材料性质确定,在具体情况下还应考虑生产批量、实际制造模具的能力、冲压设备条件以及工艺稳定性等多种因素的影响。在保证冲压件质量的前提下,为提高经济效益和生产效率,工序数量应尽可能少些。

工序数量的确定,应遵循以下原则:

① 冲裁形状简单的工件,采用单工序模具完成。冲裁形状复杂的工件,由于模具的结构

或强度受到限制,其内外轮廓应分成几部分冲裁,需采用多道冲压工序。必要时,可选用连续模。对于平面度要求较高的工件,可在冲裁工序后再增加一道校平工序。

② 弯曲件的工序数量主要取决于其结构形状的复杂程度,根据弯曲角的数目、相对位置和弯曲方向而定。当弯曲件的弯曲半径小于允许值时,则在弯曲后增加一道整形工序。

③ 拉深件的工序数量与材料性质、拉深高度、拉深阶梯数以及拉深直径、材料厚度等有关,需经拉深工艺计算才能确定。

当拉深件圆角半径较小或尺寸精度要求较高时,则需在拉深后增加一道整形工序。

④ 当工件的断面质量和尺寸精度要求较高时,可以考虑在冲裁工序后再增加修整工序或者直接采用精密冲裁工序。

⑤ 工序数量的确定还应符合企业现有制模能力和冲压设备的状况。制模能力应能保证模具加工、装配精度相应提高的要求,否则只能增加工序数目。

⑥ 为了提高冲压工艺的稳定性,有时需要增加工序数目,以保证冲压件的质量。例如弯曲件的附加定位工艺孔冲制、成型工艺中的增加变形、减轻孔冲裁以转移变形区等。

(3) 工序顺序的安排

工序顺序是指冲压加工过程中各道工序进行的先后次序。冲压工序的顺序应根据工件的形状、尺寸精度要求、工序的性质以及材料变形的规律进行安排。一般遵循以下原则:

① 对于带孔或有缺口的冲压件,选用单工序模时,通常先落料再冲孔或缺口。选用连续模时,则落料安排为最后工序。

② 如果工件上存在位置靠近、大小不一的两个孔,则应先冲大孔后冲小孔,以免大孔冲裁时的材料变形引起小孔的形变。

③ 对于带孔的弯曲件,在一般情况下,可以先冲孔后弯曲,以简化模具结构。当孔位于弯曲变形区或接近变形区,以及孔与基准面有较高要求时,则应先弯曲后冲孔。

④ 对于带孔的拉深件,一般先拉深后冲孔。当孔的位置在工件底部,且孔的尺寸精度要求不高时,可以先冲孔再拉深。

⑤ 多角弯曲件应从材料变形影响和弯曲时材料的偏移趋势安排弯曲的顺序,一般应先弯外角后弯内角。

⑥ 对于复杂的旋转体拉深件,一般先拉深大尺寸的外形,后拉深小尺寸的内形。对于复杂的非旋转体拉深尺寸的应先拉深小尺寸的内形,后拉深大尺寸的外部形状。

⑦ 整形工序、校平工序、切边工序,应安排在基本成型以后。

(4) 冲压工序间半成品形状与尺寸的确定

正确地确定冲压工序间半成品形状与尺寸可以提高冲压件的质量和精度,确定时应注意下述几点:

① 对某些工序的半成品尺寸,应根据该道工序的极限变形参数计算求得。如多次拉深时各道工序的半成品直径、拉深件底部的翻边前预冲孔直径等,都应根据各自的极限拉深系数或极限翻边系数计算确定。如图7.10所示为工件出气阀罩盖的冲压过程。该冲压件需分六道工序进行,第一道工序为落料拉深,该道工序的拉深后半成品直径 $\phi22$ 是根据极限拉深参数计算出来的结果。

② 确定半成品尺寸时,应保证已成型的部分在以后各道工序中不再产生任何变动,而待成型部分必须留有恰当的材料余量,以保证以后各道工序中形成工件相应部分的需要。例如

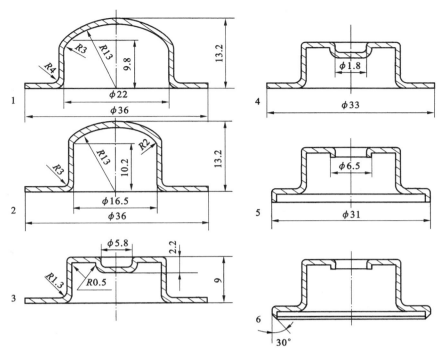

图 7.10 出气阀罩盖的冲压过程

1—落料、拉深;2—再拉深;3—成形;4—冲孔、切边;5—内孔、外缘翻边;6—折边

材料:H62;厚度:0.3

图 7.10 所示中第二道工序为再次拉深,拉深直径为 $\phi16.5$,该成型部分的形状尺寸与工件相应部分相同,所以在以后各道工序中必须保持不变。假如第二道工序中拉深底部为平底,而第三道工序成型凹坑直径为 $\phi5.8$,拉深系数($m=5.8/16.5=0.35$)过小,周边材料不能对成型部分进行补充,导致第三道工序无法正常成型。因此,只有按面积相等的计算原则,储存必需的待成型材料,把半成品工件的底部拉深成球形,才能保证第三道工序凹坑成型的顺利进行。

③ 半成品的过渡形状,应具有较强的抗失稳能力。如图 7.11 所示第一道拉深后的半成品形状,其底部不是一般的平底形状,而应做成外凸的曲面。在第二道工序反拉深时,当半成品的曲面和凸模曲面逐渐贴合时,半成品底部所形成的曲面形状具有较高的抗失稳能力,从而有利于第二道拉深工序。

④ 确定半成品的过渡形状与尺寸时,应考虑其对工件质量的影响。如多次拉深工序中,凸模的圆角半径或宽凸缘边工件多次拉深时的凸模与凹模圆角半径都不宜过小,否则会在成型后的零件表面残留下经圆角部位弯曲变薄的痕迹,使工件表面质量下降。

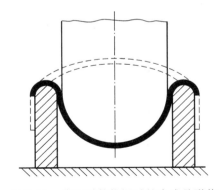

图 7.11 曲面零件拉深时的半成品形状

7.2.1.3 确定冲压模具的结构形式

在制订冲压工艺规程时,可以根据确定的冲压工艺方案和冲压件的生产批量、形状特点、尺寸精度以及模具的制造能力、现有冲压设备、操作安全方便的要求,来选择模具的结构形式。

如图 7.9(a)所示的油封内夹圈零件,在大量生产时,可以把落料、冲孔、翻边三个工序合并成一道工序,用一副复合模具冲压完成。如果为小批量生产,则可分为三道工序或二道工序冲压完成。

值得注意的是,在使用复合模完成类似零件的冲压时,必须考虑复合模结构中的凸凹模壁厚的强度问题。当强度不够时,应根据实际情况改选级进模结构或者考虑其他模具结构。

级进模冲压可以完成冲裁、弯曲、拉深以及成型等多种性质工序的组合加工,但是工序越多,可能产生的累积误差越大,对模具的制造精度和维修提出了较高的要求。

7.2.1.4 选择冲压设备

冲压设备的选择直接关系到设备的安全以及生产效率、产品质量、模具寿命和生产成本等一系列重要问题。冲压设备的选择主要包括设备的类型和规格参数两个方面。

(1) 冲压设备类型的选择

主要根据所要完成的冲压的工序性质、生产批量的大小、冲压件的几何尺寸和精度要求等来选择冲压设备的类型:

① 对于中小型冲裁件、弯曲件或浅拉深件的冲压,常采用开式曲柄压力机。虽然 C 形床身的开式压力机刚度不够好,冲压力过大会引起床身变形,导致冲模间隙分布不均,但是它具有三面敞开的空间,操作方便并且容易安装机械化的附属装置和成本低廉的优点。目前仍然是中小型冲压件生产的主要设备。

② 对于大中型和精度要求高的冲压件,多采用闭式曲柄压力机。这类压力机两侧封闭,刚度好且精度较高,但是操作不如开式压力机方便。

③ 对于大型或较复杂的拉深件,常采用上传动的闭式双动拉深压力机。对于中小型的拉深件(尤其是搪瓷制品、铝制品的拉深件),常采用底传动式的双动拉深压力机。闭式双动拉深压力机有两个滑块:压边用的外滑块和拉深用的内滑块。压边力可靠易调,模具结构简单,适合于大批量生产。

④ 对于大批量生产的或形状复杂、批量很大的中小型冲压件,应优先选用自动高速压力机或者多工位自动压力机。

⑤ 对于批量小、材料厚的冲压件,常采用液压机。液压机的合模行程可调,尤其是压力行程较大的冲压加工,与机械压力机相比具有明显的优点,而且不会因为板料厚度超差而过载,但液压机生产速度慢,效率较低,可以用于弯曲、拉深、成型、校平等工序。

⑥ 对于精冲零件,最好选择专用的精冲压力机。否则要利用精度和刚度较高的普通曲柄压力机或液压机,添置压边系统和反压系统后进行精冲。

(2) 冲压设备规格的选择

在冲压设备类型选定以后,应进一步根据冲压加工中所需要的冲压力(包括卸料力、压料力等)、变形功以及模具的结构型式和闭合高度、外形轮廓尺寸等选择冲压设备的规格。

① 公称压力

压力机的公称压力,是指压力机滑块离下止点前某一特定距离,即压力机的曲轴旋转至离下止点前某一特定角度(称为公称压力角,约为 30°)时,滑块上所容许的最大工作压力。按照曲柄连杆机构的工作原理可以得知,压力机滑块的压力在全行程中不是常数,而是随曲轴转角的变化而变化的。因此选用压力机时,不仅要考虑公称压力的大小,而且还要保证完成冲压件加工时的冲压工艺曲线必须在压力机滑块的许用负荷曲线之下。如图 7.12 所示,图中 F 为压力,α 为压力机的曲轴转角。

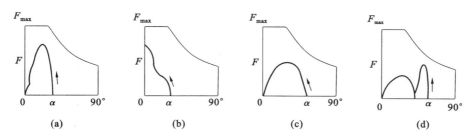

图 7.12　曲柄压力机许用负荷曲线与不同的冲压工艺曲线的比较
(a) 冲裁;(b) 弯曲;(c) 拉深;(d) 落料与拉深

一般情况下,压力机的公称压力应大于或等于冲压总工艺力的 1.3 倍。在开式压力机上进行精密冲裁时,压力机的公称压力应大于冲压总工艺力的 2 倍。对于拉深工序,为了选取方便,并使压力机能安全地工作,可以考虑适当的安全系数,近似地取为:

浅拉深时,最大拉深力≤(0.7～0.8)压力机公称压力;

深拉深时,最大拉深力≤(0.5～0.6)压力机公称压力;

高速冲压时,最大拉深力≤(0.1～0.15)压力机公称压力。

② 滑块行程

压力机的滑块行程是指滑块从上止点到下止点所经过的距离。压机行程的大小应能保证毛坯或半成品的放入以及成型零件的取出。一般冲裁、精压工序所需行程较小;弯曲、拉深工序则需要较大的行程。拉深件所用的压力机,其行程至少应大于或者等于成品零件高度的 2.5 倍以上。

③ 闭合高度

压力机的闭合高度是指滑块在下止点时,滑块底平面到工作台面之间的高度。调节压力机连杆的长度就可以调整闭合高度的大小。当压力机连杆调节至最上位置时,闭合高度达到最大值,称为最大闭合高度。当压力机连杆调节至最下位置时,闭合高度达到最小值,称为最小闭合高度。模具的闭合高度必须适合于压力机闭合高度范围的要求(图 7.13),它们之间的关系一般为:

$$(H_{\max} - h_1) - 5 \geqslant h \geqslant (H_{\min} - h_1) + 10 \tag{7.1}$$

④ 其他参数

a. 压力机工作台尺寸　压力机工作台上垫板的平面尺寸应大于模具下模的平面尺寸,并留有固定模具的充分余地,一般每边留 50～70。

b. 压力机工作台孔尺寸　模具底部设置的漏料孔或弹顶装置尺寸必须小于压力机的工作台孔尺寸。

c. 压力机模柄孔尺寸　模具的模柄直径必须和压力机滑块内模柄安装用孔的直径一致,模柄的高度应小于模柄安装孔的深度。

7.2.1.5　冲压工艺文件的编写

冲压工艺文件一般以工艺过程卡的形式表示,它综合表达了冲压工艺设计的具体内容,包括工序序号、工序名称或工序说明、加工工序草图(半成品形状和尺寸)、模具的结构形式和种

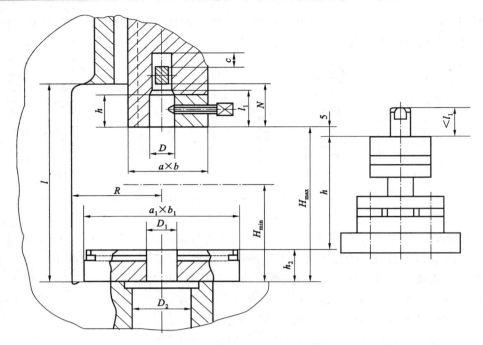

图 7.13 模具闭合高度与压力机闭合高度的配合关系

类、选定的冲压设备、工序检验要求、工时定额、板料的规格性能以及毛坯的形状尺寸等。

冲压件的批量生产中,冲压工艺过程卡是指导生产正常进行的重要技术文件,起着生产的组织管理、调度、工序间的协调以及工时定额核算等作用。工艺卡片尚未有统一的格式,一般按照既简明扼要又有利于生产管理的原则进行制订。

设计计算说明书是编写冲压工艺卡及指导生产的主要依据,对一些重要冲压件的工艺制订和模具设计,应在设计的最后阶段编写设计计算说明书,以供今后审阅备查。其主要内容有:冲压件的工艺分析,毛坯展开尺寸计算,排样方式及其经济性分析,工艺方案的技术性和经济性综合分析比较,工序性质和冲压次数的确定,半成品过渡形状和尺寸计算,模具结构形式分析,模具主要零件的材料选择、技术要求及强度计算,凸、凹模工作部分尺寸与公差确定,冲压力计算与压力中心位置的确定,冲压设备的选用以及弹性元件的选取和核算等。

7.2.2 模具的国家标准

冲模标准是指在冲模设计与制造中应该遵循和执行的技术规范和标准。在现代模具制造行业中,冲模的种类繁多且结构十分复杂,如精密级进模的模具零件有时有上百个(甚至更多),这样使得模具的设计与制造周期很长,实现模具标准化后,所有的标准件都可以外购,从而简化了模具的设计,减少了模具零件的制造工作量,最终的结果就是缩短了模具的制造周期。而模具的计算机辅助设计与制造日益普及,要求按照统一的标准进行设计和制造。冲模标准在稳定和保证模具设计质量和制造质量方面更是起到了关键作用。

目前,我国已颁布的冲模技术标准见表 7.1。

设计冲压模具还应该执行和采用的国家基础标准有:公差与配合标准;形状与位置公差;表面粗糙度标准;机械制图标准;尺寸及尺寸系列。

表 7.1 我国已颁布的冲模标准

分类	标准名称	标准号
零部件	① 冲模滑动导向模座(上模座)	GB/T 2855.1—2008
	② 冲模滑动导向模座(下模座)	GB/T 2855.2—2008
	③ 冲模滚动导向模座(上模座)	CB/T 2856.1—2008
	④ 冲模滚动导向模座(下模座)	GB/T 2856.2—2008
	⑤ 冲模模板	JB/T 7643.1～7643.6—2008
	⑥ 冲模单凸模模板	JB/T 7644.1～7644.8—2008
	⑦ 冲模导向装置	JB/T 7645.1～7645.8—2008
	⑧ 冲模模柄	JB/T 7646.1～7646.6—2008
	⑨ 冲模导正销	JB/T 7647.1～7647.4—2008
	⑩ 冲模侧刃和导料装置	JB/T 7648.1～7648.8—2008
	⑪ 冲模挡料和弹顶装置	JB/T 7649.1～7649.10—2008
	⑫ 冲模卸料装置	JB/T 7650.1～7650.8—2008
	⑬ 冲模废料切刀	JB/T 7651.1～7651.2—2008
	⑭ 冲模限位支承装置	JB/T 7652.1～7652.2—2008
	⑮ 冲模零件技术条件	JB/T 7653—2008
	⑯ 冲模圆柱头直杆圆凸模	JB/T 5825—2008
	⑰ 冲模圆柱头缩杆圆凸模	JB/T 5826—2008
	⑱ 冲模 60°锥头直杆圆凸模	JB/T 5827—2008
	⑲ 冲模 60°锥头缩杆圆凸模	JB/T 5828—2008
	⑳ 冲模球锁紧固凸模	JB/T 5829—2008
	㉑ 冲模圆凹模	JB/T 5830—2008
基础工艺质量	① 冲模术语	GB/T 8845—2006
	② 冲压件尺寸公差	GB/T 13914—2002
	③ 冲压件角度公差	GB/T 13915—2002
	④ 冲压件形状和位置未注公差	GB/T 13916—2002
	⑤ 冲压件未注公差尺寸极限偏差	GB/T 15055—2007
	⑥ 冲裁间隙	GB/T 16743—1997
	⑦ 冲模技术条件	GB/T 14662—2006
	⑧ 金属冷冲压件结构要素	JB/T 4378.1—1999
	⑨ 金属冷冲压件通用技术条件	JB/T 4378.2—1999
	⑩ 精密冲裁件通用技术条件	JB/T 6958—1993
	⑪ 金属板料拉深工艺设计规范	JB/T 6959—1993
	⑫ 冲压剪切下料未注公差尺寸的权限偏差	JB/T 4381—1999
	⑬ 高碳高合金钢制冷作模具显微组织检验	JB/T 7713—2007
	⑭ 冲模用钢及其热处理技术条件	JB/T 6058—1992
模架	① 冲模滑动导向模架	GB/T 2851.1～2851.2—2008
	② 冲模滚动导向模架	GB/T 2852.1～2852.4—2008
	③ 冲模滑动导向钢板模架	JB/T 7181.1～7181.4—1995
	④ 冲模滚动导向钢板模架	JB/T 7182.1～7182.4—1995
	⑤ 冲模模架零件技术条件	JB/T 8070—2008
	⑥ 冲模模架精度检查	JB/T 8071—2008
	⑦ 冲模模架技术条件	JB/T 8050—2008

7.3　项目实施

7.3.1　零件的冲裁模具设计

根据图 7.1 所示托架零件图计算毛坯长度。

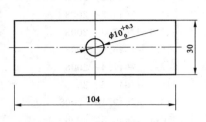

图 7.14　托架零件展开图

毛坯长度按分段计算。

毛坯总展开长度 L_0 为：
$$L_0 = 2 \times (9 + 3.32 + 25.5 + 3.32) + 22$$
$$= 104.28 \quad (\text{取} 104)$$

如图 7.14 所示为托架零件展开图。

7.3.1.1　排样及材料利用率

由于毛坯尺寸较大，考虑操作方便与模具尺寸，决定采用单排。

取搭边
$$a = 2a_1 = 1.5$$

则进距
$$h = 30 + 1.5 = 31.5$$

条料宽度按相应的公式计算：
$$B = (D + 2a)_{-\Delta} \quad \text{查表} \Delta = 0.6$$
$$B = (104.28 + 2 \times 2)^0_{-0.6} = 108^0_{-0.6}$$

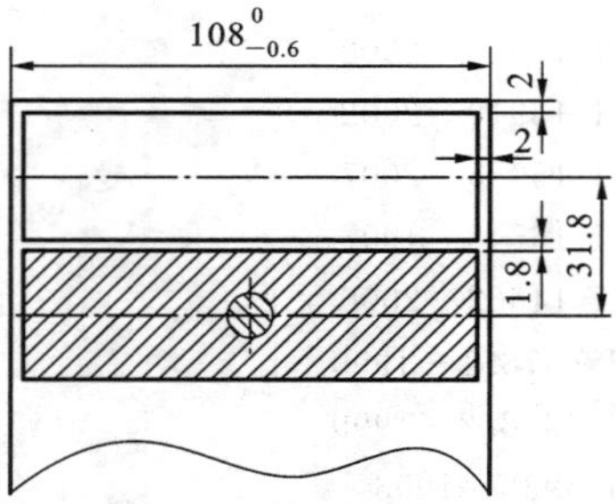

画出排样图，如图 7.15 所示。

板料规格选用 $1.5 \times 900 \times 1800$。

采用纵裁时，每板的条数：
$$n_1 = \frac{900}{108} = 8 \quad \text{多余} 36$$

每条的工件数：
$$n_2 = \frac{18001.5}{31.5} = 57 \text{ 件} \quad \text{余} 3$$

每板的工件数：
$$n = n_1 n_2 = 8 \times 57 = 456 \text{ 个}$$

图 7.15　排样图

利用率：
$$\eta = 456 \times 30 \times \frac{104.28}{900} \times 1800 \times 100\% = 88.1\%$$

经计算横裁时板料利用率仅为 86.5%，故决定采用纵裁。

7.3.1.2　计算压力及初选冲床

冲裁力
$$F_1 = (L + l)\sigma_b \times t$$
$$L = 2 \times (104.28 + 30) = 268.56$$
$$l = \pi \times 10 = 31.4$$

$$t = 1.5$$
$$\sigma_b = 400 \text{ MPa}$$

故

$$F_1 = (268.56 + 32.3) \times 400 \times 1.5 = 179970 \text{ N}$$

卸料力

$$F_x = K_0 \times F_1 = 0.04 \times 179970 = 7198.8 \text{ N}$$

推件力

$$F_t = n \times K_t \times F_1 = 4 \times 0.055 \times 179970 = 39593.4 \text{ N}$$

总冲压力

$$F_0 = F_1 + F_x + F_t = 179970 + 7198.8 + 39593.4 = 226762.2 \text{ N} = 226.67 \text{ kN}$$

选用 250 kN 冲床。

7.3.1.3　冲模刃口尺寸及公差的计算

（1）落料

该冲裁件外形属落料，选凹模为设计基准件，只需要计算落料凹模刃口尺寸及制造公差，凸模刃口尺寸由凹模实际尺寸按间隙要求配作。

由表 3.3 查得：$Z_{min} = 0.132$，$Z_{max} = 0.24$。

尺寸 104，按 IT14 查级公差表　$104_{-0.87}^{0}$　$x = 0.5$；

尺寸 30，按 IT14 查级公差表　$30_{-0.52}^{0}$　$x = 0.5$。

落料凹模的基本尺寸计算如下。

第一类尺寸：磨损后增大的尺寸

$$a_A = (104 - 0.5 \times 0.87)_0^{+\frac{1}{4} \times 0.87} = 103.57_0^{+0.218}$$

$$b_A = (30 - 0.5 \times 0.52)_0^{+\frac{1}{4} \times 0.52} = 29.74_0^{+0.13}$$

落料凸模的基本尺寸与凹模相同，分别是 103.57、29.74，不必标注公差，但要在技术条件中注明：凸模实际刃口尺寸与落料凹模配制，保证最小双面合理间隙值 $Z_{min} = 0.132$。

（2）冲孔 $\phi 10_0^{+0.3}$

$$d_T = (d_{min} + x\Delta)_{-\delta_T}^0$$
$$d_A = (d_T + Z_{min})_0^{+\delta_A}$$

查表 3.3、表 3.18 和表 3.19 得：

$$Z_{min} = 0.132，\quad Z_{max} = 0.24；\quad \delta_T = 0.020；\quad \delta_A = 0.020；\quad x = 0.5$$

校核间隙：

因为

$$Z_{max} - Z_{min} = 0.24 - 0.132 = 0.108$$

$$|\delta_T| + |\delta_A| = 0.020 + 0.020 = 0.040 < 0.108$$

所以满足 $|\delta_T| + |\delta_A| \leqslant Z_{max} - Z_{min}$ 的条件，制造公差合适。

将已知数据和查表的数据代入前面公式，得：

$$d_T = (10 + 0.5 \times 0.3)_{-0.020}^0 = 10.15_{-0.020}^0$$

$$d_A = (10.15 + 0.132)_0^{-0.020} = 10.28_{-0.020}^{-0.020}$$

7.3.1.4　确定各主要零件结构尺寸

（1）凹模外形尺寸的确定

凸模厚度 H 的确定

$$k=0.2$$
$$H=kS=0.2\times104=21$$

凹模长度 L 的确定

$$C=30$$
$$L=a+2C=104+2\times30=164$$

凹模宽度 B 的确定

$$B=b+2C=30+30\times2=90$$

凹模外形尺寸

$$200\times125\times25$$

（2）凸模长度 L 的确定

凸模长度计算为

$$L_1=h_1+h_2+h_3+Y$$

其中导料板厚 $h_1=8$，卸料板厚 $h_2=12$，凸模固定板厚 $h_3=18$，凸模修磨量 $Y=18$，则：

$$L=8+12+18+18=56$$

选用冲床的公称压力，应大于计算出的总压力 $F_0=185\ \text{kN}$；最大闭合高度应大于冲模闭合高度＋5；工作台台面尺寸应能满足模具的正确安装。按上述要求，结合工厂实际，可选用 J23-25 开式双柱可倾压力机，并需在工作台面上配备垫块，垫块的实际尺寸可配制。

7.3.1.5　设计并绘制总图，选取标准件

按已确定的模具形式及参数，从冷冲模标准中选取标准模架。

绘制模具总装图。如图 7.16 所示为落料冲孔复合模。

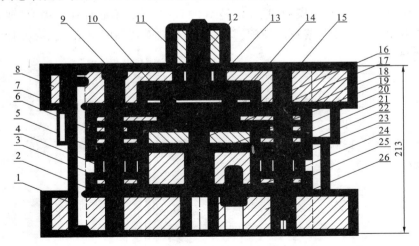

图 7.16　落料冲孔复合模

1—导柱；2—下垫板；3、9、24—螺钉；4—弹簧；5—卸料板；6—挡料销；7—导套；8—上模座；10—推杆；
11—模柄；12—打杆；13—销；14—推板；15—圆柱销；16—上垫板；17—冲孔凸模；18—凸模固定板；
19—推件块；20—空心垫板；21—凸凹模；22—落料凹模；23—卸料螺钉；25—凹凸模固定板；26—上模座

　　按模具标准,选取所需的标准件,查清标准件代号及标记,写在总图明细表内,见表 7.2 零件明细表。

表 7.2　零件明细表

序号	名称	数量	材料	热处理
1	导柱	2	20	渗碳 56～60 HRC
2	下垫板	1	45	40～45 HRC
3	内六角螺钉 M8×60	4	45	
4	弹簧	4	65Mn	
5	卸料板	1	45	28～32 HRC
6	挡料钉	1	45	43～48 HRC
7	导套	2	20	渗碳 HRC5862
8	上模座	1	HT200	
9	内六角螺钉 M8×60	4	45	
10	推杆	2	45	40～45 HRC
11	模柄	1	Q235	
12	打杆	1	45	40～45 HRC
13	销 8n6×20	1	45	
14	推板	1	45	40～45 HRC
15	圆柱销 8n6×60	4	45	
16	上垫板	1	45	40～45 HRC
17	冲孔凸模	1	T10A	58～62 HRC
18	凸模固定板	1	45	
19	推件块	1	45	40～45 HRC
20	空心垫板	1	45	
21	凸凹模	1	T10A	58～62 HRC
22	凹模	1	Cr12	60～64 HRC
23	卸料螺钉	4	45	
24	内六角螺钉 M8×20	4	45	
25	凸凹模固定板	1	45	
26	下模座	1	HT200	

7.3.1.6　绘制非标准零件图

本实例只绘制凸凹模、凹模零件图样,见图 7.17、图 7.18。

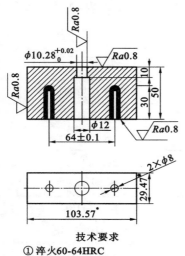

图 7.17　凸凹模

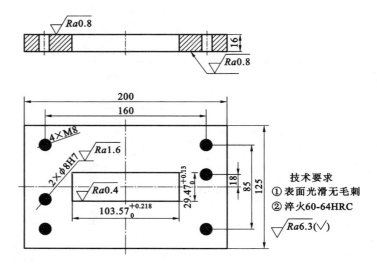

图 7.18　凹模

7.3.2　零件的弯曲模具设计

（1）第一次弯曲，见图 7.3(b)

首次压弯时的冲压力包括：预弯中间两角、弯曲和校正端部两角及压料力等。这些力并非同时发生或同时达到最大值，开始只有压弯曲力和预弯力，滑块至一定位置时开始压弯端部两角，最后进行镦压。为安全可靠，将端部两角的压弯力 F_w、校正力 F_a 及压料力 F_j 合在一起计算。

总冲压力

$$F_0 = F_w + F_a + F_j$$

$$F_w = \frac{Bt2\sigma_b}{r} + t = 30 \times 1.52 \times \frac{400}{1.5} + 1.5 = 12161.5 \text{ N}$$

$$F_j = 0.5F_w = 0.5 \times 12161.5 = 6080 \text{ N}$$

$$F_a = F \times q$$

$$F = 1670 \quad （校正面积）$$

$$q = 80 \text{ MPa} \quad （单位校正力）$$

故

$$F_a = 1670 \times 80 = 133600 \text{ N}$$

得

$$F_0 = 12161.5 + 6080 + 133600 = 151841 \text{ N} = 152 \text{ kN}$$

选用 160 kN 冲床。

（2）第二次弯曲，见图 7.3(c)

二次弯曲时仍需压料力，故所需总的冲压力：

$$F_0 = F_w + F_j$$

式中

$$F_w = \frac{Bt2\sigma_b}{r} + t = 30 \times 1.52 \times \frac{400}{1.5} + 1.5 = 12161.5 \text{ N}$$

$$F_j = 0.5F_w = 6080 \text{ N}$$

故

$$F_0 = 12161.5 + 6080 = 18241.5 \text{ N}$$

选用 20 kN 冲床。

7.3.3　零件的冲 4-ϕ5 孔模具设计

见图 7.3(d)，4 个 ϕ5 孔同时冲压，所需的总压力

$$F_0 = F_w + F_e$$

$$F_w = n\pi d \times t \times \sigma_b = 4 \times \pi \times 5 \times 1.5 \times 400 = 37680 \text{ N}$$

$$F_e = K_0 \times F_h = 0.04 \times 37680 = 1510 \text{ N}$$

故

$$F_0 = 37680 + 1510 = 39190 \text{ N}$$

选用 160 kN 压力机。

制成托架的工序见表 7.3 所示。

表 7.3　托架工序表

工序	工序说明	工序草图	冲床规格(kN)	模具型式
1	落料与冲孔	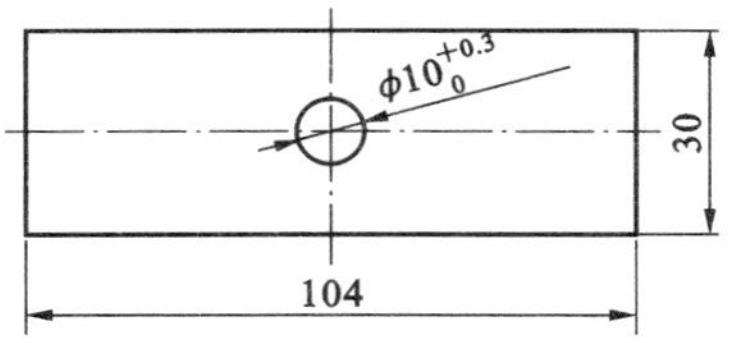	250	落料冲孔 复合模
2	一次弯曲 （带顶弯）	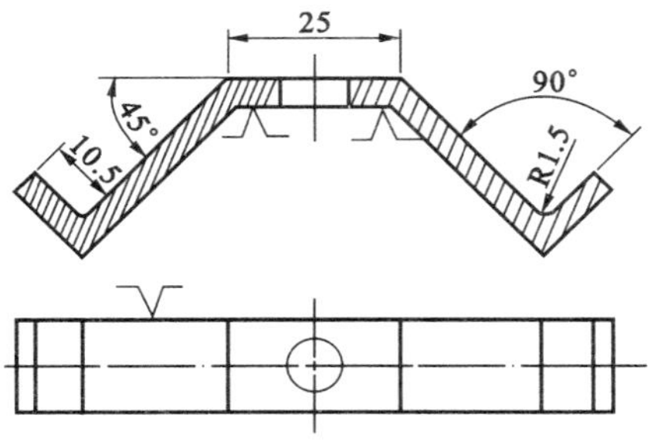	160	弯曲模
3	二次弯曲	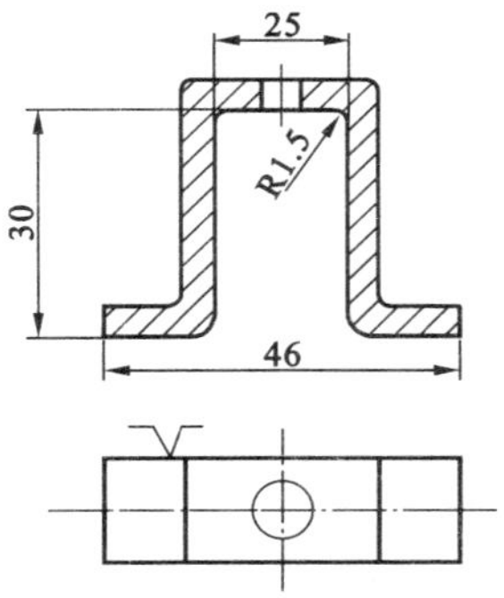	160	弯曲模

续表 7.3

工序	工序说明	工 序 草 图	冲床规格(kN)	模具型式
4	冲四个小孔	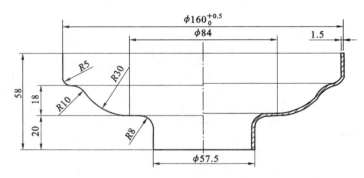	160	冲孔模

7.3.4　零件的拉深模具设计

零件名称为 180 柴油机通风口座子,生产批量为大批量,材料为 08 酸洗钢板,零件简图如图 7.19 所示。

图 7.19　180 柴油机通风口座子零件图

7.3.4.1　分析零件的工艺性

这是一个不带底的阶梯形零件,其尺寸精度、各处的圆角半径均符合拉深工艺要求。该零件形状比较简单,可以采用以下工序:落料—拉深成二阶形阶梯件和底部冲孔—翻边的方案加工。但是能否一次翻边达到零件所要求的高度,需要进行计算。

（1）翻边工序计算

取极限翻边系数 $K_{min}=0.68$,一次翻边所能达到的高度:

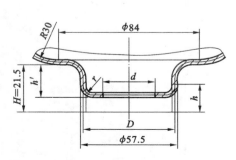

图 7.20　拉深后翻边

$$H_{max}=\frac{D}{2}(1-K_{min})+0.43r+0.72t$$

$$=\frac{56}{2}\times(1-0.68)+0.43\times8+0.72\times1.5=13.48$$

而零件的第三阶高度

$$H=21.5>H_{max}=13.48$$

由此可知一次翻边不能达到零件高度要求,需要采用拉深成三阶形阶梯件并冲底孔,然后再翻边。第三阶高度应该为多少,需要几次拉深,还需继续分析计算。

计算冲底孔后的翻边高度 h(图 7.20):

取极限翻边系数　　　　　　$K_{\min} = 0.68$

拉深凸模圆角半径取　　　　$r_T = 2t = 3$

由相关公式得翻边所能达到的最大高度：

$$h_{\max} = \frac{D}{2}(1 - K_{\min}) + 0.57 r_T = \frac{56}{2} \times (1 - 0.68) + 0.57 \times 3 = 10.67$$

取翻边高度 $h = 10$，计算冲底孔直径 d：

$$d = D + 1.14 r_T - 2h = 56 + 1.14 \times 3 - 2 \times 10 = 39.42$$

实际采用 $\phi39$。

计算需用拉深拉出的第三阶高度 h'：

$$h' = H - h + r_T + t = 21.5 - 10 + 3 + 1.5 = 16$$

根据上述分析计算可以画出翻边前需拉深成的半成品图，如图 7.21 所示。

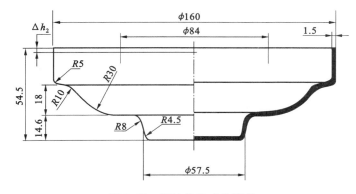

图 7.21　翻边前半成品形状

（2）拉深工序计算

图 7.21 所示的阶梯形半成品需要几次拉深，各次拉深后的半成品尺寸如何，需进行如下拉深工艺计算。

① 计算毛坯直径及相对厚度

先作出计算毛坯分析图，如图 7.22 所示。为了计算方便，先按分析图中所示尺寸，根据弯曲毛坯展开长度计算方法求出中性层母线的各段长度并将计算数据列于表 7.4 中。

表 7.4　毛料计算附表

序号	l	r	l_r	序号	l	r	l_r
1	17	79.25	1374.25	6	13.75	31.17	428.59
2	6.67	77.71	518.33	7	2	28	56
3	10.428	70.184	731.88	8	5.89	26.64	156.67
4	28.37	55.104	1563.3	9	24.25	12.13	293.43
5	5.25	39.375	206.72	$\sum l_r = 5302.17$			

根据公式计算毛坯直径

计算相对厚度：

$$\frac{t}{D} \times 100 = \frac{1.5}{206} \times 100 = 0.72$$

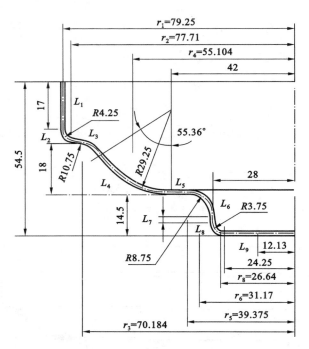

图 7.22　计算毛坯分析图

确定拉深次数：

根据

$$\frac{h}{d_n}=\frac{54.5}{57.5}=0.95 \quad \frac{t}{D}\times100=0.72$$

查相关表得拉深次数为 2，故一次不能拉成。

② 计算第一次拉深工序尺寸

为了计算第一次拉深工序尺寸，需利用等面积法，即第二次拉深后的面积和拉深前参与变形的面积相等，求出第一次拉深工序的直径和深度。

由于参与第二次拉深变形的区域是从图 7.22 中的 L_5 开始的，因此以 L_5 开始计算面积，并求出相应的直径。

$$\frac{t}{D}\times100=0.72$$

查相应表和第二次拉深系数 $m_2=0.76$

因此，第一次应拉成的第二阶直径

$$d=\frac{56}{0.76}=73.6$$

为了确保第二次拉深质量，充分发挥板料在第一次拉深变形中的塑性潜力，实际定为：$d=72$。

按照公式求得：

$$h=\frac{0.25}{72}\times(96.62-84.2)+0.86\times4.75=4.1$$

这样就可以画出第一次拉深工序图，如图 7.23 所示。

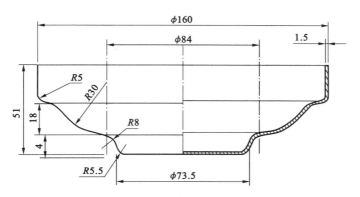

图 7.23　第一次拉深工序图

上述计算是否正确,即第一次能否由 $\phi 206$ 的平板毛坯拉深成图 7.23 所示的半成品,需进行核算。

阶梯形零件能否一次拉成,可以用下述近似方法判断,即求出零件的高度与最小直径之比 h/d_n,再按圆筒形零件拉深许可相对高度表(相应表)查得其拉深次数,如拉深次数为 1,则可一次拉成。

根据图 7.23 所示:$h=51,d_n=72,h/d_n=0.70,t/D\times 100=72$,查相关表得拉深次数为 1,说明图 7.23 所示半成品可以由平板毛坯一次拉成。

7.3.4.2　确定工艺方案

通过上述分析计算可以得出该零件的正确工艺方案是:落料;第一次拉深;第二次拉深、冲孔;第四道工序为翻边,达到零件形状和尺寸要求。共计四道工序。

现在以第一次拉深模为例继续介绍设计过程。

7.3.4.3　进行必要的计算

（1）计算总拉深力

根据相对厚度 $t/D\times 100=0.72$,按照公式判断要使用压边圈。

按照公式计算得到拉深力为:

$$F=\pi d_1 t\sigma_b K_1=3.14\times 158.5\times 1.5\times 450\times 0.91=305706 \text{ N}$$

压边力为:

$$F_{压}=\frac{\pi}{4}[D^2-(d_1-2r_T)2]q=\frac{\pi}{4}\times[205^2-(160-2\times 8)\times 2]\times 2.5=3462 \text{ N}$$

式中,q 的值按相应表选取为 2.5 N/mm^2。

总拉深力:

$$F_{总}=F+F_{压}=305706+3462=309168 \text{ N}=309 \text{ kN}$$

（2）工作部分尺寸计算

该工件要求外形尺寸,因此以凹模为基准间隙取在凸模上。

单边间隙 $Z=1.1t=2.55$

凹模尺寸按式 4.33(a)得:

$$D_A=(D-0.75\Delta)_0^{+\delta_A}=(160-0.75\times 0.5)_0^{+0.10}=159.6_0^{+0.10}$$

凸模尺寸按公式得:

$$D_T=(D-0.75\Delta-2Z)_{-\delta_T}^0=(160-0.75\times 0.5-2\times 2.55)_{-0.07}^0=156.3_{-0.07}^0$$

　　经分析,若该处是以凸模成型,则以凸模为基准,间隙取在凹模上;若是以凹模成型,则以凹模为基准,间隙取在凸模上。

7.3.4.4　模具总体设计

勾画的模具草图,如图 7.24 所示。

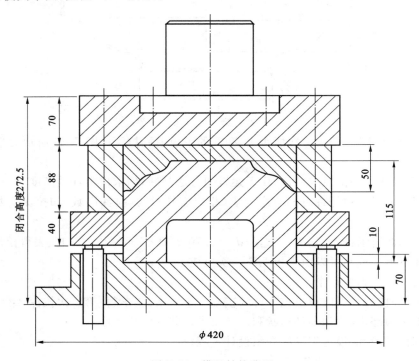

图 7.24　模具结构草图

初算模具闭合高度:

$$H_{模}=272.5$$

外轮廓尺寸估算为 $\phi420$。

7.3.4.5　模具主要零部件设计

该模具的零件比较简单,可以在绘制总图时,边绘边设计。

7.3.4.6　选定设备

本工件的拉深力较小,仅有 309 kN,但要求压力机行程应满足: $S \geqslant 2.5H_{工件}=145$,同时考虑到压边要使用气垫,所以实际生产中选用有气垫的 3150 kN 闭式单点压力机。其主要技术规格为:

公称压力　3150 kN;

滑块行程　400;

连杆调节量　250;

最大装模高度　500;

工作台尺寸　1120×1120。

7.3.4.7　绘制模具总图

模具总图如图 7.25 所示。

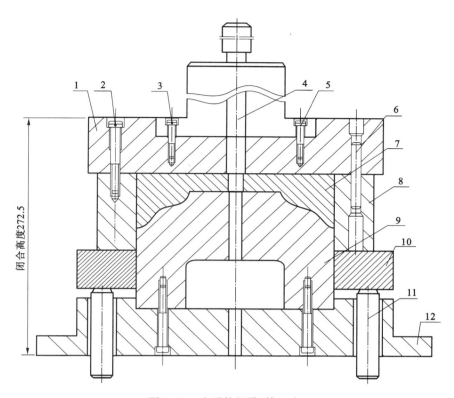

图 7.25 座子拉深模（第一次）

1—上模座;2、3—内六角螺钉;4—顶杆;5—模柄;6—圆柱销;7—凹模与推件板;8—凹模;
9—凸模;10—卸料板;11—顶杆;12—下模座

本工件零件明细表见表 7.5。

表 7.5 零件明细表

序号	名 称	数量	材料	热 处 理
1	上模座	1	HT200	
2	内六角螺钉 M12×70	10	45	
3	内六角螺钉 M12×25	6	45	
4	顶杆	1	45	40～45HRC
5	模柄	1	Q235	
6	圆柱销 12n6×100	2	45	
7	推件板	1	T8A	40～45HRC
8	凹模	1	T8A	56～60HRC
9	凸模	1	T8A	56～60HRC
10	卸料板	1	Q235	
11	顶杆	4	45	40～45HRC
12	下模座	1	HT200	

7.4　知　识　拓　展

7.4.1　注意平时资料的积累

实际工厂对模具设计师的要求是：应掌握力学、热学、材料学、机械制造学和计算机技术等知识，而且必须具有创新精神；不断拓宽并深化计算机技术在冲模结构设计领域中应用的功能，充分利用一切可以利用的机会，学习和积累专业技术资料，收集专业技术信息，及时了解国内外业界的动态及新技术、新工艺、新材料、新设备，要站在国内业界发展与进步的前列。

7.4.1.1　充分利用计算机网络技术

通过相关网站和其他渠道咨询、收集、交流冲模技术、冲压产品、新技术与新工艺等，掌握和熟悉冲压工艺与冲模结构设计的有关信息与设计资源；构建存储冲压工艺技术与冲模结构设计资料及相关知识的数据库与图形库，以备设计需要时随时调出使用。

7.4.1.2　相关技术资料设备要齐全

国内出版的专业手册、有关标准与技术指导性文件应逐步备齐；有关专业刊物应及时阅读，并摘录有价值论文要点及优秀结构设计范例，随时备用。

7.4.1.3　多参观有关展览，收集技术资料与信息

很多展览会都有新技术、新结构模具展出，通过参观和与展主沟通交流，都会有所收获。

7.4.1.4　参加专业协会和有关部门组织的技术交流

国内外举办的专题技术交流，是学习与收集先进技术信息的好机会，除收集资料外，与各方面专家沟通与交流会大有收益。

7.4.1.5　强化实地考察与调查研究

有针对性地到冲压零件的专业生产线进行实地考察，这具有很强的启发性并能起开拓思路的作用。

7.4.2　冲模结构设计应掌握的基本功

板料冲压工艺技术参数、冲模结构设计的有关技术功能参数，以及冲模基本运作机构与装置的设计计算方法，是各类相关冲模的结构设计的重要组成部分，是冲模设计人员的基本功，应该熟知且会灵活应用。这些技术参数计算及设计计算包括以下内容：

（1）各种冲压零件的工艺分析、工艺方案对比及可行性研究。

（2）各种立体成型冲压零件展开毛坯的计算及展开毛坯图绘制。

（3）各种冲压工序所需压力与功等力能参数的计算。

（4）各种冲压设备的合理选型及压力机的准确选定。

（5）冲模合理冲压工作行程与选定冲压设备关联尺寸的核算。

（6）标准模架的选择与计算。

（7）凹模尺寸及强度的计算。

（8）凸模尺寸计算及其强度与刚度的校核。

（9）冲模压力中心、重心等计算。

（10）冲模刃口尺寸的计算。

（11）横向冲压机构设计计算：

① 各种斜楔传动机构及构成零件尺寸的相关计算；

② 各种平面连杆机构及构成零件尺寸的相关计算；

③ 肘杆式、摇杆式机构及构成零件尺寸的相关计算；

④ 横向弯曲成型的各种旋转模体机构及构成零件尺寸的相关计算。

（12）各种送料机构的设计与计算：

① 钩式送料机构及与冲模的联动系统；

② 辊轴式送料机构及与冲模的联动系统；

③ 夹滚式送料机构及与冲模的联动系统；

④ 夹刃式送料机构及与冲模的联动系统；

⑤ 夹钳式送料机构及与冲模的联动系统；

⑥ 其他送料机构及与冲模的联动系统。

（13）毛坯或半成品送料机构的设计与计算：

① 楔传动的摆杆-滑板送料机构及与冲模的联动系统；

② 肘杆或杠杆拉动滑板送料机构及与冲模的联动系统；

③ 凸轮与齿轮传动的毛坯或半成品送料机构及与冲模的联动系统；

④ 平面连杆或铰链杠杆送料、推卸与出件机构的设计与计算；

⑤ 转盘、滑道及其他半成品送料机构与装置的设计与计算；

⑥ 液压传动与推卸机构的设计与计算；

⑦ 气动传动与推卸机构的设计与计算。

（14）冲模安全防护系统的设计与计算：

① 限位柱；

② 定距套（环、块）；

③ 防护栅（屏、罩）；

④ 行程限制器；

⑤ 冲模防护装置，包括利用声学开关元件（传感器）的模具防护装置、利用光学开关元件的模具防护装置、利用感应开关元件（传感器）的模具防护装置、利用感应式接近开关（起始器）的模具防护装置、利用电动-气动的模具防护装置。

7.4.3　模具设计师设计前应做的准备

冲模设计前应准备以下资料：

（1）冲模设计任务书及相关产品与工艺技术资料。

（2）冲压零件加工图样。

（3）冲压零件的全套工艺文件。

（4）相关技术信息与企业生产计划及指导性意见，包括：

① 投产批量及年产量、总产量；

② 材料供应状态及材料入厂检验报告；

③ 交货期；

④ 要求班产及生产率；

⑤ 冲压零件质量标准及检验办法;

⑥ 冲压零件的后续加工工序及转序方式。

（5）冲压使用设备说明书及设备目前技术状态。

（6）已生产过的近似冲压零件的冲压工艺文件及冲模图样,相关使用、修理及寿命信息。

（7）必备的国家标准、行业标准、企业标准及有关规范、规定。

7.4.4 模具设计师职责范围

（1）图纸分析,工序分析（与上级确认）。

（2）图纸展开,问题点列出（做电子档）。

（3）与客户确认工艺性修改。

（4）模具总体结构及框架设计,结构讨论。

（5）下达模具执行计划单（有些公司此职责在生产调度部门）。

（6）模板材料申请采购（有些公司此职责在制造工艺部门）。

（7）模板图纸、零件图纸及结构图绘制（送上级审核）。

（8）填写模具设计文件表,出图。

（9）标准件申请采购（有些公司此职责在制造工艺部门）。

（10）试模材料（含配件）申请采购（有些公司此职责在制造工艺部门）。

（11）试模样及检验结果跟踪处理。

（12）模具修正调整改图,出图。

（13）产品生产工艺编制,制造作业指导书,模具换线说明等（有些公司此职责在制造工艺部门）。

（14）模具使用过程故障处理。

思 考 题

7.1 冲压工艺过程制定的一般步骤有哪些?

7.2 如何确定冲压件所需的工序数目?

7.3 怎样选择冲压设备?

7.4 安排冲压件的工序顺序应遵循哪些原则?

参 考 文 献

［1］ 中国机械工业教育协会.冷冲模设计与制造.北京:机械工业出版社,2002.

［2］ 夏香琴.冲压成形工艺及模具设计.广州:华南理工大学出版社,2004.

［3］ 刘建超,张宝忠.冲压模具设计与制造.北京:高等教育出版社,2004.

［4］ 翁其金.冷冲压技术.北京:机械工业出版社,2011.

［5］ 罗益旋.最新冲压新工艺新技术及模具设计实用手册.长春:银声音像出版社,2004.

［6］ 王孝培.冲压手册.北京:机械工业出版社,2005.

［7］ 任海东,苏君.冷冲压工艺与模具设计.郑州:河南科学技术出版社,2007.

［8］ 高显宏.冲压模具设计与制造.北京:清华大学出版社,2011.

［9］ 匡和碧,孙卫和.冲压模具设计.北京:电子工业出版社,2011.

［10］ 郭成,储家佑.现代技术冲压手册.北京:中国标准出版社,2005.

［11］ 张毅.现代冲压技术.北京:国防工业出版社,1994.

［12］ 陈锡栋,周小玉.实用模具技术手册.北京:机械工业出版社,2002.

［13］ 冲模设计手册编写组.冲模设计手册.北京:机械工业出版社,2000.

［14］ 陈德中.我国模具先进制造技术的发展.航空制造技术,2000(3).

［15］ 欧阳波仪.多工位级进模设计标准教程.北京:化学工业出版社,2009.

［16］ 金泽尘,宋放之.现代模具制造技术.北京:机械工业出版社,2001.

［17］ 魏春雷,吴俊超.冲模设计与案例分析.北京:北京理工大学出版社,2010.